养殖场兽药规范使用手册系列丛书

# 蛋鸡场
# 兽药规范使用手册


中国兽医药品监察所
中国农业出版社
组织编写
曾振灵 郭 晔 主编


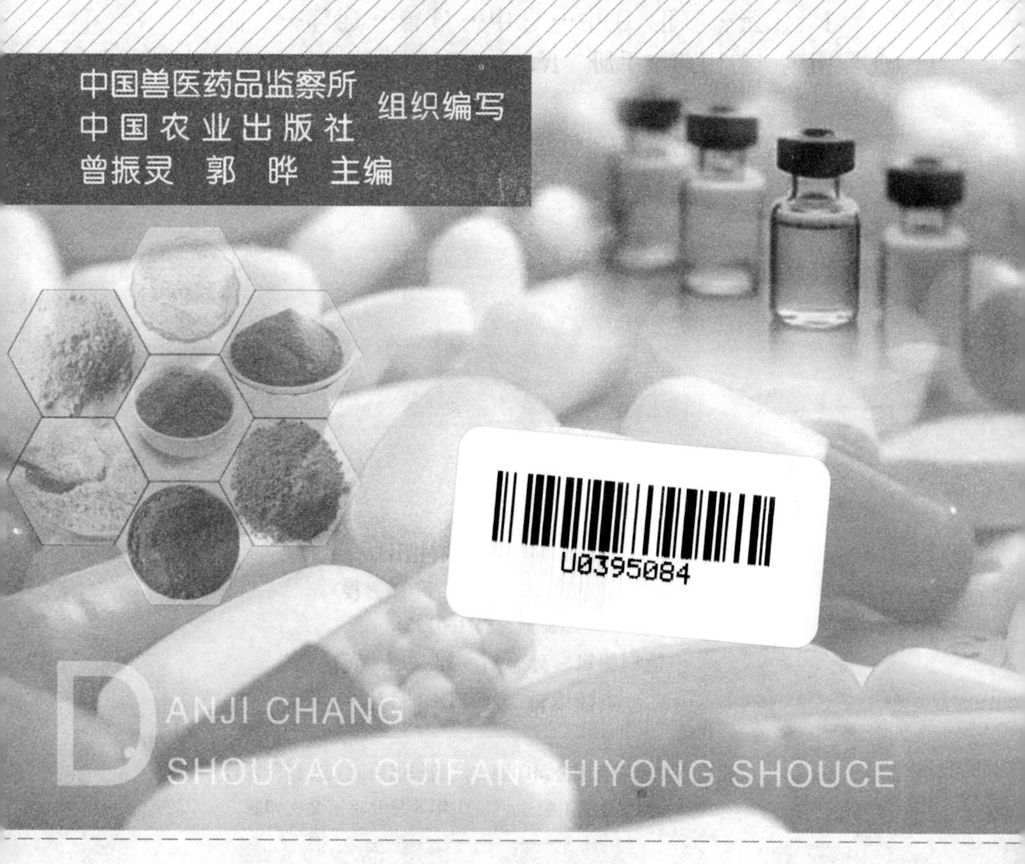



中国农业出版社
北 京

**图书在版编目（CIP）数据**

蛋鸡场兽药规范使用手册 / 中国兽医药品监察所，中国农业出版社组织编写；曾振灵，郭晔主编．—北京：中国农业出版社，2018.12（2021.8 重印）
（养殖场兽药规范使用手册系列丛书）
ISBN 978-7-109-24531-0

Ⅰ．①蛋…　Ⅱ．①中… ②中… ③曾… ④郭…　Ⅲ．①卵用鸡－兽用药－手册　Ⅳ．①S858.31-62

中国版本图书馆 CIP 数据核字（2018）第 198313 号

中国农业出版社出版
（北京市朝阳区麦子店街 18 号楼）
（邮政编码 100125）
策划编辑　孙忠超　刘　玮　黄向阳
责任编辑　刘　玮　弓建芳

---

北京万友印刷有限公司印刷　　新华书店北京发行所发行
2018 年 12 月第 1 版　　2021 年 8 月北京第 2 次印刷

---

开本：910mm×1280mm　1/32　　印张：10
字数：260 千字
定价：28.00 元

# 本书有关用药的声明

随着兽医科学研究的发展、临床经验的积累及知识的不断更新，治疗方法及用药也必须或有必要做相应的调整。建议读者在使用每一种药物之前，参阅厂家提供的产品说明书以确认推荐的药物用量、用药方法、所需用药的时间及禁忌等，并遵守用药安全注意事项。执业兽医有责任根据经验和对患病动物的了解决定用药量及选择最佳治疗方案。出版社和作者对动物治疗中所发生的损失或损害，不承担任何责任。

# 丛书编委会

# 编者名单


**主　编**　曾振灵　郭　晔

**副主编**　马志军　李亚菲　张国中

**编　者**（按姓氏笔画排序）

万建青　马志军　王　甲　王　彬
王立琦　毛娅卿　刘　丹　刘业兵
刘迎春　刘建柱　李　倩　李亚菲
杨　帆　沈祥广　张　媛　张广川
张国中　赵　静　贺丹丹　徐丽娜
郭　晔　曾振灵

# PREFACE 序

有效保障食品安全、养殖业安全、公共卫生安全、生物安全和生态环境安全是新时期兽医工作的首要任务。我国是动物养殖大国，也是动物源性食品消费大国。但是我国动物养殖者的文化素质、专业素质参差不齐，部分养殖者为了控制动物疫病，违规使用、滥用兽药，甚至违法使用违禁药物，造成动物产品中兽药残留超标和养殖环境中动物源细菌耐药性，形成严重的公共卫生和生物安全隐患。

当前，细菌耐药、兽药残留问题深受百姓关注，党中央国务院非常重视。国家“十三五”规划明确提出要强化兽药残留超标治理，深入开展兽用抗菌药综合治理工作。2017 年，制定实施《全国遏制动物源细菌耐药行动计划（2017—2020 年）》，明确了今后一个时期的行动目标、主要任务、技术路线和关键措施。随着兽药综合治理工作的推进和养殖业方式转变，我国养殖业兽药的使用已呈现逐步规范、渐近趋好的态势。

为进一步规范养殖环节各种兽药的使用，引导养殖场兽医及相关工作人员加深对兽药规范使用知识的了解，中国兽医药品监察所和中国农业出版社组织编写了养殖场兽药规范使用手册系列丛书。该丛书站在全局的高度，充分强调兽药规范使用的重要性，理论联系实际，以《中华人民共和国兽药典》等相关规范为基础，介绍兽药使用基础知识、各畜种常见使用药物、疫病诊断及临床用药方法等，同时附录兽药残留限量标准、休药期标准等基础参数，直观生动，易学易懂，具有较强的科学性、实用性和先进性，可为兽医临床用药提供全面、系统的指导，既是先进兽药科学使用的技术指导书，也是一套适用于所有畜牧兽医工作者学习的理论参考书，对落实《全国遏制动物源细菌耐药行动计划（2017—2020年）》将发挥积极作用，具有重要的现实意义。

相信这套丛书一定会成为行业受欢迎的图书，呈现出权威、标准、规范和实用特色！

农业农村部副部长

# FOREWORD 前言

兽药（包括疫苗等）是预防、治疗和诊断动物疾病的特殊商品，其产品质量直接关系到重大动物疾病防控成效、养殖业健康发展和动物源性食品质量安全。我国的养鸡历史悠久，鸡蛋产量连续多年稳居世界前列，但当前饲养方式混杂，同时受其他因素的制约，蛋鸡饲养场疾病越来越多，用药不规范等问题日益严重，影响了其持续有效的发展。

安全、科学合理的规范用药是蛋鸡养殖业健康发展的重要保证，中国兽医药品监察所、中国农业出版社组织了长期在蛋鸡养殖生产一线的专家学者编写了《蛋鸡场兽药规范使用手册》一书。本书从蛋鸡用药的基础知识、常用药品、常见疾病、药物残留及合理用药、耐药性控制 5 个方面对蛋鸡场的安全用药进行了介绍，内容上以国家批准使用的兽药为基础，突出“病、药结合”，通俗易懂，可供广大蛋鸡养殖户、饲养蛋鸡员工学习使用，以提高对常见蛋鸡疾病防治的技术水平，同时也可作为基层兽医工作者、农业院校相关专业师生进行蛋鸡疾病诊疗、规范用药的参考资料。

由于编写时间紧、编者的水平有限，难免存在疏漏、不足甚至是错误之处，恳请同行专家和广大读者提出宝贵意见和建议，以便再版时加以修改补充。

编　者

2018 年 8 月

CONTENTS 目录

# 第一章 用药基础知识

## 第一节　兽药的定义、应用形式及保管

### 一、兽药的定义、来源

#### （一）兽药的定义

兽药是指用于预防、治疗、诊断动物疾病，或者有目的地调节动物生理机能的物质。主要包括血清制品、疫苗、诊断制品、微生态制剂、中药材、中成药、化学药品、抗生素、生化药品、放射性药品及外用杀虫剂、消毒剂等。兽药也包括用以促进动物生长、繁殖和提高动物生产效能，促进畜牧业养殖生产的一些物质。动物饲养过程中常用到的饲料添加剂是指为满足某些特殊需要而加入饲料中的微量营养性或非营养性的物质，含有药物成分的饲料添加剂则被称为药物饲料添加剂，亦属于广义兽药的范畴。当药物使用方法不当、用量过大或使用时间过长时，会对动物机体产生毒性，损害动物健康，甚至会导致死亡，药物则变为了毒物。药物和毒物之间并无本质的、绝对的界限，因此在用药时应明白用药的目的及方法，发挥药物对机体有益的药理作用，避免其有害的毒副作用或不良反应。

### （二）兽药的来源

我国兽药使用历史悠久，早在秦汉时期，药学文献《居延汉简》和《流沙坠简》中已有关于兽药处方的记载；汉末三国时期，中国最早的药学著作《神农本草经》中，曾有专用的兽药记录；后魏贾思勰在《齐民要术》中收载了多种兽用方剂；明代李时珍的《本草纲目》中收载了1 892种药物，其中兽药有60多种；明代万历年间中国的兽医专著《元亨疗马集》中收载的兽药则多达200多种、兽用处方400余个。

这些典籍中收载的兽药大致有三个来源：植物、动物和矿物。其中植物类兽药最多，如五加科植物三七则具有散瘀止血和消肿止痛的功效，多用于治疗动物便血、吐血及外伤出血等。植物类兽药的入药部位多样，有些品种能够全草入药，有些则仅限于根、茎、叶或花等部位入药。动物类兽药也有较多使用，如鸡内金为雉科动物家鸡的干燥砂囊内壁，具有健胃消食、化石通淋的功效，用于治疗动物的食积不消、呕吐、泄泻、砂石淋等。除了这些植物和动物来源的兽药以外，还有少部分矿物来源的兽药，如石膏，其为硫酸盐类矿物，具有清热泻火和生津止渴的功效，可用于治疗动物外感热病、肺热喘促、胃热贪饮、壮热神昏、狂躁不安等。

随着科学技术的不断发展及化学、物理学、解剖学和生理学等学科的建立，一些化学家首先开始了从药用植物中提取有效成分的尝试，之后一些生理学家（其中一些成为了药理学的先驱者）应用生理学的方法来观察和评价这些化学成分的药效和毒性，此时近代实验药理学逐渐拉开序幕。随着后续的化合物构效关系的确认及定量药理学概念的提出，现代药理学真正发展起来。而兽医药理学的发展是伴随着药理学的发展进程渐次进行的，在整个进程中，青霉素的发现、磺胺类药物及喹诺酮类药物的合成等具有重大意义。同时这也引出了兽药的另两个重要来源：化学合成及微生物发酵。

化学合成类兽药中磺胺类及（氟）喹诺酮类为典型代表。其中首次合成于1962年的萘啶酸为第一代喹诺酮类药物的代表；第二代该类兽药则为合成于1974年的氟甲喹；1979年合成的诺氟沙星是首个第三代该类药物，由于它具有6-氟-7-哌嗪-4-诺酮环结构，故该类药物从此开始称为氟喹诺酮类药物。目前，我国在兽医临床批准应用的氟喹诺酮类药物有恩诺沙星、环丙沙星、达氟沙星、二氟沙星、沙拉沙星、马波沙星等。而来源于微生物发酵的兽药则多为一些分子质量较大、结构复杂的兽药，如天然青霉素是从青霉菌的培养液中分离获得的，含有青霉素F、青霉素G、青霉素X、青霉素K和双氢F五种组分。

除了前述的五种兽药来源之外，基于生物技术发展起来的兽药逐渐增多。这类药物是通过细胞工程、基因工程等分子生物学技术生产的药物，如重组溶葡萄球菌酶、干扰素、转移因子、抗菌肽等。

## 二、兽药的应用形式、制剂与剂型

兽药原料药不能直接用于动物疾病的预防或治疗，必须进行加工，制成安全、有效、稳定和便于应用的形式，称为药物剂型，如粉剂、片剂、注射剂等。药物剂型是一个集体名词，其中任何一个具体品种，如片剂中的土霉素片，注射剂中的葡萄糖注射液等则称为制剂。药物的有效性首先是其本身固有的药理作用，但仅有药理作用而无合理的剂型，必然影响药物疗效的发挥，甚至出现意外。同一种药物可有不同的剂型，但作用和用途就有差别，如硫酸镁粉经口服，具有导泻的作用，而静脉注射硫酸镁注射液则是发挥其抗惊厥的作用。先进合理的剂型有利于药物的储存、运输和使用，能够提高药物的生物利用度，降低不良反应，发挥最大疗效。

每类剂型的形态相同，其制法特点和效果亦相似，如液体制剂多需溶解，半固体制剂多需融化或研匀，固体制剂多需粉碎及混合。疗效速度以液体制剂为最快、固体较慢，半固体多作外用。按使用方便性，动物常用的药物剂型主要有：

（1）粉剂/散剂　是指粉碎较细的一种或一种以上的药物，均匀混合制成的干燥粉末状制剂，如内服使用的健胃散。随着集约化、规模化养殖业的出现，许多药物（如抗菌药物、抗寄生虫药物、维生素、矿物质、中草药等）通常是制成粉剂（散剂），混入动物饲料饲喂动物，用以防治疾病、促进生长、提高饲料转化率等。一些药物因为本身的溶解性较好，还可制成可溶性粉剂经动物饮水投药。为了使药物在饲料中均匀混合，药物添加剂必须先制成预混剂，然后拌入饲料中使用，预混剂就是一种或几种药物与适宜的基质（如碳酸钙、麸皮、玉米粉等）均匀混合制成的散剂。

（2）颗粒剂　是将药物与适宜辅料制成的颗粒状制剂，分为可溶性颗粒剂、混悬性颗粒剂和泡腾性颗粒剂。

（3）溶液剂　指一般可供内服或外用的澄明溶液，溶质为呈分子或离子状态的不挥发性化学药物，其溶媒多为水，如恩诺沙星溶液。还有以醇或油作为溶媒的溶液剂，如地克珠利溶液。内服溶液剂给药方便，生物利用度也较高，且不存在混合不均匀的问题。某些药物目前最好的供应方式只能是溶液形式，如过氧化氢、稀氨溶液等。

（4）片剂　是指一种或一种以上的药物经加压制成的扁平或上下面稍有凸起的圆片状固体剂型，具有质量稳定、称量准确、服用方便等优点，缺点为某些片剂溶出速率及生物利用度差，如土霉素片。

（5）注射剂　也称针剂，是指由药物制成的供注入体内的灭菌水溶液、混悬液、乳状液或供临用前配成溶液的无菌粉末（粉针剂，用前现溶）或浓缩液，需使用注射器从静脉、肌内、皮下等部位注射给药的一种剂型，如盐酸林可霉素注射液、注射用青霉素钠等。注射剂的优点是药效迅速、剂量准确、作用可靠、吸收快。不宜内服的药物，如青霉素、链霉素等也常制成注射剂。缺点是注射给药不方便，且注射时往往引起应激反应且生产过程要求一定的设备。

## 三、兽药的贮藏与保管

兽药的质量直接关系着对动物疾病的防治效果，对畜牧业的生产和人体健康都有着很大的影响。兽药的稳定性是反映兽药质量的主要方面，不易发生变化的稳定性强，反之亦然。而兽药的稳定性取决于兽药的成分、化学结构及剂型等内在因素，空气、温度、湿度、光线等外界因素同样也会引起兽药发生变化。因此，需认真对待兽药的贮藏和保管工作，定期检查以保证其安全性和可使用性。

### （一）影响兽药变质的主要因素

**1. 空气** 空气中的氧或其他物质释放出的氧，易使药物氧化，引起药物变质，如维生素C、氨基比林氧化变色，硫酸亚铁氧化成硫酸铁等；同时空气中的二氧化碳能与碱性药物反应，而使药物变质，如氨茶碱与空气中的二氧化碳反应后析出茶碱并分解变色。

**2. 光照** 日光直射或散射都能使某些药物分解，维生素 $B_2$ 溶液在光线的作用下，可光解而失效。双氧水遇光分解生成氧和水。

**3. 温度** 温度过高，会使药物的降解速度加快，造成某些抗生素、维生素 $D_3$ 等多种药物变质失效，或挥发性成分挥发而药效降低；温度过低，易使软膏剂变硬，液体制剂冻结、分层、析出结晶。

**4. 湿度** 一些药物可吸收潮湿空气中的水分发生潮解、液化、变性或分解而变质，如阿司匹林、青霉素类和硫酸新霉素等因吸潮而分解，但对于某些含结晶水药物（如氨苄西林三水化合物、茶碱水合物）的贮存环境，也并非是愈干燥愈好，空气过于干燥会发生风化，风化后在使用中较难掌握正确剂量。

**5. 霉菌** 空气中存在霉菌孢子和其他微生物，这些孢子若散落在药物表面，在适宜的条件下，就能形成霉菌引起药物变质。

**6. 贮藏时间** 理化性质不稳定的药品，易受外界因素的影响，即使贮藏条件适宜，保存合理，但贮存一定时间后，含量（效价）下降或毒性增强。因此，药物的贮藏和使用不要超过有效期。

### （二）兽药的一般保管方法

（1）要根据兽药的性质、剂型进行分类保管。一般可按固、水、气、粉或片、液、针等剂型及普通药、剧药、毒药、危险药品等分类，采用不同方法进行保管。剧药与毒药应要专账、专柜、加锁，由专门双人双锁保管，每个兽药必须单独存放，要有明显标记。

（2）一般兽药都应按《中华人民共和国兽药典》（以下简称《兽药典》）或《兽药说明书》中该药所规定的贮藏条件进行贮藏和保存。也可根据其理化特性进行相应的贮藏和保存。

（3）为了避免兽药贮存过久，必须掌握“先进先出，易坏先出”“近期（临近有效期）先出”的原则，要合理存放或堆放，定期检查和盘存。

（4）根据兽药特性，采用不同的贮藏方法。

①易光解的兽药。如安乃近、氨茶碱、乙醚等，应避光保存，包装宜用棕色瓶，或在普通容器外面包上不透明的黑纸，并防止日光照射。

②易潮解引湿的兽药。如氯化铵、溴化钠等应密封于容器内，干燥保存，注意通风防潮。

③易风化兽药。如硫酸镁、阿托品、咖啡因等，这类药物除密封外，还需置于适宜湿度处保存（一般以相对湿度50%～70%为宜）。

④易受温度影响的兽药。要防受热或防冻结，要求“阴凉处保存”的是指不超过20℃的温度下保存，如抗生素的保存。“冷放保存”或“冷藏保存”是指2～10℃的温度下保存，如生物制品的保存。

⑤易吸收二氧化碳的兽药。如氯化钙、氧化镁等，需严密包装，置阴凉处保存。

⑥中草药多易吸湿、长霉和被虫蛀，要注意贮存在阴凉、通风、干燥的地方，并注意防潮、防虫害。

⑦生物制品一般需要冷藏，要求 2～8℃贮存的灭活疫苗、诊断液和血清等，应在同样温度下运送，严冬季节要注意采取防冻措施。炎夏季节应采取降温措施。要求低温贮存的疫苗，应按照要求的温度贮存和运输。

兽药的稳定性往往同时受多种因素的影响，有的兽药既需避光，又需防热或防潮，保存时要满足兽药所需的理化条件。

(5) 若发现兽药有氧化、分解、变色、沉淀、混浊、异物、发霉、分层、腐败、潮解、异味、生虫等影响兽药质量的现象时，一般均不可应用。

(6) 兽药批号、有效期与失效期　批号是生产单位在兽药生产过程中，用来表示同一原料、同一生产工艺、同一批料、同一批次制造的产品，一般日期与批次用一短线相连来表示，如 20181001－01 表示 2018 年 10 月 1 日生产的第一批产品。

有效期是指兽药在规定的贮藏条件下能保证其质量的期限。失效期是指兽药超过安全有效范围的日期，兽药超过此日期，必须废弃，如需使用，需经药检部门检验合格，才能按规定延期使用。有效期一般是从兽药的生产日期（有的没有标明生产日期，则可由批号推算）起计数，如某兽药的有效期是两年，生产日期为 2018 年 1 月 1 日，则指其可使用到 2019 年 12 月 31 日。如某兽药失效期标明 2019 年 12 月，则指可使用到 2019 年 11 月 30 日止，到 12 月即失效。

## 四、兽医处方

兽医处方是兽医临床工作及药剂配置的一项重要书面文件。处方的类型可分为法定处方和兽医处方，法定处方主要指《中华人民共和国兽药典》和《兽药质量标准》等所收载的处方。凭兽医处方可购买和使用的兽药即为兽医处方药，而由我国国务院兽医行政管理部门公布的、不需要凭兽医处方就可自行购买并按照说明书即可使用的兽药则称为兽医非处方药。处方开写的正确与否，直接影响治疗效果和患病动物的安全，兽医师必须认真负责地按照用药的原则，正确、清楚地开写处方。处方中应写明药物的名称、数量、制剂及用量用法等，以保证药品的规格和安全有效。处方还应保存一段时间，以备查考。

### （一）处方笺内容

兽医处方笺内容包括前记、正文、后记三部分，要符合以下标准。

**1. 前记** 对个体动物进行诊疗的，至少包括动物主人姓名或者动物饲养单位名称、档案号、开具日期和动物的种类、性别、体重、年（日）龄。

对群体动物进行诊疗的，至少包括饲养单位名称、档案号、开具日期和动物的种类、数量、年（日）龄。

**2. 正文** 包括初步诊断情况和Rp（拉丁文Recipe的缩写）。Rp应当分列兽药名称、规格、数量、用法、用量等内容；对于食品动物还应当注明休药期。

**3. 后记** 至少包括执业兽医师签名或盖章和注册号、发药人签名或盖章。

### （二）处方书写要求

兽医处方书写应当符合下列要求。

（1）动物基本信息、临床诊断情况应当填写清晰、完整，并与病历记载一致。

（2）字迹清楚，原则上不得涂改；如需修改，应当在修改处签名或盖章，并注明修改日期。

（3）兽药名称应当以兽药国家标准载明的名称为准。兽药名称简写或者缩写应当符合国内通用写法，不得自行编制兽药缩写名或者使用代号。

（4）书写兽药规格、数量、用法、用量及休药期要准确规范。

（5）兽医处方中包含兽用化学药品、生物制品、中成药的，每种兽药应当另起一行。

（6）兽药剂量与数量用阿拉伯数字书写。剂量应当使用法定计量单位：质量以千克（kg）、克（g）、毫克（mg）、微克（μg）、纳克（ng）为单位；容量以升（L）、毫升（mL）为单位；有效量单位以国际单位（IU）、单位（U）为单位。

（7）片剂、丸剂、胶囊剂及单剂量包装的散剂、颗粒剂分别以片、丸、粒、袋为单位；多剂量包装的散剂、颗粒剂以克或千克为单位；单剂量包装的溶液剂以支、瓶为单位，多剂量包装的溶液剂以毫升或升为单位；软膏及乳膏剂以支、盒为单位；单剂量包装的注射剂以支、瓶为单位，多剂量包装的注射剂以毫升或升、克或千克为单位，应当注明含量；兽用中药自拟方应当以剂为单位。

（8）开具处方后的空白处应当划一斜线，以示处方完毕。

（9）执业兽医师注册号可采用印刷或盖章方式填写。

### （三）处方保存

兽医处方（图 1-1）开具后，第一联由从事动物诊疗活动的单位留存，第二联由药房或者兽药经营企业留存，第三联由动物主人或者饲养单位留存。兽医处方由处方开具、兽药核发单位妥善保存二年以上。保存期满后，经所在单位主要负责人批准、登记备案，方可销毁。

<table>
<tr><td colspan="2">XXXXXXX处方笺<br>动物主人/饲养单位＿＿＿＿＿＿＿＿ 档案号＿＿＿＿<br>动物种类＿＿＿＿＿ 动物性别＿＿＿＿＿ 体重/数量＿＿＿＿<br>年（日）龄＿＿＿＿＿ 开具日期＿＿＿＿＿＿＿＿</td><td rowspan="3">第一联 从事动物诊疗活动的单位留存</td></tr>
<tr><td>诊断：</td><td>Rp:</td></tr>
<tr><td colspan="2">执业兽医师＿＿＿＿＿ 注册号＿＿＿＿＿ 发药人＿＿＿＿＿</td></tr>
</table>

图 1－1　兽医处方笺样式

"×××××××处方笺"中，"×××××××"为从事动物诊疗活动的单位名称。

## 第二节　临床合理用药

### 一、兽药的药代动力学和药效动力学

#### （一）兽药在动物体内的药代动力学

药代动力学是研究药物通过各种途径给药后在体内的吸收、分布、生物转化（代谢）和排泄过程的量变规律的学科，致力于用数学表达式阐明血浆药物浓度与时间之间的关系。

除了以静脉注射给药没有吸收过程，其他给药途径如拌饲、混饮给药、肌内注射、皮下注射、气雾吸入等，都要在动物体内发生吸收、分布、生物转化和排泄的变化过程。

**1. 吸收**　药物从给药部位进入动物血液循环的过程称为吸收。药物通过吸收部位的细胞膜而进入血液或淋巴液。药物的吸收决定药

物作用的快慢和强弱。口服的吸收过程主要发生在胃肠道，尤其以小肠为主。多数药物以被动转运的方式吸收。影响吸收的主要因素包括：①给药途径。不同的给药途径影响药物的吸收速率，一般而言，气雾吸入＞腹腔注射＞肌内注射＞皮下注射＞口服给药＞直肠给药＞皮肤给药。②药物的理化性质。脂溶性药物较易被吸收；小分子水溶性药物易吸收；解离度高的药物口服难吸收。③药物剂型，如水剂、注射剂比油剂、缓释制剂、控释制剂、固体剂和混悬剂吸收得快。④机体生理状况，如胃肠 pH、胃排空速度、肠蠕动和胃肠内容物等；如在酸性环境弱酸性药物解离度低，以非解离型存在的药物易跨膜转运，因而易被吸收。

**2. 分布** 药物吸收后，进入血液循环系统，随血液经细胞膜分布到各组织器官中。一般情况下，药物在组织器官中的分布不均匀，且处于动态平衡状态。影响药物分布的因素有：①药物与蛋白结合率。游离型药物进入血液后，通常与血浆蛋白结合，具有饱和性及竞争性，为可逆过程，处于动态平衡，只有游离型药物具有活性，而结合型药物无活性且不易通过生物膜。②器官的血流量。药物先分布于血流量大的组织器官，再向其他组织器官转移。③药物与组织的亲和力。多数药物在体内的分布不均匀，具有器官选择性；药物对特定组织具有亲和力，则药物在该组织分布多，如碘在甲状腺分布较多，钙主要分布在骨骼，而砷、汞主要分布于肝脏和肾脏。④体液 pH 和药物的解离度。弱碱性药物易进入细胞内液，弱酸性药物不易进入细胞内液；酸化血液促进药物向细胞内转运，而碱化血液促进药物向细胞外转运，可用于药物中毒解救。⑤细胞膜屏障。体内存在的细胞屏障如血脑屏障、血眼屏障和胎盘屏障限制药物的转运。

**3. 生物转化** 药物在动物体内发生的化学结构和药理活性的变化，也称为药物代谢，是药物从体内消除的主要方式之一。药物代谢的主要器官是肝脏，代谢反应包括Ⅰ相代谢反应（氧化、还原、水解）和Ⅱ相代谢反应（结合）四大类型。Ⅰ相代谢反应的酶主要是肝微粒体中的细胞色素 P450 酶系统。结合反应使药物转化成无活性的代谢物，且水溶性和极性增强，以便排出体外。影响药物代谢的因素有：①P450 酶的活性。P450 酶的特征是可以被诱导或抑制，一些药物是药酶诱导剂，促进 P450 酶的合成加速或者降解减慢，如苯巴比妥、保泰松等；一些药物是药酶的抑制剂，降低 P450 酶的活性或减少 P450 酶的生成，如有机磷杀虫药、对氨基水杨酸等。②种属差异。不同种属动物的 P450 同工酶的组成不同，因此药物的代谢途径和代谢产物可能不同，产生的药效和毒性也存在差异。③年龄差异。机体与药物代谢的许多生理机能（肝功能、肾功能等）与年龄相关，幼龄动物肝脏尚未发育完全，肝药酶含量和活性较低，不利于药物在体内的代谢和消除；而老年动物各器官的功能明显衰退，各器官的血流量下降，肝药酶数量和活性降低，对药物的代谢和消除能力下降，容易出现不良反应和中毒。其他影响药物代谢的因素还有性别差异和遗传变异等。

**4. 排泄** 药物的原形或代谢物经排泄器官从体内排出的过程。肾脏是药物排泄最主要的器官。药物或代谢物经肾脏排泄有三种方式：肾小球滤过、肾小管分泌和肾小管重吸收。影响药物的肾排泄的因素有尿量和尿液 pH，尿液偏酸性时，弱碱性药物解离多，脂溶性低，重吸收少，易排泄，而弱酸性药物则相反。例如，动物（特别是肉食动物如犬）内服弱酸性药物磺胺药时，为了减少不良反应，应同服碳酸氢钠，以提高尿液 pH，增加磺胺药的溶解度，导致肾脏重吸收减少，排泄增加。有的药物可经胆汁排泄。一些药物及其代谢物经胆汁进入肠道后重吸收又进入血液循环，形成肠肝循环，导致药物的有效浓度维持时间延长。其他组织器官如肺、皮肤等也参与某些药物的排泄。

**5. 药代动力学的主要参数及其意义** 药代动力学是研究药物或

代谢物在动物体内随时间而定量变化规律的一门学科。它是药理学与数学相结合的边缘学科，用数学模型描述观测值并预测药物在体内的数量（浓度）、部位和时间三者之间的关系。阐明这些变化规律目的是为兽医临床合理用药提供定量的依据。

（1）血药浓度

①概念。血药浓度一般指血浆中的药物浓度，是体内药物浓度的重要指标，虽然它不等于作用部位（靶组织或靶受体）的浓度，但作用部位的浓度与血药浓度以及药理效应一般呈正相关。血药浓度随时间发生的变化，不仅能反映作用部位的浓度变化，而且也能反映药物在体内吸收、分布、生物转化和排泄过程总的变化规律。另外，由于血液的采集比较容易，对动物机体损伤小，故常用血药浓度来研究药物在动物体内的变化规律。

②药物效应与血药浓度。一种药物要产生特征性的效应，必须在它的作用部位达到有效的浓度。由于不同种属动物对药物在体内的处置过程存在差异，要达到这个要求对兽医来说是复杂的，当一种药物以相同的剂量给予不同的动物时，常可观察到药效的强度和维持时间有很大的差别，药物效应的差异可以归因为药物的生物利用度或组织受体部位的内在敏感性不同的种属差异。

③血药浓度-时间曲线。药物在体内的吸收、分布、生物转化和排泄是一种连续变化的动态过程，在药代动力学研究中，给药后不同时间采集血样，测定其药物浓度，常以时间作为横坐标，以血药浓度作为纵坐标，绘出曲线称为血浆药物浓度-时间曲线，简称药时曲线（图 1-2）。从曲线可定量地分析药物在动物体内的动态变化与药物效应的关系。

一般把非静注给药分为 3 个期：潜伏期、持续期和残留期。残留期长反映药物在体内有较多的储存，一方面要注意多次反复用药可引起蓄积作用甚至中毒，另一方面在食品动物要确定较长的休药期。

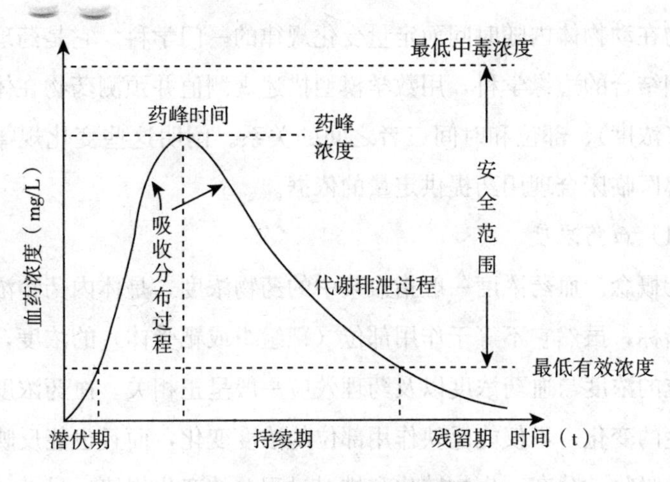


图 1-2　药时曲线意义示意

药时曲线的最高点称为峰浓度，达到峰浓度的时间称为峰时。曲线升段反映药物吸收和分布过程，曲线的峰值反映给药后达到的最高血药浓度；曲线的降段反映药物的消除。当然，药物吸收时消除过程已经开始，达峰时吸收也未完全停止，只是升段时吸收大于消除，降段时消除大于吸收，达到峰浓度时，吸收等于消除。

在药代动力学研究中，利用测定的血药浓度时间数据，采用一定的模型便可计算出药物在动物体内的药代动力学参数。这些参数反映了药物的药代动力学特征，分析和利用这些参数便可为兽医临床制订科学合理的给药方案或对该制剂做出科学的评价。

（2）药代动力学常用参数　包括消除半衰期、表观分布容积、体清除率、药时曲线下面积、血药峰浓度、峰时和生物利用度等。

①消除半衰期。消除半衰期是指体内药物浓度或药量下降一半所需的时间，一般简称半衰期，常用 $t_{1/2\beta}$ 或 $t_{1/2Ke}$ 表示。消除半衰期与消除速率常数 β 值呈反比，表达式为：

$$t_{1/2\beta}=0.693/\beta$$

式中，β 为消除速率常数，只要算出 β 值便可计算 出 $t_{1/2\beta}$ 值。β

值越大，药物消除的速度越快。消除半衰期是药动学的重要参数，是反映药物从体内消除快慢的指标，在兽医临床具有重要的实际意义。消除半衰期是制定给药间隔时间的重要依据，也是预测停药后从体内消除时间的主要参数。例如，停药后经 5 个 $t_{1/2\beta}$的时间，则体内药物消除约达 96.9%；如果将消除 99%的药量（残留量为 1%）作为药物已经完全被消除的一个时间点，则所需时间为 6.64 个消除半衰期。

消除半衰期还受许多因素的影响，凡能改变药物分布到消除器官或影响消除器官功能的任何生理或病理状态均可引起消除半衰期的变化。

②药时曲线下面积。药时曲线下面积（*AUC*）理论上是时间从 $t_0 \sim t_\infty$（*X* 轴）与血药浓度（*Y* 轴）围成的曲线下面积，反映到达全身循环的药物总量。在实际工作中 *AUC* 可用梯形法求算，准确方便。大多数药物 *AUC* 与剂量成正比。*AUC* 常用作计算生物利用度和其他参数的基础参数。

③表观分布容积。表观分布容积（*Vd*）是指药物在体内的分布达到动态平衡时，药物总量按血浆药物浓度分布所需的总容积。因此，*Vd* 是体内药量（*X*）与血浆药物浓度（*C*）的一个比例常数，即 $Vd=X/C$。*Vd* 是一个重要的药代动力学参数，通过它可将血浆药物浓度与体内药物总量联系起来，它可用来估算达到一定给药浓度所需的给药剂量。

由于表观分布容积并不代表真正的生理容积，纯是一个数学概念，故称表观分布容积。*Vd* 值的意义是反映药物在体内的分布情况，一般 *Vd* 值越大，药物穿透入组织越多，分布越广，血中药物浓度越低。许多研究表明，如果药物在动物体内均匀分布，则 *Vd* 值接近于 0.8～1.0L/kg，当 *Vd* 值大于 1.0L/kg 时，则药物在动物的组织浓度高于血浆浓度，药物在体内分布广泛，或者组织蛋白对药物有高度结合。如大环内酯类抗生素、氟喹诺酮类药物等，在动物体液和组织中有广泛的分布，$Vd$ 值均大于 1.0L/kg；相反，当药物的 $Vd$ 值小于 0.8L/kg 时，则药物的组织浓度低于血浆浓度，如青霉素类、头孢菌素类抗生素等。

④体清除率。体清除率（$Cl_B$）简称清除率，是指在单位时间内动物机体通过各种消除过程（包括生物转化与排泄）消除药物的血浆容积，单位为 mL/（min·kg)。清除率具有重要的兽医临床意义，也是评价清除机制最重要的参数。

体清除率是体内各种清除率的总和，包括肾清除率（$Cl_r$）、肝清除率（$Cl_h$）和其他（如肺、乳汁、皮肤清除率等)。因为药物的消除主要靠肾排泄和肝的生物转化，故体清除率可简化为：

$$Cl_B = Cl_r + Cl_h$$

⑤峰浓度与峰时。给药后达到的最高血药浓度称血药峰浓度（简称峰浓度，$C_{max}$），它与给药剂量、给药途径、给药次数及达到时间有关。达到峰浓度所需的时间称达峰时间（简称峰时，$t_{max}$），它取决于吸收速率和消除速率。峰浓度、峰时与药时曲线下面积是决定生物利用度和生物等效性的重要参数。

⑥生物利用度。生物利用度是指某一药物制剂从给药部位吸收进入全身循环的速率和程度。这个参数是决定药物量效关系的首要因素。

静脉注射所得的 $AUC$ 代表完全吸收，内服某一药物制剂所得的 $AUC_{po}$ 与静脉注射 $AUC_{iv}$ 的比值就是内服的全身生物利用度，称为绝对生物利用度。绝对生物利用度的计算方法，是在相同的动物、相等的剂量条件下，内服或其他非血管给药途径所得的 $AUC$ 与静脉注射的 $AUC$ 的比值，即：

$$F = \frac{AUC_{po}}{AUC_{iv}} \times 100\%$$

如果药物的制剂不能进行静脉注射给药，则采用内服参照标准药物的 $AUC$ 作比较，所得的生物利用度称为相对生物利用度。

生物利用度具有非常重要的兽医临床意义。相同含量的药物制剂不一定能得到相同的药效，虽然药物制剂的活性成分含量相同，但辅料和制备工艺过程不同可以导致产生药效的不同，这就是测定药物制剂生物利用度重要性的原因。

生物利用度是用于测定药物制剂生物等效性的主要参数，其目的在于评估与已知药物制剂相似的产品。生物等效性的基本概念为：如果药物具有相同的剂型和剂量，而且药代动力学过程即药物在动物体内的血药浓度-时间曲线十分相似，则其治疗效果应相同，也就是认为两种药物制剂在治疗上等效。用来评价生物等效性的主要参数为 $AUC$ 和 $C_{max}$。

## （二）兽药在动物体内的药效动力学

药物效应动力学简称药效学，主要研究药物对机体的作用、作用规律及作用机制，其内容包括药物的基本作用、药物量效关系、药物作用机制、药物与受体等。

**1. 药物的基本作用** 药物的作用原理包含多个方面。

（1）*药物作用与药物效应* 药物对机体细胞的初始作用称为药物作用，这种作用引起机体组织器官原有功能的改变（兴奋或抑制）称为药物的药理效应。如阿司匹林抑制前列腺素的合成，引起解热、镇痛的药理效应。药物作用具有选择性，药物在适当的剂量下，只对某一种组织或器官发生作用，而对其他组织或器官几乎不发生作用。只作用于一种组织器官，选择性高，反之则选择性低。

（2）*药物的治疗作用与不良反应* 治疗作用：符合用药目的，对防治疾病产生有利的作用。对因治疗是指消除致病因素，如应用抗生素杀灭病原菌以控制动物细菌性疾病；对症治疗是指改善症状，如使用解热镇痛药可使动物发热体温降至正常。

不良反应：不符合用药目的，给患病动物带来不适或有害的作用。包括：①副作用是指在治疗剂量下，出现的与治疗目的无关的反应，是药物固有的药理作用，对机体的影响不大，如用阿托品作动物的麻醉前给药，主要目的是抑制腺体分泌和减轻对心脏的抑制，其同时产生的抑制胃肠平滑肌的作用便成了副作用。②毒性反应是指用药剂量过大或在体内蓄积过多产生的危害性反应，是药物固有的药理作用，对动物机体危害大，导致急性毒性、慢性毒性或三致作用（致畸、致癌和致突变）等，可以预知和避免，如动物肌内注射过量的庆大霉素会产生严重的肾毒性。③变态反应又称过敏反应，属于免疫反应，小剂量即可引起，与药物剂量无关，如青霉素引起动物的过敏反应。④后遗效应是指停药后血药浓度降至阈浓度下后残留的药物引起的药理效应。⑤停药反应是指突然停药后原有疾病或症状加重，如动物长期应用皮质激素，由于负反馈作用，即使肾上腺皮质功能恢复至正常水平，但应激反应在停药半年以上时间内可能尚未恢复，这也称为药源性疾病。⑥特异性反应是指个别动物对某种药物的反应异常增高，反应的严重性与药物剂量有关。因此，药物即毒物，利弊并存，必须权衡，正确应用。

**2. 药物剂量与效应关系**

（1）*量反应*　药物的药理效应在一定的剂量范围内随着剂量的增加而逐渐加强。剂量达阈值才能产生效应；在一定剂量范围内，效应与剂量成正比，表现剂量-效应关系；增加剂量，可产生最大效应，达最大效应后增加剂量不再增强效应。

（2）*质反应*　药理效应不是随着药物剂量或浓度的增减而产生连续性的量的变化，而是表现出反应性质的变化，以阳性、阴性，全或无的形式表现，如惊厥与镇静、死亡与生存，研究对象是一个群体。

**3. 药物的作用机制**

（1）*作用于受体*　介导细胞信号转导的功能蛋白，具有识别微量化合物如药物，并与之结合，通过信息放大系统而触发生理或药理反应。受体的类型包括G-蛋白偶联受体、配体门控离子通道受体、络氨酸激酶活性受体、细胞内受体等。

(2) *对酶的作用* 药物的许多作用都是通过影响酶的功能来实现的，除了受体介导某些酶的活动外，不少药物可直接对酶产生作用而改变机体的生理、生化机能。如咖啡因抑制磷酸二酯酶；碘磷定使磷酰化胆碱酯酶复活，解救动物的有机磷农药中毒等。

(3) *影响离子通道* 在细胞膜上除了受受体操纵的离子通道外，还有一些独立的离子通道，如 $Na^+$、$K^+$、$Ca^{2+}$ 通道。如普鲁卡因可阻碍 $Na^+$ 通道而产生局部麻醉作用。

(4) *对核酸的作用* 许多药物对核酸代谢的某一环节产生作用而发挥药效，如磺胺药通过影响细菌的核酸代谢而起作用。

(5) *理化性质的改变* 如甘露醇高渗溶液的脱水作用，螯合剂解除重金属中毒等。

(6) *参与或干扰细胞代谢* 如一些维生素或微量元素可直接参与细胞的正常生理、生化过程，使缺乏症得到纠正。

(7) *影响自体活性物质的分泌与释放* 如麻黄碱促进去甲肾上腺素的释放，解热镇痛药抑制前列腺素的合成。

(8) *影响免疫功能* 如左旋咪唑有免疫增强作用。

## 二、影响药物作用的主要因素

药物的作用是机体与药物相互作用过程的综合表现，许多因素都可能影响或干扰这一过程，改变药物效应。这些因素包括药物、动物及饲养管理与环境三方面。

### （一）药物因素

**1. 药物剂型和给药途径** 药物的剂型和给药途径对药物的吸收、分布、代谢和排泄产生较大影响，从而引起不同的药理效应。一般来讲，静脉注射>吸入>肌内注射>皮下注射>口服>皮肤给药。其中静脉注射由于没有吸收过程，因而产生的药理效应更加显著。口服给药的吸收速率按剂型排序为水溶液>散剂>片剂。有的药物给药途径不同产生不同的药理效应，如硫酸镁内服导泻，而静脉注射或肌内注射则有镇静、镇痉等效应。

**2. 剂量** 药物剂量决定药物和机体组织器官相互作用的浓度，在一定范围内，给药剂量越大，则血药浓度越高，作用越强。有的药物随剂量的由小到大，其作用发生质的改变，如生存和致死等。例如，动物使用小剂量巴比妥类药物产生催眠作用，随着剂量增加可表现出镇静、抗惊厥和麻醉作用；动物内服小剂量人工盐是健胃作用，大剂量则表现为下泻作用。兽医临床用药时，除根据《兽药典》决定用药剂量外，兽医师可以根据动物病情发展的需要适当调整剂量，更好地发挥药物的治疗作用。家禽由于集约化饲养，数量巨大，注射给药要消耗大量人力、物力，也容易引起应激反应，所以药物可用混饲或混饮的群体给药方法。这时必须注意保证每个个体都能获得充足的剂量，又要防止一些个体食入量过多而产生中毒，还要根据不同气候、疾病发生过程及动物食量或饮水量的不同，适当调整药物的浓度。

**3. 联合用药** 两种或两种以上的药物同时或先后应用时，药物在体内产生相互作用，影响药动学和药效学。

（1）*药动学方面* 包括妨碍药物的吸收、改变胃肠道 pH、形成络合物、影响胃排空和肠蠕动、竞争与血浆蛋白结合、影响药物的代谢和影响药物排泄等。

（2）*药效学方面* 包括：①协同作用，联合用药增强药理效应，如增强作用和相加作用；两药合用的效应大于单药效应的代数和，称增强作用；两药合用的效应等于它们分别作用的代数和，称相加作用；在同时使用多种药物时，治疗作用可出现协同作用，不良反应也可能出现这种情况，如第1代头孢菌素的肾毒性可由于合用庆大霉素而增强。②颉颃作用，两药合用的效应小于它们分别作用的总和。

（3）配伍禁忌　两种以上药物混合使用可能发生体外的相互作用，出现使药物中和、水解、破坏失效等理化反应，这时可能发生混浊、沉淀、产生气体及变色等外观异常的现象，称为配伍禁忌。例如，在静脉滴注的葡萄糖注射液中加入磺胺嘧啶钠注射液，可见液体中有微细的结晶析出，这是磺胺嘧啶钠在pH降低时必然出现的结果。

### （二）动物方面的因素

动物的种属、年龄、性别、体重、生理状态、病理因素、个体差异等均影响药物的作用。

**1. 种属差异**　动物品种和生理特点对药物的药动学和药效学往往有很大的差异。在大多数情况下表现为量的差异，即作用的强弱和维持时间的长短不同，如链霉素在马、牛、羊、猪的消除半衰期表现出很大差异。此外，有少数动物因缺乏某种药物的代谢酶，因而对某些药物特别敏感。

**2. 生理因素**　不同年龄、性别或生理状态动物对同一药物的反应往往有一定差异，这与机体组织器官的功能状态，尤其与肝脏药物代谢酶系统有着密切的关系。如幼龄动物因为肝脏微粒体酶代谢功能不足和/或肾排泄功能不足，其体内药物的消除半衰期往往要长于成年动物。同理，老龄动物亦有上述现象，一般对药物的反应较成年动物敏感，因此临床用药剂量应适当减少。除了作用于生殖系统的某些药物外，一般药物对不同性别动物的作用并无差异，但妊娠动物对拟胆碱药、泻药或能引起子宫收缩加强的药物比较敏感，可能引发流产，临床用药必须慎重。哺乳动物则因大多数药物可从乳汁排泄，会造成乳中的药物残留，故要制订严格的弃奶期。

**3. 病理因素** 药物的药理效应一般都是在健康动物试验中观察得到的，动物在病理状态下对药物的反应性存在一定程度的差异。不少药物对疾病动物的作用较显著，甚至要在动物病理状态下才呈现药物的作用，如解热镇痛抗炎药能使发热动物降温，但对正常体温没有影响。大多数药物主要通过与靶细胞受体相结合而产生各种药理效应，在各种病理情况下，药物受体的类型、数目和活性可以发生变化而影响药物的作用。严重的肝、肾功能障碍，可影响药物的生物转化和排泄，对药物动力学产生显著的影响，引起药物蓄积，延长消除半衰期，从而增强药物的作用，严重者可能引发毒性反应。但也有少数药物在肝生物转化后才有作用，如可的松、泼尼松，在肝功能不全的患病动物中其作用减弱。炎症过程可使动物的生物膜通透性增加，影响药物的转运。严重的寄生虫病、失血性疾病或营养不良的动物，由于血浆蛋白质大大减少，可使高血浆蛋白结合率药物的血中游离药物浓度增加，一方面使药物作用增强，同时也使药物的生物转化和排泄增加，消除半衰期缩短。

**4. 个体差异** 产生个体差异的主要原因是动物对药物的吸收、分布、代谢和排泄的差异，其中代谢是最重要的因素。不同个体之间的酶活性可能存在很大的差异，从而造成药物代谢速率上的差异。因此，相同剂量的药物在不同个体中，有效血药浓度、作用强度和作用维持时间可产生很大差异。

个体差异除表现药物作用量的差异外，有的还出现质的差异，个别动物应用某些药物后容易产生变态反应。例如，马、犬等动物应用青霉素等药物后，个别可能出现变态反应。这种反应在大多数动物都不发生，只在极少数具有特殊体质的个体才发生的现象。

### （三）饲养管理与环境因素

动物机体的健康状态对药物的效应可以产生直接或间接的影响。

动物的健康主要取决于饲养和管理水平。饲养方面要注意饲料营养全面，根据动物不同生长时期的需要合理调配日粮成分，以免出现营养不良或营养过剩。管理方面应考虑动物群体的大小，防止密度过大，房舍的建设要注意通风、采光和动物活动的空间，要为动物的健康生长创造良好的条件。

## 三、合理用药原则

合理用药的原则是指充分发挥药物的疗效和尽量避免或减少可能发生的不良反应。

**1. 正确诊断** 任何药物合理应用的先决条件是正确的诊断，没有对动物发病过程的认识，药物治疗便是无的放矢，不但没有好处，反而可能延误诊断，耽误疾病的治疗。在明确诊断的基础上，严格掌握药物的适应证，正确选择药物。

**2. 用药要有明确的指征** 每种疾病都有特定的发病过程和症状，要针对患病动物的具体病情，选用药效可靠、安全、方便给药、价廉易得的药物制剂。反对滥用药物，尤其不能滥用抗菌药物。将肾上腺皮质激素当做一般的解热镇痛或者消炎药使用都属于不合理使用。不明原因的发热、病毒性感染随意使用抗生素也属于不合理使用。

**3. 熟悉药物在动物的药动学特征** 根据药物在动物体的药动学特征，制订科学的给药方案。药物治疗的错误包括选错药物，但更多的是给药方案的错误。兽医师在给食品动物如蛋鸡用药时，要充分利用药动学知识制订给药方案，在取得最佳药效的同时尽量减少毒副作用、避免细菌产生耐药性和导致动物性食品中的兽药残留。良好的兽医师必须掌握在药效、毒副作用和兽药残留几方面取得平衡的知识和技术。

**4. 制订周密的用药计划** 根据动物疾病的病理生理学过程和药

物的药理作用特点以及它们之间的相互关系，药物的疗效是可以预期的。几乎所有的药物不仅有治疗作用，也存在不良反应，临床用药必须记住疾病的复杂性和治疗的复杂性，对治疗过程做好详细的用药计划，认真观察将出现的药效和不良反应，随时调整用药计划。

**5. 合理的联合用药** 在确定诊断以后，兽医师的任务就是选择有效、安全的药物进行治疗，一般情况下应避免同时使用多种药物（尤其抗菌药物），因为多种药物治疗极大地增加了药物相互作用的概率，也给患病动物增加了危险。除了具有确实的协同作用的联合用药外，要慎重使用固定剂量的联合用药，因为它使兽医师失去了根据动物病情需要去调整药物剂量的机会。

明确联合用药的目的，即增强疗效，降低毒性和副作用，延缓耐药性的发生。①增强疗效，如磺胺类药物与甲氧苄啶、林可霉素与大观霉素联合使用提高抗菌能力、扩大抗菌谱，青霉素类和氨基糖苷类抗生素联合使用，促进氨基糖苷类药物进入细胞，增强杀菌作用。②降低毒性和减少副作用，如磺胺药与碳酸氢钠合用可减少磺胺药的不良反应。③对付耐药菌，如阿莫西林与克拉维酸合用可治疗耐药金黄色葡萄球菌感染。

**6. 正确处理对因治疗与对症治疗的关系** 一般用药首先要考虑对因治疗，但也要重视对症治疗，两者巧妙地结合将能取得更好的疗效。我国传统中医理论对此有精辟的论述："治病必求其本，急则治其标，缓则治其本"。

**7. 避免动物性产品中的兽药残留** 食品动物用药后，药物的原形或其代谢产物和有关杂质可能蓄积、残存在动物的组织、器官或食用产品（如蛋、奶）中，这样便造成了兽药在动物性食品中的残留（简称"兽药残留"）。使用兽药必须遵守《兽药典》的有关规定，严格执行休药期（停止给药后到允许食品动物屠宰上市的时间），以保证动物性产品兽药残留不超标。

**8. 疫苗免疫注意事项** 各养殖场应根据本场所养殖动物种类、品系、疫病流行特点和季节变化，制订相应的疫苗免疫程序。使用疫苗前应注意：凡包装不合格、批号不清楚、不符合运输要求的生物制品不能使用。严格按照说明书和标签上的各项规定使用生物制品，不得任意改变，并须详细记录制品名称、批号、使用方法和剂量等内容。接种活疫苗前1周和接种后10d，不得以任何方式或途径给予任何抗菌药物。各种活疫苗应按照制品规定的稀释液稀释后使用。活疫苗作饮水免疫时，不得使用含消毒剂的水。

## 四、安全使用常识

兽药使用过程中应切记以下常识：

（1）兽药的合理选择是建立在对疾病的正确诊断基础之上的，在动物发病之后，一定要迅速及时地对疾病进行准确诊断，然后才能准确选择最合适的药物进行治疗。

（2）应严格遵守兽药的标签使用原则，根据兽药的适应证选择合适的兽药制剂，并严格按照国家规定的用量与用法使用兽药，严禁超量或超疗程使用。

（3）用药过程中应准确做好各项记录，包括选用的药物、给药间隔时间、给药剂量、给药途径和疗程等信息。对于饮水及混饲给药，还应仔细记录动物的饮水及采食饲料情况。

（4）食品动物用药过程中应严格遵守休药期的规定，严防兽药在动物可食性组织及产品中的残留。

（5）有条件的养殖场可适当开展本场常见致病菌的敏感性调查，筛选出有效的抗菌药物。

（6）平时做好疾病预防工作，及时做好疫苗接种，做好动物舍的清扫及消毒工作。

（7）严格遵循国家及农业农村部等制定的各项规章制度，如严禁使用违禁药物，严禁将人用药品用于动物，严格遵守兽用处方药的使用及管理制度等。

## 五、兽药质量快速识别

**1. 选购兽药时注意事项** 养殖场（户）在选购兽药时，需要注意以下几个方面。

（1）如从兽药生产厂采购，应选择持有兽药生产许可证和兽药GMP合格证的正规兽药厂生产的产品。

（2）如从兽药经营店选购，应选择持有兽医行政管理部门核发的兽药经营许可证和工商部门核发的营业执照的兽药经营单位购买。

（3）如从网络购买，应检查平台是否合法，是否持有兽医行政管理部门核发的兽药经营许可证和工商部门核发的营业执照。

（4）检查兽药产品是否有兽药产品批准文号或进口兽药登记许可证号。兽药产品批准文号有效期为5年，过期文号的产品属于假兽药。

（5）检查兽药包装上是否印制了兽药产品的电子身份证——二维码唯一性标识。

（6）选择农业农村部兽药产品质量通报中的合格产品，不选择农业农村部公布的非法兽药企业生产的产品及合法兽药企业确认非本企业生产的涉嫌假兽药产品。

（7）不购买农业农村部淘汰的兽药、规定禁用的药品或尚未批准给蛋鸡使用的兽药产品。

（8）注意兽药产品的生产日期和使用期限，不要购买和使用过期的兽药产品。

（9）不要购买和使用变质的兽药产品。

（10）选择产品包装、标签、说明书符合国家标准规范的产品。成件的兽药产品应有产品质量合格证，内包装上附有检验合格标识，包装箱内有检验合格证。

（11）参照广告选择兽药时，必须选择有省、部审核的广告批准文号的产品。

**2. 选购兽药时应检查的内容** 采购兽药时，首先要查看外包装，最为明显的就是二维码。在兽药包装上印制二维码唯一性标识，解决了兽药产品“是谁（的）＋从哪里来＋到哪里去了”的问题，通过网络、手机、识读设备等多种途径查询相关内容，以达到对兽药产品进行标识和追踪溯源，实现全国兽药产品生产出入库可记录、信息可查询、流向可追踪和责任可追查的目的。目前，正规企业生产的每一个兽药产品（瓶/袋）都有二维码，就是兽药产品的电子身份证。采购员、仓库管理员、兽医都可以使用手机、识读设备等扫描，通过网络实现与中央数据库的连接，查询兽药产品相关信息，实现兽药产品可追溯。扫描兽药二维码标识可呈现的信息包括：兽药追溯码、产品名称、批准文号、企业简称、联系电话。

外包装上除了二维码之外，还可以看到商品名称，此外要看是否标有生产许可证和兽药 GMP 证书编号、兽药的通用名称、产品批准文号、产品批号、有效期、生产厂名、详细地址和联系电话，是否有产品使用说明书，说明书上标注的项目是否齐全。兽药的包装、标签及说明书上必须注明以下信息：产品批准文号、注册商标、生产厂家、厂址、生产日期（或批号）、药品名称、有效成分、含量、规格、作用、用途、用法用量、注意事项、有效期等。

再就是观察兽药的外包装是否有破损、变潮、霉变、污染等现象，用瓶包装的兽药产品应检查瓶盖是否密封，封口是否严密，有无松动，有无裂缝甚至药液漏出等现象。同时应检查兽药产品的外观、性状是否有异常，如标准规定的颜色发生变化，粉剂出现不应有的结块，注射液出现絮状物沉淀等。

**3. 假劣兽药的快速鉴别** 根据《兽药管理条例》的规定，假、劣兽药有以下几种情形。

（1）假兽药　有以下情形之一的，为假兽药。

①以非兽药冒充兽药或者以他种兽药冒充此种兽药的。

②兽药所含成分的种类、名称与兽药国家标准不符合的。

有以下情形之一的，按假兽药处理：

①国务院兽医行政管理部门规定禁止使用的。

②依照《兽药管理条例》规定应当经审查批准而未经审查批准即生产、进口的，或者依照《兽药管理条例》规定应当经抽查检验、审查核对而未经抽查检验、审查核对即销售、进口的。

③变质的。

④被污染的。

⑤所标明的适应证或者功能主治超出规定范围的。

（2）劣兽药　有以下情形之一的，为劣兽药。

①成分含量不符合兽药国家标准或者不标明有效成分的。

②不标明或者更改有效期或超过有效期的。

③不标明或者更改产品批号的。

④其他不符合兽药国家标准，但不属于假兽药的。

（3）检查鉴别假、劣兽药时的注意事项

①查产品批准文号。一是兽药生产企业没有获得批准，其生产的兽药产品必然没有产品批准文号；二是合法兽药生产企业没有取得批准文号或挪用其他产品批准文号，这些均作假兽药处理。

②查兽药名称。兽药名称包括法定通用名称（兽药典和国家标准中载明的兽药名称）和商品名。兽药产品标签、说明书、外包装必须印制法定通用名称，有商品名的应同时印制，但商品名与通用名称的大小比例不得超过2∶1。

③查是否属于淘汰的兽药、规定禁用的药品或尚未批准在蛋鸡使用的兽药产品。生产、销售淘汰的兽药、规定禁用的药品或尚未批准

在蛋鸡使用的兽药产品应作假兽药处理。

④查兽药的有效期。超过有效期的兽药即可认定为劣兽药。

⑤查产品批号。兽药产品的批号一般由年、月、日、批次组成，并一次性激光打印或印刷，字迹清晰，无涂污修改。任何修改即可认定为劣兽药。

⑥查产品规格。核查标签上标示的规格与兽药的实际是否相符，标示装量与实际装量是否相符。

⑦查产品质量合格证。兽药包装内应附有产品质量合格证，无合格证的产品不得出厂，经营单位不得销售。

**4. 发现假劣兽药后的投诉** 为进一步加大兽药违法案件查处工作力度，2006年11月7日，农业部通过“中国农业信息网”“中国兽药信息网”和《农民日报》，将各省（自治区、直辖市）兽医行政管理部门兽药违法案件举报电话（表1-1）统一向社会公布（农办医［2006］58号），并要求各省（自治区、直辖市）兽医行政管理部门采取多种形式，加强宣传，主动接受社会监督，做好举报电话值守，认真受理举报案件，依法查处违法行为，以净化市场，维护合法兽药企业和广大农牧民的利益。

**表1-1 全国兽药违法案件举报电话名录**

| 序号 | 单位名称 | 举报电话 |
| --- | --- | --- |
| 1 | 农业农村部畜牧兽医局 | 010-59192829<br>010-59191652（传真） |
| 2 | 北京市农业局<br>北京市动物卫生监督所 | 010-82078457<br>010-62268093-801 |
| 3 | 天津市畜牧局 | 022-28301728 |
| 4 | 河北省畜牧兽医局 | 0311-85888183 |
| 5 | 山西省兽药监察所 | 0351-6264649（传真） |
| 6 | 内蒙古自治区农牧业厅 | 0471-6262583；6262652 |
| 7 | 辽宁省动物卫生监督管理局 | 024-23448298；23448299 |

（续）

| 序号 | 单位名称 | 举报电话 |
| --- | --- | --- |
| 8 | 吉林省牧业管理局 | 0431－2711103；8906641 |
| 9 | 黑龙江省畜牧兽医局 | 0451－82623708 |
| 10 | 河南省畜牧局 | 0371－65778775 |
| 11 | 湖北省畜牧局 | 027－87272217 |
| 12 | 江西省畜牧兽医局 | 0791－85000985 |
| 13 | 湖南省畜牧水产局 | 0731－8881744 |
| 14 | 福建省农业厅畜牧兽医局 | 0591－87816848 |
| 15 | 安徽省农业委员会畜牧局 | 0551－2650644 |
| 16 | 上海市兽药饲料监督管理所 | 021－52164600 |
| 17 | 山东省畜牧办公室 | 0531－87198085 |
| 18 | 江苏省兽药监察所 | 025－86263243；86263659 |
| 19 | 浙江省畜牧兽医局 | 12316 |
| 20 | 广东省农业厅畜牧兽医办公室 | 020－37288285 |
| 21 | 广西壮族自治区水产畜牧局 | 0711－2814577 |
| 22 | 海南省畜牧兽医局 | 0898－65338096 |
| 23 | 重庆市农业局 | 023－89016190；89183743 |
| 24 | 云南省畜牧兽医局 | 0871－5749513 |
| 25 | 贵州省畜牧局 | 0851－5287855；5286424 |
| 26 | 四川省畜牧食品局 | 028－85561023 |
| 27 | 陕西省畜牧兽医局 | 029－87335754 |
| 28 | 甘肃省农牧厅 | 0931－8834403 |
| 29 | 青海省农牧厅畜牧兽医局 | 0971－6125442 |
| 30 | 宁夏回族自治区兽药饲料监察所 | 0951－5045719 |
| 31 | 新疆维吾尔自治区畜牧兽医局 | 0991－8565454 |
| 32 | 西藏自治区农牧厅办公室 | 0891－6322297 |

发现假劣兽药后，可以拨打上述电话或亲自到上述部门举报，也可向所在地市、县兽医行政管理部门举报。

## 六、制订合理的免疫程序

免疫要根据《中华人民共和国动物防疫法》以及《动物防疫条件审查办法》有关规定结合蛋鸡养殖的防疫需求，以蛋鸡生产安全控制为预防原则。

### （一）蛋鸡养殖场全盘综合考虑

蛋鸡养殖场应从杜绝外来病原传入、减少内部病原扩散、有利于蛋鸡健康生长等方面全盘综合考虑，蛋鸡场建设应从以下方面设计。

（1）选址、布局符合动物防疫要求，生产区与管理区、生活区要严格分开，尽可能地杜绝交叉感染现象的发生。

（2）蛋鸡舍的设计、建筑结构和材料符合防疫要求，采光、通风和污物、污水排放、防鼠防鸟等设施齐全，并且要符合蛋鸡养殖的需要。生产区内清洁道和污染道分设，避免交叉；厂区道路应铺设硬化道路，便于清洁、消毒，减少积水现象。

（3）建有病鸡动物隔离圈舍和病死鸡、污水、污物无害化处理设施、设备，设施设备安放地点应在厂区的下风向。

（4）养鸡场应配置有经验的专业兽医人员，以利于尽早发现、控制、诊断及消灭各类传染性疫病。

（5）出入口设有隔离和消毒设施、设备，杜绝外部传染病源的传入。

（6）本单位所有工作人员都不应在单位之外，从事与家禽养殖相关的一切业务活动，如因工作需要与场外家禽接触，应隔离 72h 后方可再进入厂区。

（7）蛋鸡养殖还应建立一套单位工作人员人尽皆知的、科学有效的防疫制度。

## （二）加强饲养管理

健康的蛋鸡首先是养出来。良好的生长环境和动物福利、优质的鸡源、优质的饲料、优质的设备、科学的饲养管理手段以及尽职尽责的饲养员是养好鸡的重点。只有健康鸡群，才有高抵抗力，才有良好的免疫机能。

## （三）实施科学免疫

1. 依据上游种鸡场以及饲养场周边疫病流行情况制订科学合理的免疫程序。当地疫病的发生和流行状况是防疫的重点，在此基础上，制订有效的防疫措施。及时采取封场、封栋防疫隔离措施。必要时采取及时免疫、免疫监测、加强免疫等有效手段，提高鸡群免疫力，最大限度地降低疫病传入风险以及可能由此造成的疫病损失。

2. 做好常发疫病的免疫是日常防疫的重点工作。禽流感、新城疫、传染性法氏囊、传染性支气管炎、产蛋下降综合征、马立克氏病、鸡痘等疫病是蛋鸡养殖场的常发病毒性疾病，做好上述疫病的免疫工作是蛋鸡养殖的关键。

3. 对鸡群进行免疫不是防疫目的，保障鸡群不发病才是防疫的目的。

（1）选择合适的疫苗，是免疫成功的重要保证。一是应根据所需防病的种类、生长阶段、上游种鸡场和当地疫病流行状况、饲养规模等选择合适的疫苗；二是根据选择正规厂家生产的疫苗；三是选择优质、有效的疫苗；四是选择疫苗毒株与当地流行毒株相匹配，最佳选择是由本场分离毒株制备的疫苗。

（2）采取正确的免疫方法和操作，是免疫成功的另一半。蛋鸡免疫方法包括滴鼻、点眼、喷雾、饮水、注射、刺种、涂擦，应根据疫苗种类、蛋鸡生长阶段选择恰当的免疫方法。每一种免疫方法都有规范的免疫操作要求，应按照正确要求实施免疫，保证免疫确实，减少免疫应激。

（3）掌握最佳的免疫时机也是免疫成功重要保障。应根据疫病的发生规律、流行特点、母源抗体和免疫抗体消长规律等因素选择最适宜的免疫时机，弥补免疫空白期，降低免疫离散度、增强免疫针对性，提高免疫保护效果。

（4）抗体监测是一项很重要的工作，及时掌握鸡群整体免疫抗体水平，是确保免疫成功的重要手段。根据监测结果及时调整免疫疫苗、免疫程序，使鸡群始终处于最佳的免疫保护状态是避免免疫失败的关键。

①鸡白痢沙门氏菌、禽白血病、支原体等垂直传播性疫病不仅可以给蛋鸡带来直接的损失，还可以使鸡群处于亚健康状态，从而降低免疫机能，导致免疫失败的发生。因此，上游种鸡场的种鸡净化直接关系到引进雏鸡净化水平，也是影响免疫效果的重要因素。

②减少应激因素，也是确保免疫成功的措施。

## 第三节　蛋鸡用药选择

### 一、蛋鸡的生物学特点

鸡属于鸟纲动物，在血液、循环、呼吸、消化、体温、泌尿、神经、内分泌、淋巴和生殖等方面有自己独特的生理特点，与哺乳动物之间存在较大的差异。此外，不同阶段生长的蛋鸡，在生理和生长特性上也不同。了解蛋鸡的生理特点，对生产中正确饲养蛋鸡、认识蛋鸡疾病、分析蛋鸡致病原因，以及有效预防和合理用药治疗疾病都具有重要的意义。

### （一）血液生理特点

蛋鸡的血糖含量比哺乳动物高。产蛋期的蛋鸡，血浆中含钙最高，比哺乳动物的血钙要高。另外，蛋鸡血浆始终保持高钾低钠状态，这点是比较特别的。蛋鸡血浆中的胆碱酯酶贮存很少，因此对抗胆碱酯酶药物（如有机磷）非常敏感，容易中毒。

### （二）循环系统生理特点

蛋鸡的心血管系统由心脏和血管组成。

在正常生理状态下，禽类迷走神经和交感神经对心脏的调节作用较为均衡，不像哺乳动物那样呈现迷走神经对心脏的支配占优势，神经系统对心脏的抑制作用较强的情况。

禽类心血管功能受环境的影响较大。环境温度突然升高时，可引起体温上升，使血管舒张，血压下降。而当环境温度下降时，也产生血压下降的情况，下降程度与低温呈正比。

### （三）呼吸系统生理特点

蛋鸡的呼吸系统包括鼻腔、口咽腔、喉、气管、鸣管、支气管、肺、气囊和某些含有空气的骨骼等器官组成。

口咽腔是禽类特有的，因为没有形成软腭，口腔与咽腔无明显分界，常合称口咽腔。口腔顶壁正中有腭裂（或称鼻后孔裂），前部狭而后部宽。

气管由气管环连接而成，气管环数目很多，通过蒸发散热以调节体温。因此，气候炎热时蛋鸡会张口呼吸，加快呼吸的频率。

鸡肺呈鲜红色，左、右各一叶。肺不大，肺内毛细血管所形成的气体交换场所。肺内的导管部是互相连通的管道。

气囊是禽类特有的器官，具有贮存气体、减轻体重、调整重心位置、调节体温、共鸣等多种功能。气囊与肺形成特殊的气体循环通道。一些呼吸道疾病可以通过气囊传播到全身各组织，造成蛋鸡的抗病力一般比哺乳动物低。

对蛋鸡来讲，由于缺乏汗腺，呼吸器官也具有降温的作用，主要是以水蒸气的方式排出热量。鸡在炎热的环境中易发生热喘呼吸，常使支气管区域的通气显著增大，导致二氧化碳严重偏低，出现呼吸性碱中毒而死亡。因此，夏季要做好鸡舍的防暑通风工作。

### （四）消化系统生理特点

蛋鸡的消化器官包括喙、口腔、咽、食道、嗉囊、腺胃、肌胃、小肠、大肠（包含盲肠）、泄殖腔、肝脏和胰腺。

鸡无牙齿，食物摄入口腔后部经咀嚼而在舌的帮助下直接咽下，唾液的消化作用不大。食物被吞食后即进入嗉囊。腺胃消化能力比较差，只能靠强有力的肌胃将与砂砾等硬物混合的食物磨碎。食物在腺胃停留的时间较短。

食物从胃进入肠后，在肠内停留时间较短，食物中许多成分还未经充分消化吸收就随粪便排出体外。添加在饲料或饮水中的药物也同样如此，较多的药物尚未被吸收进入血液循环就被排到体外，药效维持时间短。

### （五）体温生理特点

禽类的体温调节能力有限，平均体温比哺乳动物高。禽类单位体重的耗氧量为其他家畜的 2 倍，对缺氧尤其敏感。鸡没有汗腺而有丰厚的羽毛。因此，鸡产热、散热以及体温调节方式与哺乳动物存在较大的差异。当环境温度上升至 27℃时，辐射、对流、传导等散热方式会受到一定限制，以呼吸蒸发散热为主。当环境温度低于 7.8℃或高于 30℃时，鸡的体温调节功能就不够完善，对高温的反应比低温反应更明显。

### （六）泌尿系统生理特点

蛋鸡泌尿系统包括肾和输尿管，没有膀胱。母鸡的泄殖腔有 4 个排泄口，分别是一个输卵管开口、一对输尿管开口和一个粪道开口。鸡尿以固体尿酸盐的形式和粪便一起排出体外。

蛋鸡尿为奶油色，较浓稠，呈弱酸性。磺胺类药物代谢的终产物乙酰化磺胺在酸性的尿液中会出现结晶，从而导致肾脏受损。因此，在应用磺胺类药物时，适当添加一些碳酸氢钠，以减少乙酰化磺胺结晶对肾的损伤。

鸡尿生成的特点：肾小球的有效滤过压比哺乳动物低，蛋白质代谢的主要终产物是尿酸。由于尿酸盐不易溶解，当饲料中蛋白质过高、维生素 A 缺乏、肾损伤（患鸡传染性支气管炎）时，产生的尿酸超出机体的排出能力，大量的尿酸盐将沉积于肾脏、关节及其他内脏器官表面，导致痛风。

### （七）生殖系统生理特点

蛋鸡的生殖系统包括卵巢和输卵管两个部分。在胚胎发育的早期，有两个卵巢，但通常只有一个卵巢发育成具有功能的器官，并且大多数为左侧卵巢。

左卵巢位于左肾前半部分的腹侧，以短的系膜悬吊于腹腔背侧。幼龄时小，呈长椭圆形，成年时发达，可见不同发育阶段的卵泡，内集卵黄。性成熟时，卵巢明显增大，重量在 40～60g。产蛋期在卵巢皮质常见 4～6 个伸向腹部的体积依次递减的大型卵泡和无数小卵泡。蛋鸡卵泡无卵泡腔及卵泡液，排卵后不形成黄体。产蛋结束时，卵巢又恢复到静止期时的形状和大小。

蛋鸡输卵管具有输送卵子、形成蛋的各种成分的功能。此外，还是受精和暂时贮存精子的场所。左侧输卵管发育完全，是一条长而弯曲的管道，以系膜悬挂在腹腔背侧偏左。

鸡蛋的形成时间需 23～26h，高产鸡的鸡蛋形成时间短于低产鸡。母鸡与其他家禽一样区别于哺乳动物的繁殖特点，即能连续排卵和产生受精卵，受精蛋在体外发育。

### （八）免疫系统生理特点

法氏囊是家禽特有的中枢免疫器官，鸡的位于泄殖腔的背侧，性成熟前（3～5 月龄）腔上囊达到最大。性成熟后开始退化，鸡 10 月龄时退化消失。与胸腺不同，腔上囊训化 B 细胞成熟，主导机体的体液免疫。鸡传染性法氏囊病主要侵害此部位，引起鸡免疫抑制，导致早期的免疫接种失败和对病原微生物的易感性增强。

除了在生理结构方面，蛋鸡与哺乳动物差异较大外，不同生长阶段的蛋鸡也有其独特的生理特点。根据蛋鸡不同的生长阶段，主要分为雏鸡、育成鸡和产蛋鸡。

**1. 雏鸡的生理特点**

（1）*体温调节机能不完善*　初生雏的体温较成年鸡的体温低 2～3℃，4 日龄开始慢慢地均衡上升，到 10 日龄以后才具有适应外界环境温度变化的能力。

（2）*生长迅速，代谢旺盛*　雏鸡前期生长快，以后随日龄增长而逐渐减慢。代谢旺盛，心跳快。

（3）羽毛生长快，对日粮中蛋白质水平要求高。

（4）消化器官容积小，消化能力弱。

（5）*敏感性强，抗病力差*　幼雏对饲料中各种营养物质缺乏或有毒药物过量，会反映出病理状态。对外界环境的适应性差，对各种疾病的抵抗力也弱，稍不注意，极易患病。

（6）群居性强、胆小。

**2. 育成鸡的生理特点**

（1）消化能力增强，胃肠容积增大。

（2）生长都处于旺盛的阶段，自身对钙的沉积能力有所提高。

（3）抗病力和抗应激的能力增强，适应能力也提高。

**3. 产蛋鸡的生理特点**

（1）生殖机能逐步成熟，同时体成熟也将趋于完善。

（2）在生长发育的同时还要完成产蛋，身体负担重。

（3）对外界的应急反应敏感，易受惊吓。

## 二、蛋鸡用药的给药方法

蛋鸡生产过程中，为了防止鸡群某些疫病的发生与流行，保证鸡群的健康生长，需要适时地投药。蛋鸡的投药方法主要可分为三类，即群体投药法、个体给药法和体表给药法。

### （一）群体投药法

**1. 混料给药** 即将药物均匀地拌入料中，让鸡采食时能同时吃进药物。该方法简便易行，节省人力，应激小，效果可靠，主要适用于预防性用药，尤其适用于连续多天给药。对一些不溶于水的药物，如微量元素、多种维生素、鱼肝油等，采用此法投药更为恰当。

**2. 饮水给药** 即将药物溶于少量饮水中，让鸡在短时间内饮完，也可以把药物稀释到一定浓度，让鸡自由饮用。此法适用于短期投药和紧急治疗投药。尤其适用于已发病、采食量明显减少而饮水状况较好的鸡群。投喂的药物必须是水溶性的，如硫酸新霉素可溶性粉等。

**3. 气雾给药** 是指让鸡只通过呼吸道吸入或作用于皮肤黏膜的一种给药方法。适用于该法的药物应对鸡呼吸道无刺激性，且能溶解于其分泌物中。如疫苗的气雾免疫、消毒药物的喷雾消毒和一些用于呼吸系统、皮肤感染的治疗药物。

### （二）个体给药法

**1. 口服法** 此法一般只用于个体治疗。该法虽然费时费力，但剂量准确，疗效有保证。投药时把药物经口投入食管的上端，或用带有软塑料管的注射器把药物经口注入鸡的嗉囊内。

**2. 体内注射法** 包括静脉注射、肌内注射和嗉囊注射 3 种。其中，肌内注射法较为常用。优点是吸收速度快、完全，适用于逐只治疗，尤其是紧急治疗时，效果更好。对于肠道难吸收的药物，如庆大霉素等，在治疗非肠道感染时，可以肌内注射给药。

### （三）体表给药法

多用来杀灭体外寄生虫，常用喷雾、药浴、喷洒等方法，此法用药应注意用量，有些药物使用剂量大时，会出现中毒，最好事先准备好解毒药。如使用有机磷杀虫剂时，应准备阿托品、解磷定等解毒药。

## 三、蛋鸡用药注意事项

蛋鸡生产过程中，使用药物预防和治疗疾病至关重要，合理选择药物和正确给药，要注意以下事项。

### （一）根据病情选用药物

根据发病情况、剖检病变并结合实验室诊断技术，弄清致病微生物的种类，并选择合适的药物。对于细菌性致病菌，最好结合药敏试验结果选择敏感的抗菌药。此外，长期应用某一种或某些药物时，容易产生耐药性，应采用不同作用机理的药物交叉使用，可大大提高用药效果。

## （二）合理选择给药途径

鸡群给药途径很多，有群体给药、个体给药和体表给药等，应根据不同的用药目的合理选择给药途径。

**1. 方法选择** 对于雏鸡疫苗免疫时，可采用滴鼻点眼法、刺种法等，对于饲养密度大的鸡群，也可采用气雾免疫。严重感染时，多采用注射给药法；一般消化道感染，以饮水或者拌料内服为宜；对严重消化道感染，则采用注射给药法配合饮水法或拌料法同时进行。

**2. 不同给药途径的特点及注意事项** 注射给药法，具有剂量准确、药效发挥迅速、稳定的特点；饮水和拌料给药适合大群投药，对于溶解性强的、易溶于水的药物，采用饮水给药，但禁止在流水中投药，避免药液浓度不均匀，影响疗效或发生中毒；难溶于水或不溶于且疗效较好的抗生素，可拌料给药。

（1）混料给药

①准确掌握混料浓度。进行混料给药时，应按照拌料给药浓度，准确计算所用药物的剂量。若按鸡只体重给药，应严格计算总体重，按照要求把药物拌进料内。药物的用量要准确称量，切不可估计大约，以免造成药量过小或过大。

②确保用药混合均匀。先把药物和少量饲料混匀，然后将混有药物的饲料加入到大批饲料中，继续混合均匀。直接将药加入大批饲料中是很难混匀的；对于容易引起药物中毒或副作用大的药物更应注意混合均匀。忌把全部药量一次加入所需饲料中简单混合，以免造成部分鸡只药物中毒，部分鸡又吃不到药，达不到防治目的。

③用药后密切注意有无不良反应。有些药物混入后，可与饲料中某些成分发生颉颃反应，这时应密切注意不良作用。如饲料中长期混合磺胺类药物，就易引起B族维生素和微生物K的缺乏，这时应适当补充这些维生素。另外，还要注意中毒等反应。

（2）饮水给药

①所用药物应易溶于水，且在水中性质较稳定。

②注意水质对药物的影响，水的 pH 以呈中性为好。

③给药前停水，保证药效。为保证鸡只饮入适量的药物，多在用药前，让整个鸡群停止饮水一段时间，一般寒冷季节停水 3～4h，气温较高季节停水 1～2h，然后换上加有药物的饮水，让鸡只在一定时间内充分喝到药水。

④准确认真，按量给水。为保证大部分鸡在一定时间内喝到一定量的药物，不至于剩水过多，造成摄入鸡体内的药量不够，或加水不足，致使饮水不够或不均，要认真计算不同日龄及鸡群大小的供水量。

（3）经口投药　须注意液体药物如果直接灌服时，或软塑料管插入气管时，可能引起鸡窒息死亡。

（4）体内注射　注射部位一般在胸部注射时不可直刺，要由前向后成 45°斜刺 1～2cm，不可刺入过深。腿部注射时要避开大的血管，不要在大腿内侧注射。

**3. 严格掌握药物剂量和用药疗程**　严格掌握药物剂量，制订合理的用药疗程，以达到最佳治疗的效果。避免出现药量太小起不到治疗作用，药量太大造成浪费，并可引体机体不良反应。

**4. 注意合理地联合用药**　注意药物的配伍禁忌，合理地联用药物才能提高治疗效果。

**5. 注意蛋鸡对药物的敏感性**　不同阶段的蛋鸡对药物的敏感性不同，如雏鸡对某些药物具有较强的敏感性，用药时需慎重。

**6. 注意药物对生产性能的影响**　严格按照药物的使用说明并遵守药物的休药期，以免影响蛋鸡的产蛋率和禽蛋的品质。在蛋鸡产蛋期要禁用或慎用药，在用药期内和停药期内的鸡蛋不能作为食品蛋。

## 第四节　兽药管理法规与制度

### 一、兽药管理法规与体制

**1. 兽药管理法规**　我国第一个《兽药管理条例》(以下简称《条例》)是1987年5月21日由国务院发布的，它标志着我国兽药法制化管理的开始。《条例》自1987年发布以来，在2001年进行了第一次修订，为适应加入WTO，2004年进行了全面修改，并于2004年3月24日经国务院令第404号发布并于2004年11月1日起实施。根据《国务院关于修改部分行政法规的决定》，现行《条例》于2014年7月29日再次修订，2016年2月6日进行了第三次修订。

为保障《条例》的实施，农业部发布的配套规章有《兽药注册办法》《处方药和非处方药管理办法》《生物制品管理办法》《兽药进口管理办法》《兽药生产管理规范》《兽药经营质量管理规范》《兽药非临床研究质量管理规范》《兽药临床试验质量管理规范》等。

**2. 兽药标准**　《条例》第四十五条规定，“国家兽药典委员会拟定的、国务院兽医行政管理部门发布的《中华人民共和国兽药典》和国务院兽医行政管理部门发布的其他兽药标准为兽药国家标准”。

根据《中华人民共和国标准化法实施条例》，兽药标准属强制性标准。《兽药典》是国家为保证兽药产品质量而制定的具有强制约束力的技术法规，是兽药生产、经营、进出口、使用、检验和监督管理部门共同遵守的法定依据。它不仅对我国的兽药生产具有指导作用，而且是兽药监督管理和兽药使用的技术依据，也是保障动物源食品安全的基础。《兽药典》先后有1990年、2000年、2005年、2010年、2015年共五版。

2015年版《兽药典》分为一部、二部和三部，其中，一部收载化学药品、抗生素、生化药品和药用辅料共752种，二部收载药材和饮片、植物油脂和提取物、成方制剂和单味制剂共1 148种，三部收载生物制品131种。各部均由凡例、正文品种、附录和索引等部分构成。各部共同采用的附录部分分别在各部中予以收载，方便使用。一部收载附录116项，二部收载附录107项，三部收载附录37项、生物制品通则8项。

2015年版《兽药典》标准体例更加系统完善，在凡例中明确了对违反兽药GMP或有未经批准添加物质所生产兽药产品的判定原则，为打击不按处方、工艺生产的行为提供了依据；正文品种中恢复了与临床使用相关的内容，以便于兽药使用环节的指导和监管；建立了附录方法的永久性编号，质量标准与附录方法的衔接更加紧密。

《兽药典》的颁布和实施，对规范我国兽药的生产、检验及临床应用，起到了显著效果。为我国兽药生产的标准化、管理的规范化，提高兽药产品质量，保障动物用药的安全、有效，防治畜禽疾病诸方面都起到了积极的作用，也促进了我国新兽药研制水平的提高，为发展畜牧养殖业提供了有力的保证。

根据农业部第2513号公告，发布实施了《兽药质量标准》（2017年版），并制定了配套的说明书范本。其中，化学药品卷收载品种共404个；中药卷收载药材、制剂与提取物品种共384个；生物制品卷收载制剂、疫苗、试剂盒、诊断试剂等品种共228个。本标准收载的品种主要来自于历版《兽药典》《兽药质量标准》《兽药国家标准》《兽用生物制品质量标准》等。

**3. 兽药管理体制**

（1）兽药监督管理机构　兽药监督管理主要包括兽药国家标准的发布、兽药监督检查权的行使、假劣兽药的查处、原料药和处方药的管理、上市后兽药不良反应的报告、生产许可证和经营许可证的管理、兽药评审程序以及兽医行政管理部门、兽药检验机构及其工作人员的监督等。根据新《条例》的规定，国务院兽医行政管理部门负责全国的兽药监督管理工作。县级以上地方人民政府兽医行政管理部门负责本行政区域内的兽药监督管理工作。

（2）*兽药注册制度* 兽药注册制度指依照法定程序，对拟上市销售的兽药的安全性、有效性、质量可控性等进行系统评价，并做出是否同意进行兽药临床或残留研究、生产兽药或者进口兽药决定的审批过程，包括对申请变更兽药批准证明文件及其附件中载明内容的审批制度。

兽药注册包括新兽药注册、进口兽药注册、变更注册和进口兽药再注册。境内申请人按照新兽药注册申请办理，境外申请人按照进口兽药注册和再注册申请办理。新兽药注册申请，指未曾在中国境内上市销售的兽药的注册申请。进口兽药注册申请，指在境外生产的兽药在中国上市销售的注册申请。变更注册申请，指新兽药注册、进口兽药注册经批准后，改变、增加或取消原批准事项或内容的注册申请。

（3）*标签和说明书要求* 对兽药使用者而言，除了《兽药典》规定内容以外，产品的标签和说明书也是正确使用兽药必须遵循的有法定意义的文件。《条例》规定了一般兽药和特殊兽药在包装标签和说明书上的内容。兽药包装必须按照规定印有或者贴有标签并附有说明书，并必须在显著位置注明“兽用”字样，以避免与人用药品混淆。凡在中国境内销售、使用的兽药，其包装标签及所附说明书的文字必须以中文为主，提供兽药信息的标志及文字说明应当字迹清晰易辨，标示清楚醒目，不得有印字脱落或粘贴不牢等现象。

兽药标签和说明书必须经国务院兽医行政管理部门批准才能使用。兽药标签或者说明书必须载明：①兽药的通用名称：即兽药国家标准中收载的兽药名称，通用名称是药品国际非专利名称（INN）的简称，通用名称不能作为商标注册，标签和说明书不得只标注兽药的商品名，按照国务院兽医行政管理部门的有关规定，兽药的通用名称必须用中文显著标示。②兽药的成分及其含量。兽药标签和说明书上应标明兽药的成分和含量，以满足兽医和使用者的知情权。③兽药规格，便于兽医和使用者计算使用剂量。④兽药的生产企业。⑤兽药批准文号（进口兽药注册证号）。⑥产品批号，以便对出现问题的兽药溯源检查。⑦生产日期和有效期。兽药有效期是涉及兽药效能和使用安全的标识，必须按规定在兽药标签和说明书上予以标注。⑧适应证或功能主治、用法、用量、禁忌、不良反应和注意事项等涉及兽药使用须知、保证用药安全有效的事项。

特殊兽药的标签必须印有规定的警示标志。为了便于识别，保证用药安全，对麻醉药品、精神药品、毒性药品、放射性药品、外用药品、非处方兽药，必须在包装、标签的醒目位置和说明书中注明，并印有符合规定的标志。

（4）兽药广告管理 《条例》规定，在全国重点媒体发布兽药广告的，须经国务院兽医行政管理部门审查批准，取得兽药广告审查批准文号。在地方媒体发布兽药广告的，应当经省、自治区、直辖市人民政府兽医行政管理部门审查标准，取得兽药广告审查批准文号。未取得兽药广告审查批准文号的，属于非法兽药广告，不得发布或刊登。

《条例》还规定，兽药广告的内容应当与兽药说明书的内容相一致。兽药的说明书包含有关兽药的安全性、有效性等基本科学信息。主要包括兽药名称、性状、药理毒理、药物动力学、适应证、用法与用量、不良反应、禁忌证、注意事项、有效期限、批准文号、生产企业等方面的内容。

兽药广告的内容是否真实对正确指导养殖者合理用药、安全用药十分重要，直接关系到动物的生命安全和人体健康。因此，兽药广告的内容必须真实、准确、对公众负责，不允许有欺骗、夸大情况。夸大的广告宣传不但会误导经营者和养殖户，而且延误动物疾病的治疗。

## 二、兽用处方药与非处方药管理制度

将兽药按处方药和非处方药分类管理，有利于促进我国兽药管理模式与国际通行做法接轨。此外，《条例》第四条规定："国家实行兽用处方药和非处方药分类管理制度"，从法律上明确了该管理制度的合法性和必要性。《兽用处方药和非处方药管理办法》（以下简称《办法》）经2013年8月1日农业部第7次常务会议审议通过，2013年9月11日中华人民共和国农业部令2013年第2号发布。该《办法》自2014年3月1日起施行。为确保该《办法》的有效实施，农业部还配套发布了《兽用处方药品种目录（第一批）》《乡村兽医基本用药目录》和《兽用处方药品种目录（第二批）》。根据兽药的安全性和使用风险程度，将兽药分为兽用处方药和非处方药。兽用处方药是指凭兽医处方笺才可购买和使用的兽药。兽用非处方药是指不需要兽医处方笺即可自行购买并按照说明书使用的兽药。对安全性和使用风险程度较大的品种，实行处方管理，在执业兽医指导下使用，减少兽药的滥用，促进合理用药，提高动物源性产品质量安全。

《办法》涉及目的、分类、管理部门、标识、生产、经营、买卖、处方、使用和罚则等方面的条款共18条。《办法》主要确立了五种制度：一是兽药分类管理制度。将兽药分为处方药和非处方药，兽用处方药目录的制定及公布，由农业部（现称农业农村部）负责。二是兽用处方药和非处方药标识制度。按照《办法》的规定，兽用处方药、非处方药须在标签和说明书上分别标注"兽用处方药""兽用非处方药"字样。三是兽用处方药经营制度。兽药经营者应当在经营场所显著位置悬挂或者张贴"兽用处方药必须凭兽医处方购买"的提示语，并对兽用处方药、兽用非处方药分区或分柜摆放。兽用处方药不得采用开架自选方式销售。四是兽医处方权制度。兽用处方药应当凭兽医处方笺方可买卖，兽医处方笺由依法注册的执业兽医按照其注册的执业范围开具。但进出口兽用处方药或者向动物诊疗机构、科研单位、动物疫病预防控制机构等特殊单位销售兽用处方药的，则无需凭处方买卖。同时，《办法》还对执业兽医处方笺的内容和保存作了明确规定。五是兽用处方药违法行为处罚制度。对违反《办法》有关规定的，明确了适用《兽药管理条例》予以行政处罚的具体条款。

## 三、兽药质量标准与说明书

最初我国的兽药质量标准包括国家标准、行业标准和地方标准，但在 2004 年颁布的新的《兽药管理条例》中明确了兽药国家标准制度，规定兽药标准只有国家标准，明确取消了兽药地方标准。到目前为止，我国已发布的兽药国家标准包括《兽药典》《兽药规范》《兽药质量标准》《进口兽药质量标准》《兽药地方标准上升国家标准》等。目前，现行的最重要兽药质量标准即为《兽药典》（2015 年版）及《兽药质量标准》（2017 年版）。自 2017 年 11 月 1 日起，除《兽药典》（2015 年版）和《兽药质量标准》（2017 年版）收载品种的兽药质量标准外，2010 年 12 月 31 日前（含 31 日）各版《兽药典》《兽药国家标准》《兽用生物制品质量标准》《兽用生物制品规程》中发布的同品种兽药质量标准同时废止。

## 四、不良反应报告制度

不良反应是指在按规定用法与用量正常应用兽药的过程中产生的与用药目的无关或意外的有害反应。不良反应与兽药的应用有因果关系，一般停止使用兽药后即会消失，有的则需要采取一定的处理措施才会消失。

《条例》规定，“国家实行兽药不良反应报告制度。兽药生产企业、经营企业、兽药使用单位和开具处方的兽医人员发现可能与兽药使用有关的严重不良反应，应当立即向所在地人民政府兽医行政管理部门报告”。首次以法律的形式规定了不良反应的报告制度。

有些兽药在申请注册或者进口注册时，由于科学技术发展的限制或者人们认识水平的限制，当时没有发现对环境或者人类有不良影响，在使用一段时间后，该兽药的不良反应才被发现，这时，就应当立即采取有效措施，防止这种不良反应的扩大或者造成更严重的后果。为了保证兽药的安全、可靠，最终保障人体健康，在使用兽药过程中，发现某种兽药有严重的不良反应，兽药生产企业、经营企业、兽药使用单位和开具处方的兽医师有义务向所在地兽医行政主管部门及时报告。

# 第二章 蛋鸡常用药物

抗微生物药是指对细菌、真菌、支原体、立克次体、衣原体、螺旋体和病毒等病原微生物具有抑制或杀灭作用的一类化学物质，包括抗生素、人工合成抗菌药、抗真菌药和抗病毒药等。这类药物对病原微生物具有明显的选择性作用，对动物机体没有或仅有轻度的毒性作用，称为化学治疗药（还包括抗寄生虫药、抗肿瘤药等）。为了方便，也有把抗生素和合成抗菌药简称为抗生素或抗菌药。

## 第一节 抗菌药

### 一、抗生素

抗生素曾称抗菌素，是细菌、真菌、放线菌等微生物在生长繁殖过程中产生的代谢产物，在很低的浓度下即能抑制或杀灭其他微生物的化学物质。抗生素主要采用微生物发酵的方法进行生产，如青霉素、四环素等；也有少数抗生素（如甲砜霉素和氟苯尼考等）可用化学方法合成。另外，把天然抗生素进行结构改造或以微生物发酵产物为前体生产了大量半合成抗生素，如氨苄西林、阿莫西林、头孢菌素类等。除了具有抗微生物作用外，有的抗生素主要具有抗寄生虫作用，如阿维菌素类、离子载体类抗生素等。

根据抗生素的化学结构，可将其分类为：①$\beta$-内酰胺类，如青霉素、氨苄西林、阿莫西林和头孢噻呋等。②氨基糖苷类，如庆大霉素、卡那霉素、新霉素、大观霉素和安普霉素等。③四环素类，如土霉素、金霉素和多西环素等。④大环内酯类，如红霉素、泰乐菌素、吉他霉素和替米考星等。⑤酰胺醇类，如甲砜霉素和氟苯尼考等。⑥林可胺类，如林可霉素。⑦多肽类，如杆菌肽和黏菌素、那西肽等。⑧截短侧耳素类，如泰妙菌素和沃尼妙林等。⑨多糖类，如阿维拉霉素等。

抗生素一般以游离碱的重量做效价单位计算，如链霉素、土霉素、红霉素、新霉素、卡那霉素和庆大霉素等，以1μg为一个效价单位，即1g为100万U。但青霉素类有特别规定，以青霉素钠盐0.6μg为1U。

### （一）β-内酰胺类

$\beta$-内酰胺类抗生素系指其化学结构含有$\beta$-内酰胺环的一类抗生素。兽医临床常用的药物主要包括青霉素类和头孢菌素类。

#### 1. 青霉素类

#### ·青霉素钠（钾）·

青霉素属杀菌性抗生素，能抑制细菌细胞壁黏肽的合成，对生长繁殖期细菌敏感，对非生长繁殖期的细菌不起杀菌作用。临床上应避免将青霉素这类繁殖期杀菌剂与抑制细菌生长繁殖的快效抑菌剂（如氟苯尼考、四环素类、红霉素等）合用。主要敏感菌有葡萄球菌、链球菌和螺旋体等。对支原体、衣原体、立克次体、真菌和病毒均不敏感。

**【药物相互作用】**与氨基糖苷类合用，呈现协同作用；大环内酯类、四环素类和酰胺醇类等快效抑菌剂对青霉素的杀菌活性有干扰作用，不宜合用；重金属离子（尤其是铜、锌、汞）、醇类、酸、碘、氧化剂、还原剂和羟基化合物禁止配伍；胺类与青霉素可形成不溶性盐，可延缓青霉素的吸收，如普鲁卡因青霉素；青霉素钠水溶液与一些药物溶液（如盐酸氯丙嗪、盐酸林可霉素、酒石酸去甲肾上腺素、盐酸土霉素、盐酸四环素、B族维生素及维生素C）不宜混合，否则可产生混浊、絮状物或沉淀。

### ·注射用青霉素钠·

本品为青霉素钠的无菌粉末。

**【作用与用途】** β-内酰胺类抗生素。主要用于革兰氏阳性菌感染。

**【用法与用量】** 以青霉素钠计。肌内注射：一次量，每千克体重5万U。每日2～3次，连用2～3d。

临用前，加灭菌注射用水适量使溶解。

**【不良反应】** 局部反应表现为注射部位水肿、疼痛。

**【注意事项】** ①青霉素钠易溶于水，水溶液不稳定，很易水解，水解率随温度升高而加速，因此注射液应在临用前配制。必需保存时，应置冰箱中（2～8℃），可保存7d，在室温只能保存24h。②应了解与其他药物的相互作用和配伍禁忌，以免影响青霉素的药效。③大剂量注射可能出现高钠血症。

**【休药期】** 0d。

### ·注射用青霉素钾·

**【作用与用途】【用法与用量】【不良反应】【注意事项】** 与 **【休药期】** 同注射用青霉素钠。

### ·氨 苄 西 林·

具有广谱抗菌作用。对大多数革兰氏阳性菌的抗菌活性稍弱于青霉素，对青霉素酶敏感，对耐青霉素的金黄色葡萄球菌无效。对革兰氏阴性菌有较强的作用，如大肠杆菌、变形杆菌、沙门氏菌、副鸡嗜血杆菌和巴氏杆菌等。对铜绿假单胞菌不敏感。适用于各种敏感菌引起的全身感染。

**【药物相互作用】**①与下列药物有配伍禁忌：乳糖酸红霉素、盐酸土霉素、盐酸四环素、盐酸金霉素、硫酸卡那霉素、硫酸庆大霉素、硫酸链霉素、盐酸林可霉素、硫酸黏菌素、氯化钙、葡萄糖酸钙、B族维生素、维生素C等。②与氨基糖苷类合用，呈现协同作用。③大环内酯类、四环素类和酰胺醇类等快效抑菌剂对氨苄西林的杀菌作用有干扰作用，不宜合用。

### ·氨苄西林可溶性粉·

**【作用与用途】**用于治疗鸡敏感菌引起的感染性疾病，如大肠杆菌、沙门氏菌、巴氏杆菌、葡萄球菌和链球菌感染。

**【用法与用量】**以氨苄西林计。混饮：每升水60mg。

**【不良反应】**偶见过敏反应。

**【注意事项】**①蛋鸡产蛋期禁用。②对青霉素耐药的革兰氏阳性菌感染不宜应用。

**【休药期】**7d。

### ·氨苄西林钠可溶性粉·

**【作用与用途】**抗生素类药。用于对氨苄西林敏感的细菌感染，如大肠杆菌、沙门氏菌、巴氏杆菌、葡萄球菌和链球菌感染。

**【用法与用量】**以氨苄西林计。混饮：每升水60mg。

**【不良反应】**按规定的用法与用量使用尚未见不良反应。

**【注意事项】**蛋鸡产蛋期禁用。

**【休药期】**7d。

## ·复方氨苄西林粉·

本品为氨苄西林与海他西林（4∶1）配制而成。

**【作用与用途】** β-内酰胺类抗生素。用于对氨苄西林敏感菌引起的感染性疾病。

**【用法与用量】** 以本品计。内服：一次量，每千克体重 20～50mg。每日 1～2 次。

**【不良反应】** 按规定的用法与用量使用尚未见不良反应。

**【注意事项】** 蛋鸡产蛋期禁用。

**【休药期】** 7d。

## ·阿 莫 西 林·

抗菌谱及抗菌活性与氨苄西林基本相同，对全身性感染的疗效较好。适用于敏感菌所致的呼吸系统、泌尿系统、皮肤及软组织等全身感染。与克拉维酸合用可提高阿莫西林对耐药葡萄球菌感染的疗效。

**【药物相互作用】** 参见氨苄西林。

## ·阿莫西林可溶性粉·

本品为阿莫西林与无水葡萄糖配制而成。

**【作用与用途】** 用于治疗鸡对阿莫西林敏感的革兰氏阳性菌和革兰氏阴性菌感染。

**【用法与用量】** 以阿莫西林计。内服：一次量，每千克体重 20～30mg，每日 2 次，连用 5d；混饮：每升水 60mg，连用 3～5d。

**【不良反应】** 对胃肠道正常菌群有较强的干扰作用。

**【注意事项】** ①蛋鸡产蛋期禁用。②对青霉素耐药的革兰氏阳性菌感染不宜使用。③现配现用。

**【休药期】** 7d。

## ·阿莫西林片·

**【作用与用途】** 用于对阿莫西林敏感的巴氏杆菌、大肠杆菌、沙门氏菌、葡萄球菌、链球菌等细菌感染。

**【用法与用量】** 以阿莫西林计。内服：每千克体重 20～30mg。每日 2 次，连用 5d。

**【不良反应】** 按规定的用法与用量使用尚未见不良反应。

**【注意事项】** ①蛋鸡产蛋期禁用。②对青霉素耐药的革兰氏阳性菌感染不宜应用。

**【休药期】** 7d。

## ·复方阿莫西林粉·

本品为阿莫西林、克拉维酸钾以 4∶1 配制而成。

**【作用与用途】** 用于鸡青霉素敏感菌引起的感染。

**【用法与用量】** 以阿莫西林计。混饮：每升水 50mg。每日 2 次，连用 3～7d。

**【不良反应】** 按规定的用法与用量使用尚未见不良反应。

**【注意事项】** ①蛋鸡产蛋期禁用。②本品水溶液不稳定，现配现用。

**【休药期】** 7d。

### 2. 头孢菌素类

## ·头孢噻呋·

具有广谱杀菌作用，对革兰氏阳性菌和革兰氏阴性菌（包括产 $\beta$-内酰胺酶菌）均有效。敏感菌主要有多杀性巴氏杆菌、沙门氏菌、大肠杆菌、链球菌、葡萄球菌等，某些铜绿假单胞菌、肠球菌耐药。抗菌活性比氨苄西林强，对链球菌的活性比氟喹诺酮类强。

**【药物相互作用】** 与青霉素和氨基糖苷类药物合用有协同作用。

### ·注射用头孢噻呋·

本品为头孢噻呋加适量的助溶剂制成的无菌冻干品。

**【作用与用途】** 主要用于鸡的大肠杆菌、沙门氏菌感染。

**【用法与用量】** 以头孢噻呋计。皮下注射：1 日龄雏鸡，每羽 0.1mg。

**【不良反应】** ①可能引起胃肠道菌群紊乱或二重感染。②有一定的肾毒性。

**【注意事项】** ①对肾功能不全动物应调整剂量。②对 $\beta$-内酰胺类抗生素高度敏感的人应避免接触本品，避免儿童接触。③现配现用。

**【休药期】** 雏鸡 0d。

### ·头孢噻呋钠·

**【药理】【药物相互作用】** 同头孢噻呋。

### ·注射用头孢噻呋钠·

本品为头孢噻呋钠的无菌粉末或无菌冻干品。

**【作用与用途】【用法与用量】【不良反应】【注意事项】** 与 **【休药期】** 同注射用头孢噻呋。

## （二）氨基糖苷类

氨基糖苷类（aminoglycosides）曾称氨基糖甙类，是由链霉菌或小单孢菌产生或经半合成制得的一类水溶性的碱性抗生素。由链霉菌产生的有链霉素、新霉素和卡那霉素等，由小单孢菌产生的有庆大霉素、小诺霉素等，半合成品有阿米卡星等。兽医常用品种有卡那霉素、庆大霉素、新霉素、大观霉素和安普霉素等。

## ·硫酸卡那霉素·

抗菌谱与链霉素相似，但作用稍强。对大多数革兰氏阴性杆菌有强大抗菌作用，如大肠杆菌、变形杆菌、沙门氏菌和多杀性巴氏杆菌等，对金黄色葡萄球菌也较敏感。铜绿假单胞菌、革兰氏阳性菌（金黄色葡萄球菌除外）、立克次体、厌氧菌和真菌等对本品耐药。敏感菌易产生耐药。与新霉素存在交叉耐药性，与链霉素存在单向交叉耐药性。大肠杆菌及其他革兰氏阴性菌常出现获得性耐药。内服用于治疗敏感菌所致的肠道感染。肌内注射用于敏感菌所致的各种严重感染，如败血症、泌尿生殖道感染、呼吸道感染等。

**【药物相互作用】**①与青霉素类或头孢菌素类合用有协同作用。②在碱性环境中抗菌作用增强，与碱性药物（如碳酸氢钠、氨茶碱等）合用可增强抗菌效力，但毒性也相应增强；当 pH 超过 8.4 时，抗菌作用反而减弱。③$Ca^{2+}$、$Mg^{2+}$、$Na^{+}$、$NH_4^+$ 和 $K^+$ 等阳离子可抑制药物的抗菌活性。④与头孢菌素、右旋糖酐、强效利尿药（如呋塞米等）、红霉素等合用，可增强药物的耳毒性。

## ·单硫酸卡那霉素可溶性粉·

**【作用与用途】**氨基糖苷类抗生素。用于治疗鸡敏感菌所致的肠道感染。

**【用法与用量】**以卡那霉素计。混饮：每升水 60～120mg（6 万～12 万 U）。连用 3～5d。

**【不良反应】**①具有肾毒性、耳毒性和神经肌肉阻断作用，与利尿药（如呋塞米等）、红霉素等联合可能会增强本类药物的毒性。②$Ca^{2+}$、$Mg^{2+}$、$Na^{+}$、$NH_4^+$、$K^+$ 等阳离子可抑制氨基糖苷类的抗菌活性，药敏试验时应注意控制培养基中的阳离子浓度。

**【注意事项】**本品与氨基糖苷类其他药物存在交叉耐药。

【休药期】28d；弃蛋期7d。

### ·硫酸庆大霉素·

对多种革兰氏阴性菌（如大肠杆菌、克雷伯氏菌、变形杆菌、铜绿假单胞菌、巴氏杆菌、沙门氏菌等）和金黄色葡萄球菌（包括产$\beta$-内酰胺酶菌株）均有抗菌作用。多数链球菌（化脓链球菌、肺炎球菌、粪链球菌等）、厌氧菌（类杆菌属或梭状芽孢杆菌属）、结核分支杆菌、立克次体和真菌对本品耐药。

用于敏感菌引起的败血症、泌尿生殖道感染、呼吸道感染、胃肠道感染及皮肤和软组织感染等。

【药物相互作用】①与$\beta$-内酰胺类抗生素合用，通常对多种革兰氏阴性菌，包括铜绿假单胞菌等有协同作用。②与甲氧苄啶合用，对大肠杆菌及肺炎克雷伯氏菌也有协同作用。③与四环素、红霉素等合用可能出现颉颃作用。④与头孢菌素合用可能使肾毒性增强。

### ·硫酸庆大霉素可溶性粉·

【作用与用途】用于治疗鸡由敏感的革兰氏阴性菌和阳性菌引起的感染。

【用法与用量】以庆大霉素计。混饮：每升水100mg（10万U）。连用3～5d。

【不良反应】对肾脏有较严重的损害作用。

【注意事项】①蛋鸡产蛋期禁用。②与头孢菌素合用可能使肾毒性增强。

【休药期】28d。

### ·硫酸庆大小诺霉素·

抗菌谱、抗菌活性与庆大霉素相似。对卡那霉素和庆大霉素等耐药的病原菌，对本品仍敏感。

用于某些革兰氏阴性和阳性菌感染，如敏感菌引起的败血症、泌尿生殖道感染、呼吸道感染等。

**【药物相互作用】** 参见硫酸庆大霉素。

### ·硫酸庆大小诺霉素注射液·

**【作用与用途】** 用于某些革兰氏阴性和阳性菌引起的感染。

**【用法与用量】** 以本品计。肌内注射：一次量，每千克体重 2～4mg（0.2 万～0.4 万 U）。每日 2 次。

**【不良反应】** ①多见前庭功能损害。②可导致可逆性肾毒性，这与其在肾皮质部蓄积有关。③偶见过敏反应。

**【注意事项】** ①长期或大量应用可引起肾毒性。②庆大霉素可与 $\beta$-内酰胺类抗生素联合治疗严重感染，但在体外混合存在配伍禁忌。③本品与青霉素联合，对链球菌具协同作用。④有呼吸抑制作用，不宜静脉推注。⑤蛋鸡产蛋期禁用。

**【休药期】** 40d。

### ·硫 酸 新 霉 素·

抗菌谱与卡那霉素相似。内服用于肠道感染。

**【药物相互作用】** 内服可影响洋地黄类药物、维生素 A 或维生素 $B_{12}$ 的吸收。其他参见硫酸链霉素。

### ·硫酸新霉素溶液·

**【作用与用途】** 用于革兰氏阴性菌所致的胃肠道感染。

**【用法与用量】** 以新霉素计。混饮：每升水 50～75mg（5 万～7.5 万 U）。连用 3～5d。

**【不良反应】** 新霉素具有肾毒性、耳毒性和神经肌肉阻断作用。

【注意事项】①蛋鸡产蛋期禁用。②胃肠道外给药毒性强，常量内服给药很少出现毒性效应。③内服可影响维生素 A、维生素 $B_{12}$ 以及洋地黄类药物的吸收。

【休药期】5d。

### ·硫酸新霉素可溶性粉·

本品为硫酸新霉素与蔗糖、维生素 C 等配制而成。

【作用与用途】主要用于治疗敏感的革兰氏阴性菌所致的胃肠道感染。

【用法与用量】以硫酸新霉素计。混饮：每升水 50～75mg（5 万～7.5 万 U）。连用 3～5d。

【不良反应】在氨基糖苷类中毒性最大，但内服给药或局部给药很少出现毒性反应。

【注意事项】①蛋鸡产蛋期禁用。②内服可影响维生素 A、维生素 $B_{12}$ 的吸收。

【休药期】5d。

### ·盐酸大观霉素·

对多种革兰氏阴性杆菌（如大肠杆菌、沙门氏菌、志贺氏菌、变形杆菌等）有中度抑制作用。链球菌、肺炎球菌、表皮葡萄球菌和某些支原体（如鸡毒支原体、滑液支原体等）常敏感。草绿色链球菌和金黄色葡萄球菌多不敏感。铜绿假单胞菌和密螺旋体通常耐药。

主要对刚出壳的雏鸡皮下注射可防治鸡慢性呼吸道病或鸡毒支原体与大肠杆菌并发感染。也能控制滑液支原体、鼠伤寒沙门氏菌和大肠杆菌感染的死亡率，降低感染的严重程度。

【药物相互作用】①与林可霉素合用，可显著增加对支原体的抗菌活性并扩大抗菌谱。②林可霉素与抗胆碱酯酶药合用可降低后者的疗效。③与红霉素合用有颉颃作用。

### ·盐酸大观霉素可溶性粉·

本品为盐酸大观霉素与枸橼酸、枸橼酸钠配制而成。

【作用与用途】用于革兰氏阴性菌及支原体感染，如大肠杆菌病、鸡白痢、慢性呼吸道病。

【用法与用量】以大观霉素计。混饮：每升水 0.5～1g（50 万～100 万 U），连用 3～5d。

【不良反应】大观霉素对动物毒性相对较小，很少引起肾毒性及耳毒性。但同其他氨基糖苷类一样，可引起神经肌肉阻断作用。

【注意事项】蛋鸡产蛋期禁用。

【休药期】5d。

### ·盐酸大观霉素盐酸林可霉素·

为盐酸大观霉素与盐酸林可霉素（2∶1）的复方。

大观霉素对多种革兰氏阴性杆菌（如大肠杆菌、沙门氏菌、志贺氏菌、变形杆菌等）有中度抑制作用。对链球菌、肺炎球菌、葡萄球菌和某些支原体（如鸡毒支原体、滑液支原体等）敏感。对草绿色链球菌和金黄色葡萄球菌多不敏感。对铜绿假单胞菌通常耐药。肠道菌对大观霉素耐药较广泛，但与链霉素不表现交叉耐药性。林可霉素类对厌氧菌有良好抗菌活性，如魏氏梭菌、产气荚膜梭菌等。林可霉素主要作用于细菌核糖体的50S亚基，通过抑制肽链的延长而影响蛋白质的合成。

【药物相互作用】①与林可霉素合用，可显著增加对支原体的抗菌活性并扩大抗菌谱。②林可霉素与抗胆碱酯酶药合用可降低后者的疗效。③与红霉素合用有颉颃作用。

## ·盐酸大观霉素盐酸林可霉素可溶性粉·

本品1g内含有大观霉素0.4g（40万U）与林可霉素0.2g（按$C_{18}H_{34}N_2O_6S$计算）。

**【作用与用途】** 用于革兰氏阴性细菌、革兰氏阳性细菌及支原体感染。

**【用法与用量】** 以本品计。混饮：每升水5～7日龄雏鸡0.5～0.8g。连用3～5d。

**【不良反应】** 按规定的用法用量使用尚未见不良反应。

**【注意事项】** 仅用于5～7日龄雏鸡。

**【休药期】** 无需制订。

## ·硫酸安普霉素·

对多种革兰氏阴性菌（如大肠杆菌、假单胞菌、沙门氏菌、克雷伯氏菌、变形杆菌、巴氏杆菌）及葡萄球菌和支原体均具杀菌活性。

安普霉素独特的化学结构可抗由多种质粒编码钝化酶的灭活作用，因而革兰氏阴性菌对其较少耐药，许多分离自动物的病原性大肠杆菌及沙门氏菌对其敏感。安普霉素与其他氨基糖苷类不存在染色体突变引起的交叉耐药性。主要用于治疗鸡的大肠杆菌、沙门氏菌及支原体感染。

**【药物相互作用】** ①与青霉素类或头孢菌素类合用有协同作用。②本品在碱性环境中抗菌作用增强，与碱性药物（如碳酸氢钠、氨茶碱等）合用可增强抗菌效力，但毒性也相应增强；当pH超过8.4时，抗菌作用反而减弱。③与铁锈接触可使药物失活。④与头孢菌素、红霉素等合用，可增强本品的耳毒性。

## ·硫酸安普霉素可溶性粉·

本品为硫酸安普霉素与枸橼酸钠配制而成。

**【作用与用途】**用于治疗鸡革兰氏阴性菌引起的肠道感染。

**【用法与用量】**以安普霉素计。混饮：每升水 250～500mg（25 万～50 万 U），连用 5d。

**【不良反应】**内服可能损害肠壁绒毛而影响肠道对脂肪、蛋白质、糖、铁等的吸收。也可引起肠道菌群失调。

**【注意事项】**①蛋鸡产蛋期禁用。②遇铁锈易失效，混饲器械要注意防锈，也不宜与微量元素制剂混合使用。③饮水给药必须当天配制。

**【休药期】**7d。

### （三）四环素类

四环素类（tetracyclines）是由链霉菌产生或经半合成制得的一类碱性广谱抗生素。金霉素、土霉素和四环素最早使用。后经结构改造，获得了多西环素（强力霉素）等半合成品。兽医临床上常用的有土霉素、金霉素和多西环素等。

#### ·土　霉　素·

为广谱抗生素，对葡萄球菌和溶血性链球菌等革兰氏阳性菌作用较强。对大肠杆菌、沙门氏菌和巴氏杆菌等革兰氏阴性菌较敏感。对立克次体、衣原体、支原体和某些原虫也有抑制作用。

可用于治疗大肠杆菌或沙门氏菌引起的雏鸡白痢等；多杀性巴氏杆菌引起的禽霍乱等；支原体引起的鸡慢性呼吸道病等。

**【药物相互作用】**①与泰乐菌素等大环内酯类合用呈协同作用；与黏菌素合用呈协同作用。②能与二价、三价阳离子等形成复合物，当与含钙、镁、铝等、铁的饲料给药时会减少其吸收，造成血药浓度降低。③与碳酸氢钠合用时，吸收率下降，肾小管重吸收减少，排泄加快。

## ·土霉素预混剂·

本品由土霉素与适宜辅料制备而成。

**【作用与用途】**四环素类抗生素。用于预防某些革兰氏阳性和阴性菌、立克次体、支原体等感染，促进幼禽的生长发育，提高饲料利用率。

**【用法与用量】**以土霉素计。混饲：每千克饲料 100～300mg。

**【不良反应】**按规定剂量使用，暂未见不良反应。

**【注意事项】**①忌与含氯量多的自来水和碱性溶液混合。勿用金属容器盛药。②避免与乳制品和含钙、镁、铝、铁等药物及含钙量较高的饲料混用。宜饲前空腹服用。

**【休药期】**5d。

## ·土霉素钙预混剂·

本品由土霉素钙与适宜辅料制备而成。

**【作用与用途】**四环素类抗生素。促进幼禽的生长发育，增强抵抗力，预防某些疾病感染，提高饲料利用率。

**【用法与用量】**以土霉素计。混饲：每千克饲料 100～300mg。

**【不良反应】**按规定剂量使用，暂未见不良反应。

**【注意事项】**①蛋鸡产蛋期禁用。②本品为饲料添加剂，不作治疗用。③遇有吸潮、结块、发霉现象应立即停止使用。④在低钙（0.4%～0.55%）饲料中连用不得超过 5d。

**【休药期】**7d。

## ·土 霉 素 片·

**【作用与用途】**用于治疗敏感的革兰氏阳性菌和阴性菌及支原体等感染。

**【用法与用量】**以土霉素计。内服：一次量，每千克体重 25～

50mg。每日 2～3 次，连用 3～5d。

**【不良反应】** ①局部刺激性，特别是空腹给药对消化道有一定刺激性。②肠道菌群紊乱。③影响骨骼发育。④对肝脏和肾脏有一定损害作用。

**【注意事项】** ①肝、肾功能严重不良的禁用本品。②避免与含钙、镁、铝、铁等药物或饲料合用。③连续用药不超过 5d。

**【休药期】** 5d；弃蛋期 2d。

### ·盐酸土霉素可溶性粉·

**【作用与用途】** 用于治疗鸡敏感大肠杆菌、沙门氏菌、巴氏杆菌及支原体感染。

**【用法与用量】** 以土霉素计。混饮：每升水 150～250mg。连用 3～5d。

**【不良反应】** 长期应用可引起肝脏损害。

**【注意事项】** ①本品不宜与青霉素类药物和含钙盐、铁盐及多价金属离子的药物或饲料合用。②不宜与含氯量多的自来水和碱性溶液混合。

**【休药期】** 5d；弃蛋期 2d。

### ·金　霉　素·

抗菌谱与土霉素相似，但抗菌作用较四环素、土霉素强。低剂量常用作饲料添加剂，用于促进畜禽生长、改善饲料利用率等。中、高剂量可预防或治疗鸡慢性呼吸道病、蓝冠病、大肠杆菌病等。

**【药物相互作用】** 参见土霉素。

### ·金霉素预混剂·

本品由金霉素与适宜辅料制备而成。

**【作用与用途】** 四环素类抗生素。用于鸡促生长。

【用法与用量】以金霉素计。促生长，混饲：每千克饲料20～50mg。

【不良反应】按规定的用法与用量使用未见不良反应。

【注意事项】①蛋鸡产蛋期禁用。②低钙（0.4%～0.55%）饲料中添加100～200mg/kg剂量金霉素时，连续用药不得超过5d。

【休药期】7d。

## ·盐酸金霉素可溶性粉·

【作用与用途】用于治疗鸡敏感大肠杆菌病和支原体感染。

【用法与用量】以金霉素计。混饮：每升水0.2～0.4g。

【不良反应】长期应用可引起胃肠道菌群紊乱。

【注意事项】①蛋鸡产蛋期禁用。②本品不宜与青霉素类药物和含钙盐、铁盐及多价金属离子的饲料以及碳酸氢钠合用。③不宜与含氯量多的自来水或碱性溶液混合。

【休药期】7d。

## ·盐酸多西环素·

抗菌谱与其他四环素类相似，体外和体内抗菌活性均较土霉素和四环素强。具有广谱抑菌作用，敏感菌包括肺炎球菌、链球菌、部分葡萄球菌等革兰氏阳性菌以及大肠杆菌、巴氏杆菌、沙门氏菌、克雷伯氏菌等革兰氏阴性菌。对立克次体、支原体、螺旋体等也有一定程度的抑制作用。

主要用于治疗鸡的支原体病、大肠杆菌病、沙门氏菌病、巴氏杆菌病和鹦鹉热等。

【药物相互作用】①与碳酸氢钠同服，可升高胃内pH，使本品的吸收减少及活性降低。②本品能与二、三价阳离子等形成复合物，因而当它们与含钙、镁、铁的饲料合用时会减少其吸收，造成血药浓度降低。③可干扰青霉素类对细菌繁殖期的杀菌作用，宜避免同用。

### ·盐酸多西环素片·

**【作用与用途】**用于治疗革兰氏阳性和阴性菌及支原体等的感染。

**【用法与用量】**以多西环素计。内服：一次量，每千克体重15～25mg。每日1次，连用3～5d。

**【不良反应】**①过量应用会导致胃肠功能紊乱，如厌食、呕吐或腹泻等。②肠道菌群紊乱，长期应用可出现维生素缺乏症。

**【注意事项】**①蛋鸡产蛋期禁用。②避免与含钙量较高的饲料合用。

**【休药期】**28d。

### ·盐酸多西环素可溶性粉·

**【作用与用途】**用于治疗革兰氏阳性和阴性菌的感染以及支原体引起的呼吸道疾病。

**【用法与用量】**以多西环素计。混饮：每升水0.3g。连用3～5d。

**【不良反应】【注意事项】【休药期】**同盐酸多西环素片。

## （四）大环内酯类

大环内酯类（macrolides）是由链霉菌产生或半合成的一类弱碱性抗生素，具有14～16元环内酯结构。自1952年发现红霉素以来，已有竹桃霉素、螺旋霉素、吉他霉素等问世。动物专用品种有泰乐菌素、替米考星等。

### ·红　霉　素·

对革兰氏阳性菌的作用与青霉素相似，但其抗菌谱较青霉素广，敏感的革兰氏阳性菌有金黄色葡萄球菌（包括耐青霉素金黄色葡萄球菌）、肺炎球菌、链球菌等。敏感的革兰氏阴性菌有巴氏杆菌等。对弯曲杆菌、支原体、衣原体及立克次体也有良好作用。在碱性溶液中的抗菌效能增强，当 pH 从 5.5 上升到 8.5 时，抗菌效能逐渐增加。当 pH 小于 4 时，作用很弱。

主要用于耐青霉素金黄色葡萄球菌及其他敏感菌所致的各种感染，如肺炎、败血症等。对鸡毒支原体（慢性呼吸道病）和传染性鼻炎也有相当疗效。

**【药物相互作用】**①不宜同时与其他大环内酯类、林可胺类和酰胺醇类同时使用。②与 β-内酰胺类合用表现为颉颃作用。③与青霉素合用有协同抑制作用。④红霉素有抑制细胞色素氧化酶系统的作用，与某些药物合用时可能抑制其代谢。

### ·硫氰酸红霉素·

**【药理】**与**【药物相互作用】**同红霉素。

### ·硫氰酸红霉素可溶性粉·

**【作用与用途】**用于治疗革兰氏阳性菌和支原体引起的感染性疾病，如鸡的葡萄球菌病、链球菌病、慢性呼吸道病和传染性鼻炎。

**【用法与用量】**以红霉素计。混饮：每升水 125mg（12.5 万 U）。连用 3～5d。

**【不良反应】**内服后常出现剂量依赖性胃肠道紊乱，如腹泻等。

**【注意事项】**①蛋鸡产蛋期禁用。②忌与酸性物质配伍。③与其他大环内酯类、林可胺类作用靶点相同，不宜同时使用。④与 β-内酰胺类合用表现颉颃作用。⑤有抑制细胞色素氧化酶系统的作用，与某些药物合用时可能抑制其代谢。

**【休药期】**3d。

## ·吉他霉素·

抗菌谱近似红霉素，作用机理与红霉素相同。对大多数革兰氏阳性菌的抗菌作用略逊于红霉素，对支原体的抗菌作用近似泰乐菌素，对耐药金黄色葡萄球菌的作用优于红霉素和四环素。

主要用于防治鸡支原体病及革兰氏阳性菌（包括耐青霉素金黄色葡萄球菌）等感染，预混剂用作鸡饲料添加剂，以促进动物生长和提高饲料利用率。

**【药物相互作用】** 参见红霉素。

## ·吉他霉素片·

**【作用与用途】** 用于治疗革兰氏阳性菌及支原体等感染。

**【用法与用量】** 以吉他霉素计。内服：一次量，每千克体重 20～50mg（2 万～5 万 U）。每日 2 次，连用 3～5d。

**【不良反应】** 内服后可出现剂量依赖性胃肠道功能紊乱（如腹泻等），发生率较红霉素低。

**【注意事项】** 蛋鸡产蛋期禁用。

**【休药期】** 7d。

## ·吉他霉素预混剂·

**【作用与用途】** 用于治疗革兰氏阳性菌、支原体等感染。也用作促生长。

**【用法与用量】** 以吉他霉素计。混饲（促生长）：每吨饲料 5～10g（500 万～1 000 万 U）。

混饲（治疗）：每千克饲料，鸡 100～300mg（10 万～30 万 U），连用 5～7d。

**【不良反应】** 内服后可出现剂量依赖性胃肠道功能紊乱（如腹泻

等），发生率较红霉素低。

**【注意事项】**蛋鸡产蛋期禁用。

**【休药期】**7d。

### ·酒石酸吉他霉素·

**【药理】**与**【药物相互作用】**参见吉他霉素。

### ·酒石酸吉他霉素可溶性粉·

**【作用与用途】**主要用于治疗革兰氏阳性菌、支原体等感染。

**【用法与用量】**以吉他霉素计。混饮：每升水0.25～0.5g（25万～50万U）。连用3～5d。

**【不良反应】【注意事项】**与**【休药期】**同吉他霉素预混剂。

### ·泰 乐 菌 素·

抗菌谱与红霉素相似。对支原体属作用强，是大环内酯类中对支原体作用最强的药物之一。对细菌的作用较弱，对革兰氏阳性菌和部分阴性菌有效。敏感菌有金黄色葡萄球菌、化脓链球菌、肺炎链球菌、化脓棒状杆菌等。

主要用于防治禽支原体病，如鸡的慢性呼吸道病和传染性窦腔炎等。

**【药物相互作用】**①与大环内酯类其他药物、林可胺类作用靶点相同，不宜同时使用。②与$\beta$-内酰胺类合用表现为颉颃作用。③有抑制细胞色素氧化酶系统的作用，与某些药物合用时可能抑制其代谢。

### ·磷酸泰乐菌素预混剂·

**【作用与用途】**大环内酯类抗菌药。主要用于治疗鸡革兰氏阳性菌及支原体感染等。

**【用法与用量】** 以泰乐菌素计。混饲：每吨饲料，用于防治禽细菌及支原体感染，鸡 4～50g（400 万～5 000 万 U）。

**【不良反应】** 可引起剂量依赖性胃肠道紊乱。

**【注意事项】** ①蛋鸡产蛋期禁用。②因与其他大环内酯类、林可胺类作用靶点相同，不宜同时使用。③与 $\beta$-内酰胺类合用表现为颉颃作用。④可引起人接触性皮炎，避免直接接触皮肤，沾染的皮肤要用清水洗净。

**【休药期】** 5d。

### ·酒石酸泰乐菌素·

**【药理】【药物相互作用】** 参见泰乐菌素。

### ·注射用酒石酸泰乐菌素·

本品为酒石酸泰乐菌素与枸橼酸钠混合制成的无菌粉末。

**【作用与用途】** 主要用于治疗支原体及敏感革兰氏阳性菌引起的感染性疾病。

**【用法与用量】** 以酒石酸泰乐菌素计。皮下或肌内注射：一次量，每千克体重 5～13mg（0.5 万～1.3 万 U）。

**【不良反应】** ①可能具有肝毒性，表现为胆汁淤积，也可引起腹泻，尤其是高剂量给药时。②具有刺激性，肌内注射可引起疼痛。

**【注意事项】** ①有局部刺激性。②蛋鸡产蛋期禁用。

**【休药期】** 28d。

### ·酒石酸泰乐菌素可溶性粉·

**【作用与用途】** 用于鸡革兰氏阳性菌及支原体感染。

**【用法与用量】** 以泰乐菌素计。混饮：每升水鸡 0.5g（50 万 U）。

连用 3～5d。

【不良反应】按规定的用法用量使用尚未见不良反应。

【注意事项】蛋鸡产蛋期禁用。

【休药期】1d。

### ·酒石酸泰乐菌素磺胺二甲嘧啶可溶性粉·

本品 100g 内含有泰乐菌素 10g（1 000 万 U）＋10g 磺胺二甲嘧啶。

【作用与用途】主要用于治疗鸡大肠杆菌及支原体引起的呼吸道疾病。

【用法与用量】以本品计。混饮：每升水 2～4g。连用 3～5d。

【不良反应】长期使用可损害肾脏和神经系统，影响增重，并可能发生磺胺药中毒。

【注意事项】①蛋鸡产蛋期禁用。②本品的水溶液遇铁、铜、铝、锡等离子可形成络合物而失效。

【休药期】28d。

### ·泰 万 菌 素·

泰万菌素属于动物专用大环内酯类抗生素，抗菌谱近似泰乐菌素，对金黄色葡萄球菌、肺炎球菌、链球菌、产气荚膜梭菌等抗菌作用较强，对革兰氏阴性菌几乎无作用，对败血支原体和滑液支原体有很强的抑制活性。

【药物相互作用】对林可霉素类有颉颃作用，不宜同用。与 β-内酰胺类药物同时应用时，可干扰其杀菌效能。

与其他大环内酯类、林可胺类和氯霉素类因作用靶点相同，不宜同时使用；与 β-内酰胺类合用表现为颉颃作用。

## ·酒石酸泰万菌素预混剂·

本品为淡黄褐色或黄褐色粉末，由酒石酸泰万菌素与适宜辅料制备而成。

**【作用与用途】** 大环内酯类抗菌药。主要用于治疗鸡支原体感染。

**【用法与用量】** 以泰万菌素计。混饲：每千克饲料 100～300mg，连用 7d。

**【不良反应】** 按规定的用法与用量使用尚未见不良反应。

**【注意事项】** ①蛋鸡产蛋期禁用。②不宜与青霉素类联合应用。③非治疗动物避免接触本品；避免眼睛和皮肤直接接触，操作人员应佩戴防护用品（如面罩、眼镜和手套）；严禁儿童接触本品。

**【休药期】** 5d。

## ·酒石酸泰万菌素可溶性粉·

**【作用与用途】** 用于鸡支原体感染。

**【用法与用量】** 以泰万菌素计。混饮：每升水 200～300mg（20 万～30 万 U）。连用 3～5d。

**【不良反应】** 按规定的用法与用量使用尚未见不良反应。

**【注意事项】** ①蛋鸡产蛋期禁用。②不宜与青霉素类联合应用。③非治疗鸡避免接触本品；避免眼睛和皮肤直接接触，操作人员应佩戴防护用品如面罩、眼镜和手套；严禁儿童接触本品。

**【休药期】** 5d。

## ·替 米 考 星·

为动物专用半合成大环内酯类抗生素。对支原体较强，抗菌作用与泰乐菌素相似，敏感的革兰氏阳性菌有金黄色葡萄球菌（包括耐青霉素金黄色葡萄球菌）、肺炎球菌、链球菌、产气荚膜梭菌等。敏感的革兰氏阴性菌有巴氏杆菌等。对巴氏杆菌及禽支原体的活性比泰乐菌素强。主要用于防治鸡支原体病等。

**【药物相互作用】**参见红霉素。①与其他大环内酯类、林可胺类的作用靶点相同，不宜同时使用。②与β-内酰胺类合用表现为颉颃作用。

### ·替米考星溶液·

**【作用与用途】**用于治疗由巴氏杆菌和支原体感染。

**【用法与用量】**混饮：每升水75mg。连用3d。

**【不良反应】**主要对心血管系统有毒性作用，可引起心动过速和收缩力减弱。

**【注意事项】**蛋鸡产蛋期禁用。

**【休药期】**12d。

### ·替米考星可溶性粉·

**【作用与用途】**主要用于支原体感染和巴氏杆菌感染。

**【用法与用量】**以替米考星计。混饮：每升水75mg。连用3d。

**【不良反应】**与**【注意事项】**同替米考星溶液。

**【休药期】**10d。

## （五）酰胺醇类

酰胺醇类（amphenicols）又称氯霉素类抗生素，包括甲砜霉素和氟苯尼考等，属广谱抗生素。氟苯尼考为动物专用抗生素。

### ·甲 砜 霉 素·

酰胺醇类抗生素。具有广谱抗菌作用，对革兰氏阴性菌的作用较革兰氏阳性菌强，对多数肠杆菌科细菌包括伤寒杆菌、副伤寒杆菌、大肠杆菌和沙门氏菌高度敏感，对其敏感的革兰氏阴性菌还有巴氏杆菌等。对链球菌、棒状杆菌、肺炎球菌和葡萄球菌等敏感。衣原体、立克次体也对本品敏感。但铜绿假单胞菌、真菌对其不敏感。主要用于治疗鸡大肠杆菌病、沙门氏菌病、呼吸道细菌性感染等。

**【药物相互作用】**①与大环内酯类、林可胺类、β-内酰胺类合用时可产生颉颃作用。②对肝微粒体药物代谢酶有抑制作用，可影响其他药物的代谢，提高血药浓度，增强药效或毒性。

### ·甲砜霉素片·

**【作用与用途】**主要用于治疗禽肠道、呼吸道等细菌性感染。

**【用法与用量】**以甲砜霉素计。内服：一次量，每千克体重5～10mg。每日2次，连用2～3d。

**【不良反应】**①有血液系统毒性，引起可逆性红细胞生成抑制。②有较强的免疫抑制作用。③长期内服可引起消化机能紊乱，出现维生素缺乏。④对肝微粒体药物代谢酶有抑制作用，影响其他药物的代谢，提高血药浓度，增强药效或毒性。

**【注意事项】**①疫苗接种期或免疫功能严重缺损的鸡禁用。②蛋鸡产蛋期禁用。

**【休药期】**28d。

### ·甲砜霉素粉·

本品为甲砜霉素与淀粉配制而成。

**【作用与用途】**主要用于治疗鸡肠道、呼吸道等细菌性感染。

**【用法与用量】**以甲砜霉素计。内服：一次量，每千克体重5～10mg。每日2次，连用2～3d。

**【不良反应】【注意事项】**与**【休药期】**同甲砜霉素片。

### ·甲砜霉素可溶性粉·

**【作用与用途】** 用于治疗鸡大肠杆菌所致的肠道感染。

**【用法与用量】** 以甲砜霉素计。混饮：每升水 50mg。连用 3～5d。

**【不良反应】【注意事项】** 与 **【休药期】** 同甲砜霉素片。

### ·甲砜霉素颗粒·

**【作用与用途】** 用于治疗鸡由大肠杆菌引起的肠道感染。

**【用法与用量】** 以甲砜霉素计。混饮：每升水 50mg。连用 3～5d。

**【不良反应】【注意事项】** 与 **【休药期】** 同甲砜霉素片。

### ·氟苯尼考·

抗菌谱与抗菌活性略优于甲砜霉素，对多种革兰氏阳性菌、革兰氏阴性菌及支原体等有较强的抗菌活性。多杀巴氏杆菌对本品高度敏感，对链球菌、耐甲砜霉素的伤寒沙门氏菌、克雷伯氏菌、大肠杆菌均敏感。

主要用于治疗鸡的细菌性疾病。

**【药物相互作用】** 参见甲砜霉素。大环内酯类和林可胺类与本品的作用靶点相同，均是与细菌核糖体 50S 亚基结合，合用时可产生相互颉颃作用。

### ·氟苯尼考可溶性粉·

本品为氟苯尼考与葡萄糖及适宜的助溶剂配置而成。

**【作用与用途】** 酰胺醇类抗生素。用于治疗鸡敏感细菌所致的细菌性感染。

**【用法与用量】** 以氟苯尼考计。混饮：每升水 0.1～0.5g，连用3～5d。

**【不良反应】** 高于推荐剂量使用时有较强的免疫抑制作用。

**【注意事项】** ①蛋鸡产蛋期禁用。②疫苗接种期禁用。

**【休药期】** 5d。

### ·氟苯尼考注射液·

本品为氟苯尼考的灭菌溶液。

**【作用与用途】** 用于治疗巴氏杆菌和大肠杆菌感染。

**【用法与用量】** 以氟苯尼考计。肌内注射：一次量，每千克体重20mg。每隔 48h 一次，连用 2 次。

**【不良反应】** 与 **【注意事项】** 同氟苯尼考可溶性粉。

**【休药期】** 28d。

### ·氟苯尼考粉·

**【作用与用途】** 用于治疗巴氏杆菌和大肠杆菌所致的细菌性疾病。

**【用法与用量】** 以氟苯尼考计。内服：每千克体重 20～30mg，每日 2 次，连用 3～5d。

**【不良反应】** 与 **【注意事项】** 同氟苯尼考可溶性粉。

**【休药期】** 5d。

### ·氟苯尼考溶液·

**【作用与用途】** 用于治疗巴氏杆菌和大肠杆菌感染。

**【用法与用量】** 以氟苯尼考计。混饮：每升水 0.1～0.15g，连用 5d。

**【不良反应】** 与 **【注意事项】** 同氟苯尼考可溶性粉。

**【休药期】** 5d。

### （六）林可胺类

林可胺类（lincosamides）是从链霉菌发酵液中提取的一类抗生素，虽然与大环内酯类和泰妙菌素在结构上有很大差别，但具有许多共同的特性。这些共性包括：具有高脂溶性的碱性化合物，能够从肠道很好吸收，在动物体内分布广泛，对细胞屏障穿透力强，有共同的药动学特征。它们的作用部位都是细菌核糖体上的50S亚基，由于存在竞争作用位点，合用时可能产生颉颃作用。本类抗生素对革兰氏阳性菌和支原体有较强抗菌活性，对厌氧菌也有一定作用，但对大多数需氧革兰氏阴性菌不敏感。

#### ·盐酸林可霉素·

抗菌谱与大环内酯类相似，主要抗革兰氏阳性菌，对支原体的作用与红霉素相似，但较其他大环内酯类稍弱。对葡萄球菌、溶血性链球菌和肺炎球菌作用较强，但不及青霉素类和头孢菌素类；对厌氧菌（如产气荚膜梭菌）有抑制作用。对需氧革兰氏阴性菌耐药。高浓度时对高度敏感菌有杀菌作用。葡萄球菌对本品可缓慢产生耐药性，与同类的抗生素有完全交叉耐药性，与红霉素之间有部分交叉耐药性。主要用于治疗革兰氏阳性菌和支原体感染。

**【药物相互作用】**①与大观霉素合用有协同作用。与庆大霉素等合用时，对葡萄球菌、链球菌等革兰氏阳性菌有协同作用。②与氨基糖苷类和多肽类抗生素合用，可能增强对神经-肌肉接头的阻滞作用。与红霉素合用，有颉颃作用。③不宜与含白陶土的止泻药同时内服。④与卡那霉素混合可产生配伍禁忌。

#### ·盐酸林可霉素可溶性粉·

**【作用与用途】**林可胺类抗生素。用于治疗鸡的革兰氏阳性菌感染，如鸡坏死性肠炎。亦可用于鸡的支原体感染。

**【用法与用量】** 以林可霉素计。混饮：每升水 0.15g。连用5～10d。

**【不良反应】** 本品具有神经肌肉阻断作用。

**【注意事项】** 蛋鸡产蛋期禁用。

**【休药期】** 5d。

### （七）多肽类

多肽类抗生素是一类具有多肽结构的化学物质。兽医临床及动物生产中常用的药物包括杆菌肽、黏菌素、维吉尼亚霉素和那西肽等。

#### ·硫酸黏菌素·

黏菌素是一种碱性阳离子表面活性剂，通过与细菌细胞膜内的磷脂相互作用，渗入细菌细胞膜内，破坏其结构，进而引起膜通透性发生变化，导致细菌死亡，产生杀菌作用。

对需氧菌、大肠杆菌、克雷伯氏菌、巴氏杆菌、铜绿假单胞菌和沙门氏菌等革兰氏阴性菌有较强的抗菌作用。对革兰氏阳性菌通常不敏感。

主要用于治疗革兰氏阴性杆菌引起的肠道感染。

**【药物相互作用】** ①与杆菌肽锌 1∶5 配合有协同作用。②与肌松药和氨基糖苷类等神经肌肉阻滞剂合用可能引起肌无力和呼吸暂停。③与螯合剂（EDTA）和阳离子清洁剂对铜绿假单胞菌有协同作用，常联合用于局部感染的治疗。④与能损伤肾功能的药物合用，可增强其肾毒性。

#### ·硫酸黏菌素预混剂·

本品由硫酸黏菌素与适宜辅料制备而成。

**【作用与用途】** 多肽类抗生素。主要用于治疗敏感革兰氏阴性菌引起鸡肠道感染。

**【用法与用量】**以硫酸黏菌素计。混饲：每千克饲料 75～100mg。

**【不良反应】**黏菌素在内服或局部给药时动物能很好耐受，全身应用可引起肾毒性、神经毒性和神经肌肉阻断效应，黏菌素的毒性比多黏菌素 B 小。

**【注意事项】**①蛋鸡产蛋期禁用。②超剂量使用可能引起肾功能损伤。③本品经口服给药吸收极少，不宜用作全身感染性疾病的治疗。

**【休药期】**7d。

### ·硫酸黏菌素预混剂（发酵）·

**【作用与用途】【用法与用量】【不良反应】【注意事项】**与**【休药期】**同硫酸黏菌素预混剂。

### ·硫酸黏菌素可溶性粉·

**【作用与用途】**多肽类抗生素。主要用于治疗鸡革兰氏阴性菌所致的肠道感染。

**【用法与用量】**以黏菌素计。混饮：每升水 20～60mg。

**【不良反应】**按规定的用法用量使用尚未见不良反应。

**【注意事项】**①蛋鸡产蛋期禁用。②连续使用不宜超过一周。

**【休药期】**7d。

### ·维吉尼亚霉素·

抗生素类药。通过抑制革兰氏阳性菌蛋白质合成而达到抗菌目的，小剂量能提高饲料转化率，促进畜禽生长。内服不吸收，主要由粪便排出体外。

**【药物相互作用】**无。

## ·维吉尼亚霉素预混剂·

本品为浅褐色或褐色粉末。

**【作用与用途】** 主要用于鸡促生长。

**【用法与用量】** 以维吉尼亚霉素计。混饲：每千克饲料 5～20mg。

**【不良反应】** 按推荐的用法与用量使用，无不良反应。

**【注意事项】** ①放置于儿童不能触及的地方。②未经稀释混合不得使用。

**【休药期】** 1d。

## ·杆 菌 肽 锌·

杆菌肽为多肽类抗生素，其抗菌作用机理与青霉素相似，主要抑制细菌细胞壁合成。此外，杆菌肽又与敏感细菌细胞膜结合，损害细菌细胞膜的完整性，导致营养物质与离子外流。本品的抗菌作用机理具有特殊性，因而不与其他抗菌药物产生交叉耐药性。细菌对本品产生耐药性速度缓慢，产生获得性耐药菌也较少，但金黄色葡萄球菌较其他菌易产生耐药性。

**【药物相互作用】** 本品与青霉素、链霉素、新霉素、黏菌素等合用有协同作用；本品和黏菌素组成的复方制剂与土霉素、金霉素、吉他霉素、恩拉霉素和维吉尼霉素等有颉颃作用。

## ·杆菌肽锌预混剂·

本品由杆菌肽锌与适宜的辅料配制而成。含杆菌肽应为标示量的 90.0％～110.0％。

**【作用与用途】** 多肽类抗生素。用于促生长。

**【用法与用量】** 以杆菌肽计。混饲：每千克饲料，蛋鸡 16 周龄以下 4～40mg。

**【不良反应】** 按规定的用法用量使用尚未见不良反应。

**【注意事项】** 蛋鸡产蛋期禁用。

**【休药期】** 0d。

### ·那 西 肽·

本品属于禽专用抗生素。对革兰氏阳性菌的抗菌活性较强，如葡萄球菌、梭状芽孢杆菌对其敏感。作用机制是抑制细菌蛋白质合成，低浓度抑菌，高浓度有杀菌作用。对鸡有促进生长，提高饲料转化率的作用。本品混饲给药在消化道中很少吸收。

**【药物相互作用】** 无。

### ·那西肽预混剂·

本品由那西肽与适宜辅料制备而成。

**【作用与用途】** 抗生素类药。促进鸡的生长，提高饲料利用率。

**【用法与用量】** 以那西肽计。混饲：每千克饲料 2.5mg。

**【不良反应】** 按规定的用法与用量使用未见不良反应。

**【注意事项】** 蛋鸡产蛋期禁用。

**【休药期】** 7d。

## （八）截短侧耳素类

本类抗生素主要包括泰妙菌素，是动物专用的抗生素。

### ·延胡索酸泰妙菌素·

泰妙菌素在非常高的浓度下对敏感菌具有杀菌作用。对包括大多数葡萄球菌、链球菌（D群链球菌除外）在内的许多革兰氏阳性菌具有良好的抗菌活性，对支原体也有较好的抗菌活性。对革兰氏阴性菌的抗菌活性很弱。临床主要用于治疗鸡慢性呼吸道病。

【药物相互作用】①与莫能菌素、盐霉素、甲基盐霉素等聚醚类抗生素同时应用，可影响上述聚醚类抗生素的代谢，使鸡生长缓慢、运动失调、麻痹瘫痪，甚至死亡。②与能结合细菌核糖体 50S 亚基的其他抗生素（如大环内酯类抗生素、林可霉素）合用，有可能导致药效降低。

**·延胡索酸泰妙菌素可溶性粉·**

【作用与用途】截短侧耳素类抗生素。主要用于防治鸡慢性呼吸道病。

【用法与用量】以延胡索酸泰妙菌素计。混饮：每升水 0.125～0.25g，连用 3d。

【注意事项】①禁止与莫能菌素、盐霉素、甲基盐霉素等聚醚类抗生素合用。②使用者应避免药物与眼及皮肤接触。

【休药期】5d。

### （九）多糖类

本类抗生素主要包括阿维拉霉素和黄霉素。

**·阿维拉霉素·**

【作用与用途】用于预防由产气荚膜梭菌引起的鸡坏死性肠炎。

【制剂】预混剂。

【用法与用量】以阿维拉霉素计。混饲：每千克饲料 15～45mg，连用 21d（美国 FDA 规定）。

【注意事项】搅拌配料时防止与人的皮肤、眼睛接触。

【休药期】0d。

**·黄霉素·**

黄霉素属多糖类窄谱抗生素，主要对革兰氏阳性菌有强大的抗菌活性，但对革兰氏阴性菌作用弱。此外，可促进生长和改善饲料报酬。本品专用作雏鸡的饲料添加剂，促进生长，提高饲料转化率。

**【药物相互作用】**与磺胺类、红霉素、林可霉素、泰妙菌素、聚醚类离子载体抗生素合用起协同作用。

### ·黄霉素预混剂·

**【作用与用途】**抗生素类。用于促进禽生长。

**【用法与用量】**以黄霉素计。混饲：每千克饲料5mg。

**【不良反应】**本品毒性极低，安全范围广，尚未发现不良反应。

**【注意事项】**不宜用于成年蛋鸡，预混剂规格较多，使用时应注意用量的换算。

**【休药期】**0d。

### ·黄霉素预混剂（发酵）·

本品为黄霉素发酵液经喷雾干燥与载体（如碳酸钙）均匀混合而成。

**【作用与用途】【用法与用量】【不良反应】【注意事项】**与**【休药期】**同黄霉素预混料。

## 二、化学合成抗菌药

抗菌药除了上述抗生素之外，还有许多人工合成的药物，在防治蛋鸡疾病方面起着重要的作用。合成抗菌药使用较多的主要是磺胺类和喹诺酮类药物。

### （一）磺胺药

磺胺药（sulfonamides）是一类化学合成的抗微生物药。具有抗菌谱广、疗效确实、性质稳定、价格低廉、使用方便等优点，但同时也有抗菌作用较弱、不良反应较多、细菌易产生耐药性、用量大、疗程偏长等缺陷。抗菌增效剂（如甲氧苄啶）的出现使磺胺药的抗菌效力增强。目前在兽医临床上仍广泛应用。

### ·磺 胺 嘧 啶·

对大多数革兰氏阳性菌和部分革兰氏阴性菌有效，对球虫、弓形虫等原虫也有效，属广谱抑菌剂。适用于各种动物敏感菌所致的全身感染，临床上常与甲氧苄啶联合，用于敏感菌引起的呼吸道、泌尿道感染及鸡白痢、禽霍乱等疾病的治疗；对禽球虫病、弓形虫病、鸡住白细胞虫病等均有效。

**【药物相互作用】**①与二氨基嘧啶类（抗菌增效剂）合用，可产生协同作用。②某些含对氨基苯甲酰基的药物（如普鲁卡因、丁卡因等）在体内可生成PABA，酵母片可降低本药作用，不宜合用。

### ·复方磺胺嘧啶混悬液·

本品中磺胺嘧啶、甲氧苄啶的比例为5∶1。

**【作用与用途】**磺胺类抗菌药。用于防治鸡大肠埃希属、沙门氏菌感染。

**【用法与用量】**以磺胺嘧啶计。混饮：每升水80～160mg。连用5～7d。

**【不良反应】**按规定的用法与用量使用尚未见不良反应。

**【注意事项】**①蛋鸡产蛋期禁用。②忌与酸性药物（如维生素C、氯化钙、青霉素等）配伍使用。③为减轻对肾脏毒性，宜与碳酸氢钠合用。④使用时应补充B族维生素、维生素K等。

**【休药期】**混悬液（国产）1d，混悬液（进口）5d。

### ·磺胺二甲嘧啶·

抗菌作用较磺胺嘧啶稍弱，但对球虫和弓形虫有良好的抑制作用。主要用于治疗敏感菌引起的巴氏杆菌病、呼吸道及消化道等感染，亦用于鸡球虫病。

**【药物相互作用】** 参见磺胺嘧啶。

### · 复方磺胺二甲嘧啶钠可溶性粉 ·

本品内磺胺二甲嘧啶钠、甲氧苄啶的比例为 5∶1。

**【作用与用途】** 磺胺类抗菌药。用于治疗鸡由大肠埃希属引起的感染。

**【用法与用量】** 以磺胺二甲嘧啶钠计。混饮：每升水 0.5g。连用 3～5d。

**【不良反应】** 长期使用可损害肾脏和神经系统，影响增重，并可能发生磺胺药中毒。

**【注意事项】** ①蛋鸡产蛋期禁用。②连续用药不宜超过 1 周。

**【休药期】** 10d。

### · 磺胺间甲氧嘧啶 ·

本品是体内外抗菌活性最强的磺胺药，对大多数革兰氏阳性和阴性菌都有较强抑制作用，细菌对此药产生耐药性较慢。主要用于敏感菌所引起的各种疾病，对鸡球虫病也有较好的疗效。

**【药物相互作用】** 参见磺胺嘧啶。

### · 复方磺胺间甲氧嘧啶可溶性粉 ·

本品 100g 内含有磺胺间甲氧嘧啶 8.3g＋甲氧苄啶 1.7g。

**【作用与用途】** 磺胺类抗菌药。用于治疗鸡敏感菌引起的感染，如呼吸道、消化道感染及鸡球虫病、鸡住白细胞虫病。

**【用法与用量】** 以本品计。混饮：每升水 1～2g。连用 3～5d。

**【不良反应】** 长期使用可损害肾脏和神经系统，影响增重，并可能发生磺胺药中毒。

【注意事项】①蛋鸡产蛋期禁用。②连续用药不宜超过1周。

【休药期】28d。

### ·磺胺间甲氧嘧啶钠·

【药理】与【药物相互作用】参见磺胺间甲氧嘧啶。

### ·磺胺间甲氧嘧啶钠可溶性粉·

【作用与用途】磺胺类抗菌药。用于治疗由敏感菌引起的鸡呼吸道、消化道和泌尿道感染，也可用于治疗鸡球虫病和鸡住白细胞虫病。

【用法与用量】以磺胺间甲氧嘧啶钠计。混饮：每升水250～500mg。连用3～5d。

【不良反应】长期或大剂量使用会引起幼鸡免疫系统抑制，增重减慢，蛋鸡产蛋率下降。

【注意事项】①长期使用可损害肾脏，宜与等量碳酸氢钠同服。②蛋鸡产蛋期禁用。

【休药期】28d。

### ·复方磺胺间甲氧嘧啶钠溶液·

本品磺胺间甲氧嘧啶钠与甲氧苄啶的比例为5∶1。

【作用与用途】磺胺类抗菌药。用于治疗鸡由敏感菌引起的呼吸道、消化道、泌尿道感染，也可用于治疗鸡球虫病、鸡住白细胞虫病。

【用法与用量】以本品计。混饮：每升水1mL。连用3～5d。

【不良反应】长期或大剂量使用可发生磺胺药中毒症状，增重减慢，蛋鸡产蛋率下降。

【注意事项】①长期使用可损害肾脏，宜与等量碳酸氢钠同服。②蛋鸡产蛋期禁用。

【休药期】28d。

### ·复方磺胺间甲氧嘧啶钠可溶性粉·

本品 100g 内含有磺胺间甲氧嘧啶 8.3g＋甲氧苄啶 1.7g。

【作用与用途】磺胺类抗菌药。用于治疗鸡敏感菌引起的感染，如呼吸道、消化道感染及鸡球虫病、鸡住白细胞虫病。

【用法与用量】以本品计。混饮：每升水 1～2g。连用 3～5d。

【不良反应】长期使用可损害肾脏和神经系统，影响增重，并可能发生磺胺药中毒。

【注意事项】①蛋鸡产蛋期禁用。②连续用药不宜超过一周。

【休药期】28d。

### ·磺胺氯达嗪钠·

抗菌谱与磺胺间甲氧嘧啶相似，但抗菌作用比磺胺间甲氧嘧啶稍弱。

【药物相互作用】参见磺胺嘧啶。

### ·复方磺胺氯达嗪钠粉·

本品为磺胺氯达嗪钠、甲氧苄啶以 5∶1 配制而成。

【作用与用途】磺胺类抗菌药。用于禽大肠杆菌和巴氏杆菌感染等。

【用法和用量】以磺胺氯达嗪钠计。内服：每日量，每千克体重 20mg，连用 3～6d。

【不良反应】主要表现为急性反应如过敏反应，慢性反应表现为粒细胞减少、血小板减少、肝脏损害、肾脏损害及中枢神经毒性反应。易在尿中沉积，尤其是在高剂量长时间用药时更易发生。

**【注意事项】**①蛋鸡产蛋期禁用。②不得作为饲料添加剂长期应用。③宜同时给予等量的碳酸氢钠。④肾功能受损时，排泄缓慢，应慎用。⑤可引起肠道菌群失调，长期用药可引起B族维生素和维生素K的合成和吸收减少，宜补充相应的维生素。

**【休药期】**2d。

### （二）喹诺酮类药

喹诺酮类药物（quinolones）是化学合成的具有4-喹诺酮环基本结构的杀菌性抗菌药。本类药物对临床多种重要的病原菌具有快速杀灭作用，并且可以通过多种途径给药（内服、饮水、静脉注射、肌内注射）。因此，在兽医临床应用十分广泛，已批准上市的包括恩诺沙星（Enrofloxacin）、环丙沙星（Ciprofloxacin）、达氟沙星（Danofloxacin）、二氟沙星（Difloxacin）、沙拉沙星（Sarafloxacin）等。

#### ·恩诺沙星·

动物专用的杀菌性广谱抗菌药物。对大肠杆菌、沙门氏菌、克雷伯氏菌、巴氏杆菌、变形杆菌、金黄色葡萄球菌、支原体和衣原体等均有良好作用，对铜绿假单胞菌和链球菌的作用较弱，对厌氧菌作用微弱。对敏感菌有明显的抗菌后效应（PAE）。有明显的浓度依赖性，血药浓度大于8倍MIC时可发挥最佳治疗效果。

适用于鸡的敏感细菌及支原体所致的消化系统、呼吸系统、泌尿系统及皮肤软组织的各种感染。主要用于支原体病、巴氏杆菌病、大肠杆菌病和沙门氏菌病等。

**【药物相互作用】**①与氨基糖苷类或广谱青霉素类合用，有协同作用。②$Ca^{2+}$、$Mg^{2+}$、$Fe^{3+}$等金属离子可与本品发生螯合，影响吸收。③与茶碱、咖啡因合用时，血中茶碱、咖啡因的浓度异常升高，甚至出现茶碱中毒症状。④有抑制肝药酶作用，可使主要在肝脏中代谢的药物的清除率降低，血药浓度升高。

### ·恩诺沙星片·

**【作用与用途】**氟喹诺酮类抗菌药。用于禽细菌性疾病和支原体感染。

**【用法与用量】**以恩诺沙星计。内服：一次量，每千克体重5～7.5mg。每日2次，连用3～5d。

**【不良反应】**①使幼龄鸡软骨发生变性，影响骨骼发育。②消化系统的反应有食欲不振、腹泻等。

**【注意事项】**①蛋鸡产蛋期禁用。②本品耐药菌株呈增多趋势，不应在亚治疗剂量下长期使用。

**【休药期】**8d。

### ·恩诺沙星溶液·

本品为恩诺沙星的水溶液。

**【作用与用途】**氟喹诺酮类抗菌药。用于鸡细菌性疾病和支原体感染。

**【用法与用量】**以恩诺沙星计。混饮：每升水50～75mg。每日2次，连用3～5d。

**【不良反应】**与**【注意事项】**同恩诺沙星片。

**【休药期】**8d。

### ·恩诺沙星可溶性粉·

**【作用与用途】**氟喹诺酮类抗菌药。用于鸡细菌性疾病和支原体感染。

**【用法与用量】**以恩诺沙星计。混饮：每升水25～75mg。每日2

次，连用 3～5d。

**【不良反应】**与**【注意事项】**同恩诺沙星片。

**【休药期】**8d。

### ·盐酸恩诺沙星可溶性粉·

**【作用与用途】**喹诺酮类抗菌药。用于鸡细菌性疾病和支原体感染，如鸡大肠杆菌病、鸡沙门氏菌病、鸡白痢、鸡巴氏杆菌病和鸡败血性支原体病等。

**【用法与用量】**以恩诺沙星计。混饮：每升水 110mg。连用 5d。

**【不良反应】**与**【注意事项】**同恩诺沙星片。

**【休药期】**11d。

### ·乳酸环丙沙星·

抗菌谱、抗菌活性和耐药性与恩诺沙星基本相似，对某些细菌的体外抗菌作用略强于恩诺沙星。主要用于鸡的慢性呼吸道病、大肠杆菌病、传染性鼻炎、巴氏杆菌病和伤寒等。

**【药物相互作用】**参见恩诺沙星。

### ·乳酸环丙沙星可溶性粉·

**【作用与用途】**氟喹诺酮类抗菌药。用于鸡细菌和支原体感染。

**【用法与用量】**以环丙沙星计。混饮：每升水 40～80mg。每日 2 次，连用 3d。

**【不良反应】**与**【注意事项】**同恩诺沙星片。

**【休药期】**8d。

### ·乳酸环丙沙星注射液·

**【作用与用途】**氟喹诺酮类抗菌药。用于鸡细菌和支原体感染。

【用法与用量】以环丙沙星计。肌内注射：一次量，每千克体重5mg。每日2次。

【不良反应】与【注意事项】同恩诺沙星片。

【休药期】28d。

### ·盐酸环丙沙星·

【药理】与【药物相互作用】参见乳酸环丙沙星。

### ·盐酸环丙沙星可溶性粉·

【作用与用途】氟喹诺酮类抗菌药。用于鸡细菌和支原体感染。

【用法与用量】以环丙沙星计。混饮：每升水15～25mg。连用3～5d。

【不良反应】①使幼龄鸡软骨发生变性，影响骨骼发育。②消化系统的反应有食欲不振、腹泻等。③皮肤反应有红斑、瘙痒、荨麻疹及光敏反应等。

【注意事项】蛋鸡产蛋期禁用。

【休药期】28d。

### ·盐酸环丙沙星注射液·

【作用与用途】氟喹诺酮类抗菌药。用于鸡细菌和支原体感染。

【用法与用量】以环丙沙星计。静脉、肌内注射：一次量，每千克体重5～10mg。每日2次，连用3d。

【不良反应】与【注意事项】同盐酸环丙沙星可溶性粉。

【休药期】28d。

### ·盐酸沙拉沙星·

为动物专用氟喹诺酮类药物，抗菌谱和作用机理与恩诺沙星相似，抗菌活性略低于恩诺沙星。主要用于鸡的敏感细菌及支原体所致的各种感染性疾病。常用于鸡的大肠杆菌病、沙门氏菌病、支原体病和葡萄球菌感染等。

**【药物相互作用】** 参见恩诺沙星。

### ·盐酸沙拉沙星片·

**【作用与用途】** 氟喹诺酮类抗菌药。用于敏感菌引起的感染性疾病。

**【用法与用量】** 以沙拉沙星计。内服：一次量，每千克体重 5～10mg。每日 1～2 次，连用 3～5d。

**【不良反应】** ①使幼龄鸡软骨发生变性，影响骨骼发育。②消化系统的反应有食欲不振、腹泻等。

**【注意事项】** 蛋鸡产蛋期禁用。

**【休药期】** 0d。

### ·盐酸沙拉沙星可溶性粉·

**【作用与用途】** 氟喹诺酮类抗菌药。用于敏感菌引起的感染性疾病。

**【用法与用量】** 以沙拉沙星计。混饮：每升水 25～50mg。连用 3～5d。

**【不良反应】** 与 **【注意事项】** 同盐酸沙拉沙星片。

**【休药期】** 0d。

### ·盐酸沙拉沙星溶液·

**【作用与用途】** 氟喹诺酮类抗菌药。用于敏感菌引起的感染性疾病。

**【用法与用量】** 以沙拉沙星计。混饮：每升水 20～50mg。连用

3～5d。

**【不良反应】**与**【注意事项】**同盐酸沙拉沙星片。

**【休药期】**0d。

### ·盐酸沙拉沙星注射液·

**【作用与用途】**氟喹诺酮类抗菌药。用于敏感菌引起的感染性疾病。

**【用法与用量】**以沙拉沙星计。肌内注射：一次量，每千克体重2.5～5mg。每日2次，连用3～5d。

**【不良反应】**与**【注意事项】**同盐酸沙拉沙星片。

**【休药期】**0d。

### ·甲磺酸达氟沙星·

为动物专用氟喹诺酮类药物，抗菌谱与恩诺沙星相似，对鸡的呼吸道致病菌有良好的抗菌活性。敏感菌包括溶血性巴氏杆菌、多杀性巴氏杆菌和支原体等。

适用于鸡的敏感细菌及支原体所致各种感染性疾病，如巴氏杆菌病、大肠杆菌病和败血支原体病等。

**【药物相互作用】**参见恩诺沙星。

### ·甲磺酸达氟沙星粉·

**【作用与用途】**氟喹诺酮类抗菌药。主要用于鸡细菌及支原体感染。

**【用法与用量】**以达氟沙星计。内服：每千克体重2.5～5mg。每日1次，连用3d。

**【不良反应】**①使幼龄鸡软骨发生变性，影响骨骼发育。②消化系统的反应有食欲不振、腹泻等。

【注意事项】蛋鸡产蛋期禁用。

【休药期】5d。

### ·甲磺酸达氟沙星溶液·

【作用与用途】氟喹诺酮类抗菌药。主要用于鸡细菌及支原体感染。

【用法与用量】以达氟沙星计。混饮：每升水 25～50mg。每日 1 次，连用 3d。

【不良反应】与【注意事项】同甲磺酸达氟沙星粉。

【休药期】5d。

### ·二 氟 沙 星·

为动物专用氟喹诺酮类药物，抗菌谱与恩诺沙星相似，抗菌活性略低于恩诺沙星。对鸡呼吸道致病菌有良好的抗菌活性，尤其对葡萄球菌有较强的抗菌活性。

用于治疗鸡的敏感细菌及支原体所致的各种感染性疾病，如慢性呼吸道病等。

【药物相互作用】参见恩诺沙星。

### ·盐酸二氟沙星片·

【作用与用途】氟喹诺酮类抗菌药。用于鸡细菌及支原体感染。

【用法与用量】以二氟沙星计。内服：一次量，每千克体重 5～10mg。每日 2 次，连用 3～5d。

【不良反应】①使幼龄动物软骨发生变性，影响骨骼发育。②消化系统的反应有食欲不振、腹泻等。

【注意事项】①蛋鸡产蛋期禁用。②不宜与抗酸剂或其他包括二价或三价阳离子的制剂同用。

【休药期】1d。

### ·盐酸二氟沙星粉·

**【作用与用途】** 氟喹诺酮类抗菌药。用于鸡细菌及支原体感染。

**【用法与用量】** 以二氟沙星计。内服：一次量，每千克体重5～10mg。每日2次，连用3～5d。

**【不良反应】** 与 **【注意事项】** 同盐酸二氟沙星片。

**【休药期】** 1d。

### ·盐酸二氟沙星溶液·

**【作用与用途】** 氟喹诺酮类抗菌药。用于鸡细菌及支原体感染。

**【用法与用量】** 以二氟沙星计。内服：一次量，每千克体重50～100mg。每日2次，连用3～5d。

**【不良反应】** 与 **【注意事项】** 同盐酸二氟沙星片。

**【休药期】** 1d。

### ·氟　甲　喹·

主要对革兰氏阴性菌有效，敏感菌包括大肠杆菌、沙门氏菌、巴氏杆菌、变形杆菌、克雷伯氏菌、铜绿假单胞菌等。对支原体也有一定效果。

**【药物相互作用】** 参见恩诺沙星。

### ·氟甲喹可溶性粉·

**【作用与用途】** 喹诺酮类抗菌药。主要用于革兰氏阴性菌所引起的鸡急性消化道及呼吸道感染。

**【用法与用量】** 以氟甲喹计。混饮：每千克体重3～6mg，首次量加倍。每日2次（或每升水30～60mg，首次量加倍），连用3～5d。

**【不良反应】** 按规定的用法与用量使用尚未见不良反应。

【注意事项】蛋鸡产蛋期禁用。

【休药期】2d。

# 第二节　抗寄生虫药

## 一、抗原虫药

鸡原虫病是由单细胞原生动物所引起的一类寄生虫病，主要包括球虫病、组织滴虫病和鸡住白细胞虫病。其中，鸡的球虫病危害最大，不仅流行广，而且可致大批鸡死亡。抗原虫药可分为抗球虫药、抗组织滴虫药和抗鸡住白细胞虫药。

### （一）抗球虫药

抗球虫药的种类很多，作用峰期（指药物对球虫发育起作用的主要阶段）各不相同。作用于第一代裂殖生殖的药物，如氯羟吡啶、离子载体抗生素等，预防性强，但不利于动物形成对球虫的免疫力。作用于第二代裂殖体的药物，如磺胺喹噁啉、磺胺氯吡嗪、尼卡巴嗪、二硝托胺，既有治疗作用又对动物抗球虫免疫力的形成影响不大。

不论何种抗球虫药，长期反复使用均可诱发明显的耐药性。为了避免或减少耐药性产生，抗球虫药通常采用轮换用药、穿梭用药或联合用药等方式。轮换用药是指一种抗球虫药连用数月后，换用另一种作用机理不同的药。穿梭用药是指在同一个饲养期内，换用两种或两种以上不同性质的药。例如，初期使用一种药，如盐霉素、马度米星等聚醚类抗生素，后期使用另一种药，如地克珠利。联合用药是指在同一个饲养期内使用两种或两种以上抗球虫药，通过药物间的协同作用既可延缓耐药虫株的产生，又可增强药效或减少用量。应该注意的是，不得采用加大剂量的办法以避免耐药性，因为加大剂量不仅会增强毒副作用，而且还影响对球虫免疫力的形成，甚至造成药物在可食性组织的残留。

**1. 三嗪类**

### ·地 克 珠 利·

地克珠利为三嗪类广谱抗球虫药，具有杀球虫效应，对球虫发育的各个阶段均有作用。作用峰期在子孢子和第一代裂殖体的早期阶段。对鸡的柔嫩、堆型、毒害、布氏和巨型艾美耳球虫等均有良好的效果。本品长期用药易诱导耐药性产生，故应穿梭用药或短期使用。作用时间短，停药 2d 后作用基本消失。

### ·地克珠利预混剂·

**【作用与用途】** 抗球虫药。用于预防鸡球虫病。

**【用法与用量】** 以地克珠利计。混饲：每千克饲料 1mg。

**【不良反应】** 按规定的用法用量使用尚未见不良反应。

**【注意事项】** ①蛋鸡产蛋期禁用。②药效期短，停药 1d，抗球虫作用明显减弱，2d 后作用基本消失。因此，必须连续用药以防球虫病再度暴发。③地克珠利预混剂混料浓度极低，药料应充分拌匀，否则影响疗效。④应避免接触皮肤和眼睛。

**【休药期】** 5d。

### ·地克珠利颗粒·

本品为类白色至淡黄色可溶性颗粒。

**【用法与用量】** 以本品计（规格为 100g：1g）。混饮：每升水 0.17～0.34g。

**【作用与用途】【不良反应】【注意事项】** 与 **【休药期】** 同地克珠利预混剂。

### ·地克珠利溶液·

本品为几乎无色至淡黄色澄清溶液。

**【用法与用量】** 以地克珠利计。混饮：每升水 0.5～1mg。

**【注意事项】** ①本品溶液的饮水液中稳定期仅为 4h。因此，必须现用现配，否则影响疗效。②本品药效期短，停药 1d，抗球虫作用明显减弱，2d 后作用基本消失。因此，必须连续用药以防球虫病再度暴发。③地克珠利较易引起球虫的耐药性，甚至交叉耐药性（托曲珠利）。因此，连用不得超过 6 个月。轮换用药不宜应用同类药物（如托曲珠利）。④操作人员在使用地克珠利溶液时，应避免与人的皮肤、眼睛接触。⑤蛋鸡产蛋期禁用。

**【作用与用途】【不良反应】** 与 **【休药期】** 同地克珠利预混剂。

**2. 聚醚类离子载体抗球虫药**

### ·莫 能 菌 素·

莫能菌素为单价离子载体类广谱抗球虫药。对鸡的毒害、柔嫩、巨型、变位、堆型和布氏艾美耳球虫等均有很好的杀灭效果。莫能菌素的作用峰期是在球虫生活周期的最初 2d，对子孢子及第一代裂殖体都有抑制作用，在球虫感染后第 2 天用药效果最好。其杀球虫作用机理是通过干扰球虫细胞内 $K^+$、$Na^+$ 的正常渗透，使大量的 $Na^+$ 和水分进入细胞内，引起肿胀而死亡。此外，莫能菌素对金黄色葡萄球菌、链球菌、产气荚膜梭菌等革兰氏阳性菌亦有较强的抗菌作用，并能促进动物生长发育，增加体重和提高饲料利用率。

**【药物相互作用】** 通常不宜与其他抗球虫药合用，因合用后常使药物的毒性增强；泰妙菌素可影响本品的代谢，导致雏鸡体重减轻，甚至中毒死亡。

## ·莫能菌素预混剂·

**【作用与用途】** 抗球虫药。用于预防鸡球虫病。

**【用法与用量】** 以莫能菌素计。混饲：每千克饲料 90～110mg。

**【不良反应】** 每千克饲料中添加量超过 120mg 时，可引起鸡增重率和饲料转化率下降。

**【注意事项】** ①禁止与泰妙菌素、竹桃菌素同时使用，以免发生中毒。②蛋鸡产蛋期禁用；超过 16 周龄鸡禁用。③饲喂前必须将莫能菌素与饲料混匀，禁止直接饲喂未经稀释的莫能菌素。④搅拌配料时防止与人的皮肤、眼睛接触。

**【休药期】** 5d。

## ·盐 霉 素·

盐霉素为聚醚类离子载体抗球虫药，其作用峰期是在球虫生活周期的最初二日，对子孢子及第一代裂殖体都有抑制作用。对鸡的毒害、柔嫩、巨型、和缓、堆型和布氏艾美耳球虫等均有作用，尤其对巨型及布氏艾美耳球虫效果最强。对鸡球虫的子孢子、第一、二代裂殖子均有明显作用。

**【药物相互作用】** 盐霉素禁与泰妙菌素合用，因后者能阻止盐霉素代谢而导致体重减轻，甚至死亡。必须应用时，至少应间隔 7d。

## ·盐霉素预混剂·

**【作用与用途】** 抗球虫药。用于鸡球虫病。

**【用法与用量】** 以盐霉素计。混饲：每千克饲料 60mg。

**【不良反应】** 按规定的用法用量使用尚未见不良反应。

**【注意事项】** ①蛋鸡产蛋期禁用。②禁与泰妙菌素、竹桃霉素及其他抗球虫药配伍使用。③本品安全范围较窄，应严格控制混饲浓度。

【休药期】5d。

### ·盐霉素钠预混剂·

【作用与用途】【用法与用量】【不良反应】【注意事项】与【休药期】同盐霉素预混剂。

### ·甲基盐霉素·

本品为单价聚醚类离子载体抗球虫药。其抗球虫效力大致与盐霉素相同。对鸡的堆型、布氏、巨型和毒害艾美耳球虫等的抗球虫效果有显著差异。

【药物相互作用】甲基盐霉素与尼卡巴嗪合用，虽可降低药量，维持有效的抗球虫效应，但亦能提高热应激时鸡的死亡率；与泰妙菌素合用可干扰鸡体内甲基盐霉素的代谢，导致增重受抑制。

### ·甲基盐霉素钠预混剂·

本品为黄色至淡棕色颗粒状粉末。

【作用与用途】用于预防鸡的球虫病。

【用法与用量】以甲基盐霉素计。混饲：每千克饲料60～80mg。

【不良反应】本品毒性较盐霉素更强，对鸡安全范围较窄，超剂量使用，会引起鸡的死亡。

【注意事项】①本品毒性较盐霉素强，对鸡安全范围较窄，使用时必须精确计算用量。②甲基盐霉素对鱼类毒性较大，喂药鸡粪及残留药物的用具，不可污染水源。③本品限用于蛋鸡，蛋鸡产蛋期禁用。④禁止与泰妙菌素、竹桃霉素合用。⑤拌料时应注意防护，避免本品与眼、皮肤接触。

【休药期】5d。

## ·甲基盐霉素尼卡巴嗪预混剂·

本品为黄色或棕褐色颗粒；微有特臭。

**【作用与用途】**用于预防鸡球虫病。

**【用法与用量】**以本品计（规格为100g：甲基盐霉素8g+尼卡巴嗪8g）。混饲：每千克饲料375～625mg。

**【不良反应】**①本品毒性较大，超剂量使用，会引起鸡的死亡。②高温季节使用本品时，会出现热应激反应，甚至死亡。

**【注意事项】**①防止与人眼接触。②禁止与泰妙菌素、竹桃菌素合用。③蛋鸡产蛋期禁用。

**【休药期】**5d。

## ·拉 沙 洛 西·

本品为浅褐色至褐色粉末；有特臭。拉沙洛西为二价聚醚类离子载体抗生素。其抗球虫作用机理与莫能菌素相似，但两者对离子的亲和力不同。与二价金属离子形成络合物，干扰球虫体内正常离子的平衡和转运，从而起到抑制球虫的效果。除对鸡的堆型艾美耳球虫作用稍差外，对柔嫩、毒害、巨型以及和缓艾美耳球虫等的作用较强。对球虫子孢子、第一代和第二代裂殖子均有抑杀作用。此外，还能促进动物生长，增加体重和提高饲料利用率。主要用于防治鸡的球虫病。与泰妙菌素或其他促生长剂合用，而且其增重效果优于单独用药。

## ·拉沙洛西钠预混剂·

本品为拉沙洛西钠与玉米油、豆油、卵磷脂类辅料配制而成。

**【作用与用途】**用于预防鸡球虫病。

**【用法与用量】**以拉沙洛西计。混饲：每千克饲料75～125mg。

**【不良反应】**按推荐剂量使用尚未见不良反应。

**【注意事项】** ①应根据球虫感染严重程度和疗效及时调整用药浓度。②严格按规定浓度使用，每千克饲料中药物浓度超过 150mg（以拉沙洛西钠计）会导致鸡生长抑制和中毒。高浓度混料对饲养在潮湿鸡舍的雏鸡，能增加热应激反应，使死亡率增高。③拌料时应注意防护。避免本品与眼、皮肤接触。④蛋鸡产蛋期禁用。

**【休药期】** 3d。

## ·马 度 米 星·

马度米星是从马杜拉放线菌的发酵产物中分离得到的聚醚类一价单糖苷离子载体抗生素，常用其铵盐，抗球虫谱广。能高效对抗鸡的毒害、巨型、柔嫩、堆型、布氏、变位等艾美耳球虫，而且对其他聚醚类抗球虫药耐药的虫株也有效。马度米星能干扰球虫生活史的早期阶段，即球虫发育的子孢子期和第一代裂殖体，不仅能抑制球虫生长，且能杀灭球虫。

### ·马度米星铵预混剂·

**【作用与用途】** 用于预防鸡球虫病。

**【用法与用量】** 以本品计（规格按 $C_{47}H_{80}O_{17}$ 计算 1%）。混饲：每千克饲料 500mg。

以马度米星铵计。混饲：每千克饲料 50mg。

**【不良反应】** 毒性较大，安全范围窄，较高浓度（每千克饲料 7mg）混饲即可引起鸡不同程度的中毒甚至死亡。

**【注意事项】** ①蛋鸡产蛋期禁用。②用药时必须精确计量，并使药料充分搅匀，勿随意加大使用浓度。③鸡喂马度米星后的粪便切勿加工成动物饲料，否则会引起中毒，甚至死亡。

**【休药期】** 7d。

### ·马度米星铵尼卡巴嗪预混剂·

【作用与用途】同马度米星铵预混剂。

【用法与用量】以本品计（规格为500g：马度米星2.5g+尼卡巴嗪62.5g）。混饲：每千克饲料500mg，连用5～7d。

【不良反应】①高温季节使用本品时，会出现热应激反应，甚至死亡。②本品主要成分尼卡巴嗪对产蛋鸡所产鸡蛋的质量和孵化率有一定影响。

【注意事项】①蛋鸡产蛋期禁用。②本品主要成分马度米星的毒性较大，安全范围窄，每千克饲料中超过6mg混饲即可引起鸡中毒，甚至死亡，不宜过量使用。③高温季节慎用。

【休药期】7d。

### ·海 南 霉 素·

海南霉素钠属于聚醚类抗球虫药。具有广谱抗球虫作用，能够高效对抗鸡的柔嫩、毒害、堆型、巨型、和缓艾美耳球虫等。此外，海南霉素也能促进鸡的生长，增加体重和提高饲料利用率。

【药物相互作用】禁与其他抗球虫药合用。

### ·海南霉素钠预混剂·

本品为浅褐色粉末。

【作用与用途】用于预防鸡球虫病。

【用法与用量】以本品计［规格为100g：海南霉素1g（100万U)］。混饲：每千克饲料500～750mg。以海南霉素计。混饲：每千克饲料50～75mg。

【不良反应】按规定的用法与用量使用尚未见不良反应。

【注意事项】①本品毒性较大，鸡使用海南霉素后的粪便切勿用作其他动物饲料，更不能污染水源。②仅用于鸡。③蛋鸡产蛋期禁用。

**【休药期】** 7d。

**3. 二硝基类**

### ·二 硝 托 胺·

二硝托胺属硝苯酰胺类抗球虫药，对鸡的多种艾美耳球虫，如柔嫩、毒害、布氏、堆型和巨型艾美耳球虫有效，特别是对柔嫩、毒害艾美耳球虫作用较强，对堆型艾美耳球虫效果稍差。主要作用于鸡球虫第一代和第二代裂殖体，其对球虫的活性高峰期是在感染后第3天，且对卵囊的孢子形成亦有些作用。使用推荐剂量不影响鸡对球虫产生免疫力，故适用于蛋鸡。有报道显示，连用本品6d，仅对球虫表现出抑制作用，如长期应用则对球虫有杀灭作用。

### ·二硝托胺预混剂·

**【作用与用途】** 用于治疗鸡球虫病。

**【用法与用量】** 以二硝托胺计。混饲：每千克饲料125mg。

**【不良反应】** 按规定的用法用量使用尚未见不良反应。

**【注意事项】** ①停药过早，常致球虫病复发，因此宜连续应用。②二硝托胺粉末颗粒的大小会影响抗球虫作用，应为极微细粉末。③每千克饲料中添加量超过250mg（以二硝托胺计）时，若连续饲喂15d以上可抑制雏鸡增重。④蛋鸡产蛋期禁用。

**【休药期】** 3d。

### ·尼 卡 巴 嗪·

尼卡巴嗪对鸡的多种艾美耳球虫，如柔嫩、毒害、巨型、堆型、布氏艾美耳球虫均有良好的防治效果。主要对球虫的第二代裂殖体有效，其作用峰期是感染后第4天。主要用于防治鸡球虫病。球虫对本品不易产生耐药性，对其他抗球虫药耐药的球虫，使用尼卡巴嗪多数仍然有效。尼卡巴嗪对蛋的质量和孵化率有一定影响。

### ·尼卡巴嗪预混剂·

【作用与用途】用于预防鸡球虫病。

【用法与用量】以尼卡巴嗪计。混饲：每千克饲料 100～125mg。

【不良反应】①夏季高温季节使用本品时，会增加应激和死亡率。②本品能使产蛋率、受精率及鸡蛋质量下降和棕色蛋壳色泽变浅。

【注意事项】①夏天高温季节应慎用。②蛋鸡产蛋期禁用。

【休药期】4d。

**4. 磺胺类**

### ·磺胺喹噁啉·

磺胺喹噁啉为治疗球虫病的专用磺胺类药。对鸡的巨型、布氏和堆型艾美耳球虫作用最强，对柔嫩和毒害艾美耳球虫作用较弱，需用较高剂量才能见效。常与氨丙啉或二甲氧苄啶合用，以增强药效。本品的作用峰期在第二代裂殖体（球虫感染第 3～4 天），不影响鸡只产生球虫免疫力。有一定的抑菌活性，可预防球虫病的继发感染。与其他磺胺类药物之间容易产生交叉耐药性。

【药物相互作用】无。

### ·磺胺喹噁啉二甲氧苄啶预混剂·

【作用与用途】用于鸡球虫病。

【用法与用量】以本品计（规格为磺胺喹噁啉 20%、二甲氧苄啶 4%）。混饲：每千克饲料 500mg。

【不良反应】较大剂量延长给药时间可引起食欲下降，肾脏出现磺胺喹噁啉结晶，并干扰血液正常凝固。

【注意事项】①连续饲喂不得超过 5d。②蛋鸡产蛋期禁用。

【休药期】10d。

### ·复方磺胺喹噁啉溶液·

本品为黄色液体。

【用法与用量】以本品计（规格为 100mL：磺胺喹噁啉 20g＋二甲氧苄啶 4g）。混饮：每升水 1～2mL。连用 3～5d。

【不良反应】长期使用可损害肾脏和神经系统，影响增重，并可能发生磺胺药中毒。

【注意事项】①蛋鸡产蛋期禁用。②连续用药不宜超过 1 周。

【作用与用途】与【休药期】同磺胺喹噁啉二甲氧苄啶预混剂。

### ·磺胺喹噁啉钠·

【药理】同磺胺喹噁啉。

### ·磺胺喹噁啉钠可溶性粉·

本品为白色至微黄色粉末。

【作用与用途】抗球虫药。用于鸡球虫病。

【用法与用量】以磺胺喹噁啉钠计。混饮：每升水 0.3～0.5g。

【不良反应】按规定的用法用量使用尚未见不良反应。

【注意事项】①连续饮用不得超过 5d，否则动物易出现中毒反应。②蛋鸡产蛋期禁用。

【休药期】10d。

### ·复方磺胺喹噁啉钠可溶性粉·

本品为淡黄色粉末。

【作用与用途】用于鸡球虫病。

【用法与用量】以本品计（规格为 100g：磺胺喹噁啉 15g＋甲氧苄啶 5g）。混饮：每升水 1g。连用 3～5d。

【不良反应】长期使用可损害肾脏和神经系统，影响增重，并可能发生磺胺药中毒。

【注意事项】①蛋鸡产蛋期禁用。②连续用药不宜超过 1 周。

【休药期】10d。

### ·磺胺喹噁啉钠溶液·

本品为黄色液体。

【作用与用途】抗球虫药。用于治疗鸡球虫病。

【用法与用量】以本品计（规格为 100mL：5g）。混饮：每升水 5～10mL。连用 3～5d。

【不良反应】与【注意事项】同复方磺胺喹噁啉钠可溶性粉。

【休药期】10d。

### ·磺胺氯吡嗪钠·

磺胺氯吡嗪为磺胺类抗球虫药，作用峰期是球虫第二代裂殖体，对第一代裂殖体也有一定作用。本品不影响宿主对球虫产生免疫力。

### ·磺胺氯吡嗪钠可溶性粉·

【作用与用途】抗球虫药。用于治疗鸡球虫病。

【用法与用量】以磺胺氯吡嗪钠计。混饮：每升水 0.3g，连用 3d。混饲：每千克饲料 600mg，连用 3d。

【不良反应】按规定的用法用量使用尚未见不良反应。

【注意事项】①饮水给药连续饮用不得超过 5d。②蛋鸡产蛋期禁用。③不得在饲料中添加长期使用。

【休药期】1d。

## ·磺胺氯吡嗪钠二甲氧苄啶溶液·

本品为黄色至橙黄色的溶液。

**【作用与用途】** 同磺胺氯吡嗪钠可溶性粉。

**【用法与用量】** 以本品计（规格为100mL：磺胺氯吡嗪钠15g＋二甲氧苄啶3g）。混饮：每升水1.0～2.0mL，连用3～5d。

**【不良反应】** 超量或超期使用易发生中毒。

**【注意事项】** ①长期用药可发生磺胺药中毒症状，按推荐饮水浓度连续饮用不得超过5d。②蛋鸡产蛋期禁用。

**【休药期】** 10d。

## ·复方磺胺氯吡嗪钠预混剂·

本品为白色至淡黄色粉末。

**【作用与用途】** 同磺胺氯吡嗪钠可溶性粉。

**【用法与用量】** 以本品计（规格为100g：磺胺氯吡嗪钠20g＋二甲氧苄啶4g）。混饲：每千克饲料2g，连用3d。

**【不良反应】** 长期或大剂量使用可发生磺胺药中毒症状，增重减慢，蛋鸡产蛋率下降。

**【注意事项】** ①蛋鸡产蛋期禁用。②按推荐剂量连续用药不得超过5d。③不得作饲料添加剂长期使用，16周以上鸡群禁用。

**【休药期】** 1d。

## ·磺胺间甲氧嘧啶·

磺胺间甲氧嘧啶是体内外抗菌活性最强的磺胺药，对鸡的球虫病与鸡住白细胞虫病也有较好的疗效。

**【药物相互作用】** 磺胺间甲氧嘧啶与二氨基嘧啶类（抗菌增效剂）合用，可产生协同作用；某些含对氨基苯甲酰基的药物（如普鲁卡因、丁卡因等）在体内可生成对氨基苯甲酸（PABA），酵母片中含有细菌代谢所需要的 PABA，可降低本药作用，因此不宜合用。

## ·磺胺间甲氧嘧啶预混剂·

本品为白色或类白色粉末。

**【作用与用途】**用于治疗鸡球虫病。

**【用法与用量】**以磺胺间甲氧嘧啶计。混饲：每千克饲料鸡 480mg。连用 5～7d。

**【不良反应】**长期使用可损害肾脏和神经系统，影响增重，并可能发生中毒。

**【注意事项】**①蛋鸡产蛋期禁用。②连续用药不宜超过 1 周。

**【休药期】**28d。

## ·复方磺胺间甲氧嘧啶预混剂·

本品为白色或类白色粉末。

**【用法与用量】**以本品计（规格为 100g：磺胺间甲氧嘧啶 10g＋甲氧苄啶 2g）。混饲：每千克饲料 2～2.5g。

**【不良反应】**长期或大剂量使用可损害肾脏和神经系统，影响增重，并可发生磺胺药中毒。

**【作用与用途】【注意事项】**与**【休药期】**同磺胺间甲氧嘧啶预混剂。

## ·磺胺间甲氧嘧啶钠粉·

本品为白色或类白色粉末。

**【用法与用量】**以磺胺间甲氧嘧啶钠计。混饮：每升水 0.25～0.5g。连用 3～5d。

**【不良反应】**长期或大剂量使用会引起幼鸡免疫系统抑制，增重减慢，蛋鸡产蛋率下降。

**【注意事项】**①长期使用可损害肾脏，宜与等量碳酸氢钠同服。②蛋鸡产蛋期禁用。

**【作用与用途】**与**【休药期】**同磺胺间甲氧嘧啶预混剂。

### ·复方磺胺间甲氧嘧啶钠溶液·

本品为无色至微黄色液体。

**【用法与用量】**以本品计（规格为 50mL：磺胺间甲氧嘧啶钠 5g＋甲氧苄啶 1g；100mL：磺胺间甲氧嘧啶钠 10g＋甲氧苄啶 2g)。混饮：每升水 1mL。连用 3～5d。

**【不良反应】**长期或大剂量使用可发生磺胺药中毒症状，增重减慢，蛋鸡产蛋率下降。

**【注意事项】**①长期使用可损害肾脏，宜与等量碳酸氢钠同服。②蛋鸡产蛋期禁用。

**【作用与用途】**与**【休药期】**同磺胺间甲氧嘧啶钠粉。

### ·复方磺胺间甲氧嘧啶钠粉·

本品为白色粉末。

**【作用与用途】【用法与用量】【不良反应】【注意事项】**与**【休药期】**同复方磺胺间甲氧嘧啶粉。

**5. 其他**

### ·癸氧喹酯·

癸氧喹酯属喹啉类抗球虫药，主要作用是阻碍球虫子孢子的发育，作用峰期为球虫感染后的第 1 天，能明显抑制宿主机体对球虫产生免疫力。球虫对癸氧喹酯易产生耐药性，应定期轮换用药。它的抗球虫作用与药物颗粒大小有关，颗粒愈细，抗球虫作用愈强，宜制成直径为 1.8μm 左右的微粒供使用。主要用于预防鸡的球虫病。

## ·癸氧喹酯预混剂·

**【作用与用途】**用于预防鸡球虫病。

**【用法与用量】**以癸氧喹酯计。混饲：每千克饲料 27.18mg，连用 7～14d。

**【不良反应】**按规定的用法用量使用尚未见不良反应。

**【注意事项】**不能用于含皂土的饲料中。

**【休药期】**5d。

## ·氨 丙 啉·

盐酸氨丙啉为广谱抗球虫药，对鸡的各种球虫均有作用，其中对柔嫩与堆型艾美耳球虫的作用最强，对毒害、布氏、巨型、和缓艾美耳球虫的作用较弱。主要作用于球虫第 1 代裂殖体，阻止其形成裂殖子，作用峰期在感染后的第 3 天。此外，对有性繁殖阶段和子孢子亦有抑制作用，可用于预防和治疗球虫病。盐酸氨丙啉与磺胺喹噁啉或乙氧酰胺苯甲酯合用，可扩大抗球虫范围，增强疗效。

**【药物相互作用】**由于氨丙啉与维生素 $B_1$ 能产生竞争性颉颃作用。若混饲浓度过高，可导致雏鸡出现维生素 $B_1$ 缺乏症。当每千克饲料中的维生素 $B_1$ 含量超过 10mg 时，其抗球虫效果减弱；与乙氧酰胺苯甲酯合用有协同作用。

## ·盐酸氨丙啉磺胺喹噁啉钠可溶性粉·

本品为淡黄色粉末。

**【作用与用途】**抗球虫药。用于防治鸡球虫病。

**【用法与用量】**以本品计（规格为 100g：盐酸氨丙啉 7.5g＋磺胺喹噁啉钠 4.5g）。混饮：每升水 0.5g。连用 3～5d。

**【不良反应】**长期或大量应用可发生磺胺药中毒症状，增重减慢。

**【注意事项】**①蛋鸡产蛋期禁用。②连续使用不得超过 1 周。

**【休药期】**7d。

### ·盐酸氨丙啉乙氧酰胺苯甲酯预混剂·

本品由盐酸氨丙啉（$C_{14}H_{19}ClN_4 \cdot HCl$）与乙氧酰胺苯甲酯（$C_{12}H_{15}NO_4$）按一定比例与适宜辅料制备而成。

**【作用与用途】**抗球虫药。用于鸡球虫病。

**【用法与用量】**以本品计（规格为盐酸氨丙啉 25%、乙氧酰胺苯甲酯 1.6%）。混饲：每千克饲料 500mg。

**【不良反应】**按规定的用法用量使用尚未见不良反应。

**【注意事项】**①每千克饲料中的维生素 $B_1$ 含量在 10mg 以上时，能对本品的抗球虫作用产生明显的颉颃作用。②蛋鸡产蛋期禁用。

**【休药期】**3d。

### ·盐酸氨丙啉乙氧酰胺苯甲酯磺胺喹噁啉预混剂·

本品由盐酸氨丙啉（$C_{14}H_{19}ClN_4 \cdot HCl$）、乙氧酰胺苯甲酯（$C_{12}H_{15}NO_4$）和磺胺喹噁啉（$C_{14}H_{12}N_4O_2S$）按一定比例与适宜辅料制备而成。

**【作用与用途】**抗球虫药。用于鸡球虫病。

**【用法与用量】**以本品计（规格为盐酸氨丙啉 20%、乙氧酰胺苯甲酯 1%、磺胺喹噁啉 12%）。混饲：每千克饲料 500mg。

**【不良反应】**按规定的用法用量使用尚未见不良反应。

**【注意事项】**①蛋鸡产蛋期禁用。②每千克饲料中维生素 $B_1$ 的含量在 10mg 以上时，能对本品的抗球虫作用产生明显的颉颃作用。③连续饲喂不得超过 5d。

**【休药期】**7d。

## ·氯羟吡啶·

氯羟吡啶对鸡的柔嫩、毒害、布氏、巨型、堆型、和缓和早熟艾美耳球虫等有效，特别是对柔嫩艾美耳球虫作用最强。氯羟吡啶对球虫的作用峰期是子孢子期，即感染后第 1 天，主要对其产生抑制作用。在用药后 60d 内，可使子孢子在肠上皮细胞内不能发育。因此，必须在雏鸡感染球虫前或感染同时给药，才能充分发挥抗球虫作用。氯羟吡啶适用于预防用药，对球虫病治疗无意义。本品能抑制鸡对球虫产生免疫力，过早停药易导致球虫病暴发。球虫对氯羟吡啶易产生耐药性。

### ·氯羟吡啶预混剂·

**【作用与用途】**用于预防禽球虫病。

**【用法与用量】**以氯羟吡啶计。混饲：每千克饲料 125mg。

**【不良反应】**按规定的用法用量使用尚未见不良反应。

**【注意事项】**①本品能抑制鸡对球虫产生免疫力，停药过早易导致球虫病暴发。②用于全育雏期，后备鸡群可以连续喂至 16 周龄。③对本品产生耐药球虫的鸡场，不能换用喹啉类抗球虫药，如癸氧喹酯等。④蛋鸡产蛋期禁用。

**【休药期】**5d。

## ·盐酸氯苯胍·

盐酸氯苯胍对鸡的柔嫩、毒害、布氏、巨型、堆型及和缓艾美耳球虫等有良效，且对其他抗球虫药产生耐药性的球虫仍有效。主要抑制球虫第一代裂殖体的生殖，对第二代裂殖体亦有作用，其作用峰期在感染后的第 3 天。球虫对本品易产生耐药性。

### ·盐酸氯苯胍预混剂·

**【作用与用途】**抗球虫药。

**【用法与用量】**以盐酸氯苯胍计。混饲：每千克饲料 30～60mg。

**【不良反应】**按规定的用法用量使用尚未见不良反应。

**【注意事项】**①应用本品防治某些球虫病时停药过早，常导致球虫病复发，应连续用药。②长期或高浓度（每千克饲料 60mg）混饲，可引起鸡肉、鸡蛋异臭。但较低浓度（每千克饲料<30mg）不会产生上述现象。③蛋鸡产蛋期禁用。

**【休药期】**5d。

## （二）抗组织滴虫药

### ·地 美 硝 唑·

地美硝唑属于抗原虫药，具有抗原虫作用。抗组织滴虫、纤毛虫、阿米巴原虫等。此外，具有广谱抗菌作用，能抗大肠杆菌、葡萄球菌等感染。

**【药物相互作用】**不能与其他抗组织滴虫药联合应用。

### ·地美硝唑预混剂·

**【作用与用途】**抗原虫药。用于禽组织滴虫病。

**【用法与用量】**以地美硝唑计。混饲：每千克饲料 80～500mg。

**【不良反应】**鸡对本品较为敏感，大剂量可引起平衡失调，肝肾功能损伤。

**【注意事项】**①不能与其他抗组织滴虫药联合使用。②鸡连续用药不得超过 10d。③蛋鸡产蛋期禁用。

**【休药期】**28d。

### （三）抗鸡住白细胞虫药

#### ·磺胺间甲氧嘧啶·

磺胺间甲氧嘧啶是体内外抗菌活性最强的磺胺药，对鸡的球虫病与鸡住白细胞虫病也有较好的疗效。

磺胺间甲氧嘧啶为磺胺类抗菌药，其通过竞争二氢叶酸合成酶抑制细菌二氢叶酸的合成，常与磺胺类抗菌增效剂（甲氧苄啶等）合用，后者则通过抑制二氢叶酸还原酶，使二氢叶酸不能还原成四氢叶酸。两者合用，可以双重阻断叶酸的代谢，产生协同抗菌作用。磺胺间甲氧嘧啶内服吸收良好，血中浓度高，乙酰化率低，且乙酰化物在尿中溶解度大，不易发生结晶尿。

**【药物相互作用】**磺胺间甲氧嘧啶与二氨基嘧啶类（抗菌增效剂）合用，可产生协同作用；某些含对氨基苯甲酰基的药物（如普鲁卡因、丁卡因等）在体内可生成对氨基苯甲酸（PABA），酵母片中含有细菌代谢所需要的PABA，可降低本药作用，因此不宜合用。

与甲氧苄啶等抗菌增效剂合用有协同作用。

#### ·磺胺间甲氧嘧啶预混剂·

本品为白色或类白色粉末。

**【作用与用途】**用于治疗鸡住白细胞虫病。

**【用法与用量】**以磺胺间甲氧嘧啶计。混饲：每千克饲料480mg。连用5～7d。

**【不良反应】**长期使用可损害肾脏和神经系统，影响增重，并可能发生磺胺药中毒。

**【注意事项】**①蛋鸡产蛋期禁用。②连续用药不宜超过1周。

**【休药期】**28d。

## ·复方磺胺间甲氧嘧啶预混剂·

本品为白色或类白色粉末。

**【作用与用途】** 磺胺类抗菌药。用于敏感菌所引起的呼吸道、胃肠道、泌尿道感染及球虫病、鸡住白细胞虫病等。

**【用法与用量】** 以本品计（规格为100g：磺胺间甲氧嘧啶10g+甲氧苄啶2g）。混饲：每千克饲料2～2.5g。

**【不良反应】** 长期或大剂量使用可损害肾脏和神经系统，影响增重，并可发生磺胺药中毒。

**【注意事项】** ①蛋鸡产蛋期禁用。②连续用药不宜超过1周。③长期使用应同服碳酸氢钠以碱化尿液。

**【休药期】** 28d。

## ·复方磺胺间甲氧嘧啶可溶性粉·

本品为白色粉末。

**【用法与用量】** 以本品计（规格为100g：磺胺间甲氧嘧啶8.3g+甲氧苄啶1.7g）。混饮：每升水1～2g。连用3～5d。

**【作用与用途】【不良反应】【注意事项】** 与 **【休药期】** 同复方磺胺间甲氧嘧啶预混剂。

## ·磺胺间甲氧嘧啶钠粉·

本品为白色或类白色粉末。

**【用法与用量】** 以磺胺间甲氧嘧啶钠计。混饮：每升水0.25～0.5g。连用3～5d。

**【不良反应】** 长期或大剂量使用会引起幼鸡免疫系统抑制，增重减慢，蛋鸡产蛋率下降。

**【注意事项】** ①长期使用可损害肾脏，建议与等量碳酸氢钠同服。

②蛋鸡产蛋期禁用。

【作用与用途】与【休药期】同磺胺间甲氧嘧啶预混剂。

### ·复方磺胺间甲氧嘧啶钠溶液·

本品为无色至微黄色液体。

【用法与用量】以本品计（规格为50mL：磺胺间甲氧嘧啶钠5g＋甲氧苄啶1g；100mL：磺胺间甲氧嘧啶钠10g＋甲氧苄啶2g）。混饮：每升水1mL。连用3～5d。

【不良反应】长期或大剂量使用可发生磺胺药中毒症状，增重减慢，蛋鸡产蛋率下降。

【注意事项】长期使用可损害肾脏，宜与等量碳酸氢钠同服。

【作用与用途】与【休药期】同磺胺间甲氧嘧啶钠粉。

## 二、驱线虫药

根据抗线虫药的化学结构特点，可将驱线虫药分为：①苯并咪唑类，如噻苯达唑、阿苯达唑、甲苯咪唑、芬苯达唑、奥芬达唑、氧阿苯达唑、氟苯达唑、氧苯达唑及苯并咪唑前体（如非班太尔）等。②咪唑并噻唑类，如左旋咪唑。③四氢嘧啶类，如噻嘧啶。④哌嗪类，如哌嗪、乙胺嗪。⑤抗生素类，如阿维菌素、伊维菌素、越霉素A、潮霉素B。⑥其他，如敌百虫和硝碘酚等。

以上大部分药物均已收入我国兽药典及有关标准中，其中苯并咪唑类和抗生素类是当前应用最多最广的药物。

### 1. 苯并咪唑类

### ·阿 苯 达 唑·

阿苯达唑为苯并咪唑类，具有广谱驱虫作用。线虫对其敏感，对绦虫、吸虫也有较强作用（但需较大剂量）。本品不但对成虫作用强，对未成熟虫体和第四期幼虫也有较强作用，还有杀虫卵作用。阿苯达唑可用于驱除鸡的线虫和绦虫感染。

**【药物相互作用】** 阿苯达唑与吡喹酮合用可提高前者的血药浓度。

### ·阿苯达唑片·

**【作用与用途】** 用于治疗鸡线虫病、绦虫病和吸虫病。

**【用法与用量】** 以阿苯达唑计。内服：一次量，每千克体重10～20mg。

**【休药期】** 4d。

### ·阿苯达唑粉·

本品为白色或类白色粉末。

**【用法与用量】** 以阿苯达唑计。内服：一次量，每千克体重10～20mg。

**【作用与用途】** 与 **【休药期】** 同阿苯达唑片。

### ·阿苯达唑混悬液·

本品为细微颗粒的混悬溶液，静置后细微颗粒沉底，振摇后成均匀的白色或类白色混悬液。

**【用法与用量】** 以阿苯达唑计。内服：一次量，每千克体重10～20mg。

**【作用与用途】** 与 **【休药期】** 同阿苯达唑片。

### ·阿苯达唑颗粒·

本品为类白色颗粒。

**【用法与用量】** 以阿苯达唑计。内服：一次量，每千克体重10～20mg。

【作用与用途】与【休药期】同阿苯达唑片。

## ·芬 苯 达 唑·

芬苯达唑的作用机理与阿苯达唑相同，抗虫谱不如阿苯达唑广，作用略强。

## ·芬 苯 达 唑 片·

【作用与用途】用于治疗鸡线虫病和绦虫病。

【用法与用量】以芬苯达唑计。内服：一次量，每千克体重10～50mg。

## ·芬 苯 达 唑 粉·

【用法与用量】以芬苯达唑计。内服：一次量，每千克体重10～50mg。

【作用与用途】同芬苯达唑片。

## ·芬苯达唑颗粒·

【作用与用途】与【用法与用量】同芬苯达唑片。

【休药期】28d。

## ·氟 苯 达 唑·

氟苯达唑为甲苯咪唑对位氟取代同系物，抗虫谱和抗虫作用与甲苯咪唑相似。从胃肠道吸收很少，大部分以原形药从粪便排出。吸收部分很快被代谢，血和尿中的原形药浓度很低。氟苯达唑在鸡体内的代谢途径主要为氨基甲酸酯水解和酮基还原。主要用于驱除鸡蠕虫病。

**·氟苯达唑预混剂·**

本品为白色或淡黄色粉末。

**【作用与用途】**用于驱除鸡胃肠道线虫及绦虫。

**【用法与用量】**以氟苯达唑计。混饲：常用量，每千克饲料30mg；治疗鸡的赖利绦虫病，每千克饲料60mg；雏鸡，每千克饲料60mg。连用4～7d。

**【不良反应】**超剂量服用时，会出现短时间的腹泻。

**【注意事项】**使用者应避免皮肤直接接触或吸入本品。

**【休药期】**14d。

**2. 咪唑并噻唑类**

**·盐酸左旋咪唑·**

盐酸左旋咪唑属咪唑并噻唑类抗线虫药，对鸡的大多数线虫具有活性。本品除了具有驱虫活性外，还能明显提高免疫反应。它可恢复外周T淋巴细胞的细胞介导免疫功能，促进单核细胞的吞噬作用，对免疫功能受损的动物作用更明显。

**【药物相互作用】**具有烟碱作用的药物（如噻嘧啶、甲噻嘧啶、乙胺嗪），胆碱酯酶抑制药（如有机磷、新斯的明）可增加左旋咪唑的毒性，不宜联用。

**·盐酸左旋咪唑片·**

**【作用与用途】**抗蠕虫药。用于禽胃肠道线虫病。

**【用法与用量】**以盐酸左旋咪唑计。内服：一次量，每千克体重25mg。

**【注意事项】**①在鸡极度衰弱或有明显的肝肾损伤时应慎用。②本品中毒时可用阿托品解毒和其他对症治疗。

**【休药期】** 28d。

### ·盐酸左旋咪唑注射液·

**【用法与用量】** 以盐酸左旋咪唑计。皮下、肌内注射：一次量，每千克体重 25mg。

**【作用与用途】【注意事项】** 与 **【休药期】** 同盐酸左旋咪唑片。

### ·盐酸左旋咪唑粉·

**【用法与用量】** 以盐酸左旋咪唑计。内服：一次量，每千克体重 25mg。

**【作用与用途】【注意事项】** 与 **【休药期】** 同盐酸左旋咪唑片。

**3. 抗生素类**

### ·越霉素 A·

越霉素 A 对鸡蛔虫等体内寄生虫的排卵具有抑制作用，对成虫具有驱除作用。还具有一定的抗菌作用，故被用作促生长剂。内服很少吸收，主要从粪便排出。

### ·越霉素 A 预混剂·

本品为淡黄色或淡黄褐色粉末。

**【作用与用途】** 用于驱除鸡蛔虫。

**【用法与用量】** 以越霉素 A 计。混饲：每千克饲料 10～20mg。

**【不良反应】** 按规定的用法与用量使用尚未见不良反应。

**【注意事项】** 蛋鸡产蛋期禁用。

**【休药期】** 3d。

#### 4. 哌嗪类

### ·枸橼酸哌嗪·

哌嗪对敏感线虫产生箭毒样作用，使虫体麻痹，从而通过粪便排出体外。鸡蛔虫对哌嗪很敏感，鸡盲肠线虫（鸡异刺线虫）对哌嗪不敏感。

**【药物相互作用】** 枸橼酸哌嗪与噻嘧啶或甲噻嘧啶产生颉颃作用，不应同时使用；泻药会加速枸橼酸哌嗪从胃肠道排出，使其达不到最大效应，因此不能同时使用。

### ·枸橼酸哌嗪片·

本品为白色片。

**【作用与用途】** 主要用于驱除鸡蛔虫。

**【用法与用量】** 以枸橼酸哌嗪计。内服：一次量，每千克体重 0.25g。

**【不良反应】** 按规定的用法与用量使用尚未见不良反应。

**【注意事项】** ①哌嗪对未成熟虫体作用不强，通常应间隔 10～14d 后重复用药。②鸡饮水或混饲给药时应在 8～12h 内完成，对鸡应禁食一夜。

**【休药期】** 14d。

## 三、抗绦虫药

抗绦虫药根据其作用可分为杀绦虫药和驱绦虫药。能使绦虫在寄生部位死亡的药物称为杀绦虫药，促使绦虫排出体外的药物称为驱绦虫药。驱绦虫药通常是干扰绦虫的头节吸附于胃肠黏膜，并干扰虫体的蠕动，使其不能保持在胃肠道中。很多天然有机化合物都属于驱绦虫药，能暂时麻痹虫体，需借助催泻作用将虫体排出体外，否则，绦虫可能再次吸附于肠壁。现代合成药物大多具有杀绦虫作用，能在原寄生部位将虫体杀死。

早期的天然有机化合物类抗绦虫药都是从植物中提取的，如南瓜子氨酸、雄性蕨类植物提取物、卡马拉、槟榔碱和烟碱等；合成的抗绦虫药有氯硝柳胺等。

## ·氯 硝 柳 胺·

氯硝柳胺是一种杀绦虫药，对鸡的赖利绦虫、漏斗带绦虫有驱杀作用。

## ·氯 硝 柳 胺 片·

本品为淡黄色片。

**【作用与用途】**用于鸡绦虫病。

**【用法与用量】**以氯硝柳胺计。内服：一次量，每千克体重50～60mg。

**【注意事项】**给药前，应禁食12h。

**【休药期】**28d。

## ·吡 喹 酮·

本品具有广谱抗绦虫作用。对各种绦虫的成虫具有极高的活性，对幼虫也具有良好的活性。对鸡的各种绦虫均有高效。

**【药物相互作用】**与阿苯达唑合用时，可降低吡喹酮的血药浓度。

## ·吡 喹 酮 片·

本品为白色片。

**【作用与用途】**用于鸡绦虫病。

**【用法与用量】**以吡喹酮计。内服：一次量，每千克体重10～20mg。

**【休药期】**28d。

## 四、杀外寄生虫药

杀虫药系指能杀灭动物体外寄生虫，从而防治由这些外寄生虫所引起的畜禽皮肤病的一类药物。由螨、蜱、虱、蚤、蝇、蚊等节肢动物引起的畜禽外寄生虫病，能直接危害动物机体，夺取营养，损坏皮毛，影响增重，传播疾病，不仅给畜牧业造成极大损失，而且能传播许多人畜共患病，严重危害人体健康。为此，选用高效、安全、经济、方便的杀虫药具有极其重要的意义。

控制外寄生虫感染的杀虫剂很多，目前国内应用的主要是有机磷类、拟除虫菊酯等。

### ·氰 戊 菊 酯·

氰戊菊酯对昆虫以触杀为主，兼有胃毒和驱避作用。氰戊菊酯对螨、虱、蚤、蜱、蚊、蝇和虻等均有良好的杀灭效果。应用氰戊菊酯喷洒鸡的体表，螨、虱、蚤等在用药后10min出现中毒，4～12h后全部死亡，加之又有一定的残效作用，可使虫卵孵化后再次被杀死。

### ·氰戊菊酯溶液·

本品为淡黄色澄明液体。

**【作用与用途】**杀虫药。用于驱杀禽外寄生虫，如蜱、虱、蚤等。

**【用法与用量】**喷雾。以氰戊菊酯计，加水以1∶（5 000～10 000）稀释。

**【不良反应】**按规定的用法与用量使用尚未见不良反应。

**【注意事项】**①配制溶液时，水温以12℃为宜，如水温超过25℃会降低药效，水温超过50℃时则失效。②避免使用碱性水，并忌与碱性药物合用，以防药液分解失效。③本品对蜜蜂、鱼虾、家蚕毒性较强，使用时不要污染河流、池塘、桑园、养蜂场所。

【休药期】28d。

## ·甲基吡啶磷·

甲基吡啶磷主要以胃毒为主，兼有触杀作用。本品能杀灭苍蝇、蟑螂、蚂蚁及部分昆虫的成虫。持续期长达10周以上。由于这类昆虫成虫具有不停舔食的生活习性，通过胃毒起作用的效果更好。

## ·甲基吡啶磷可湿性粉·

本品为类白色至浅黄色粉末；有异臭。

【作用与用途】杀虫药。用于控制禽舍内蝇等昆虫。

【用法与用量】涂布：每200$m^2$，取本品250g与200mL温水充分混合，涂30点。

【不良反应】按规定的用法与用量使用尚未见不良反应。

【注意事项】①使用时应避免与皮肤、黏膜和眼睛接触，本品应远离儿童和动物。②废弃物不能污染河流、池塘、下水道及环境。③有蜂群密集处禁用。④紧急救助。吸入中毒：转移到新鲜空气环境中；皮肤接触药液或溅入眼中毒：立即用大量水清洗；动物误食中毒：大量饮水并服用大量活性炭。⑤药物加水稀释后应当日用完，混悬液停放30min后，宜重新搅拌均匀后应用。

【休药期】无需制订。

## ·环丙氨嗪·

环丙氨嗪属于杀虫药，可抑制双翅目幼虫的蜕皮，特别是第1期幼虫蜕皮，使蝇蛆生长发育受阻，也可使蝇�不能蜕皮而死亡。鸡内服给药，即使在粪便中含药量极低也可彻底杀灭蝇蛆。当每千克饲料中浓度达1mg时即能控制粪便中多数蝇蛆的发育；达5mg时，足以控制各种蝇蛆。一般在用药后6~24h发挥药效，作用可持续1~3周。

鸡内服本品后吸收较少，其体内主要代谢物为三聚氰胺。主要以原形从粪便排泄。由于环丙氨嗪脂溶性低，很少在组织中残留。对鸡的生长、产蛋及繁殖性能均无影响。

### ·环丙氨嗪预混剂·

本品为白色或米黄色粉末。

**【作用与用途】**杀蝇药。用于控制禽舍内蝇幼虫的繁殖。

**【用法与用量】**以环丙氨嗪计。混饲：每千克饲料5mg。连用4~6周。

**【不良反应】**按规定的用法与用量使用尚未见不良反应。

**【注意事项】**①避免儿童接触，存放在儿童不可触及的地方。②每千克饲料中本品浓度达25mg时，可使饲料消耗量增加；达500mg以上可使饲料消耗量减少；达1 000mg以上长期喂养可能因摄食过少而死亡。③每公顷土地施用饲喂本品的鸡粪以1~2t为宜，9t以上可能对植物生长不利。

**【休药期】**3d。

## 第三节　解热镇痛抗炎药

解热镇痛抗炎药是一类具有退热、减轻局部钝痛和抗炎、抗风湿作用的药物。它们在化学结构上虽各不相同，但都具有抑制前列腺素合成的共同作用机理。本类药物与甾体类糖皮质激素抗炎药不同，不具甾体结构故又称为非甾体类抗炎药。

兽医临床上使用的解热镇痛抗炎药有近20种，按化学结构可分为苯胺类、吡唑酮类和有机酸类等。有机酸类又分为甲酸类（水杨酸类、芬那酸类）、乙酸类（吲哚类）、丙酸类（包括苯丙酸类和萘丙酸类)。各类药物均有镇痛作用，对于炎性疼痛，吲哚类和芬那酸类的效果好，吡唑酮类和水杨酸类次之；在解热和抗炎作用上，苯胺类、吡唑酮类和水杨酸类解热作用较好；阿司匹林、吡唑酮类和吲哚类的抗炎、抗风湿作用较强，其中阿司匹林疗效确实、不良反应少，为抗风湿首选药。苯胺类几乎无抗风湿作用。

**·卡巴匹林钙·**

鸡口服卡巴匹林钙后，水解为阿司匹林（乙酰水杨酸），阿司匹林吸收快，主要经肝脏代谢，在鸡体内迅速降解为水杨酸。卡巴匹林钙主要通过水解产生阿司匹林发挥解热、镇痛和抗炎作用。

**·卡巴匹林钙可溶性粉·**

本品是阿司匹林钙与尿素络合的盐，为白色粉末。

**【作用与用途】**解热镇痛药。用于鸡的发热和疼痛。

**【用法与用量】**以卡巴匹林钙计。内服：一次量，每千克体重40～80mg。

**【不良反应】**按规定的用法与用量使用尚未见不良反应。

**【注意事项】**①蛋鸡产蛋期禁用。②不得与其他水杨酸类解热镇痛药合用。③糖皮质激素能刺激胃酸分泌、降低胃及十二指肠黏膜对胃酸的抵抗力，与本品合用可使胃肠出血加剧。与碱性药物合用，使疗效降低，一般不宜合用。④连续用药不应超过5d。

**【休药期】**0d。

## 第四节 调节组织代谢药

### 一、维生素类

维生素是维持动物体正常代谢和机能所必需的一类低分子化合

物，大多数必须从日粮中获得，仅少数可在体内合成或由肠道内的微生物合成。动物机体每日对维生素的需要量很少，但其作用是其他物质所无法替代的。现知多数维生素是体内某些酶的辅酶（或辅基）中的组分，在物质代谢中起着重要的催化剂作用。每一种维生素对动物机体都有其特定的功能，机体缺乏时可引起一类特殊的疾病，称为“维生素缺乏症”，如代谢机能障碍，生长停顿，生产性能、繁殖力和抗病力下降等，严重的甚至可致死亡。维生素类药物主要用于防治维生素缺乏症，临床上也可用于某些疾病的辅助治疗。

各种维生素在化学结构上没有共同性，且化学结构与生理功能之间也未发现有合理的分类依据。因此，维生素一般根据其溶解性能分为脂溶性和水溶性维生素两类。

### （一）脂溶性维生素

脂溶性维生素易溶于大多数有机溶剂，不溶于水。在食物中常与脂类共存，脂类吸收不良时其吸收亦减少，甚至发生缺乏症。常用的脂溶性维生素包括维生素 A、维生素 D、维生素 E、维生素 K 等。脂溶性维生素吸收后可在体内的肝、脂肪组织中储存，长期超量使用超过机体的储存限量时可引起动物中毒。

#### ·维生素 A、维生素 D·

维生素 A 具有促进生长、维持上皮组织（如皮肤、结膜、角膜等）正常机能的作用，并参与视紫红质的合成，增强视网膜感光力。另外，还参与体内许多氧化过程，尤其是不饱和脂肪酸的氧化。维生素 A 缺乏时则生长停止，骨骼生长不良，繁殖能力下降，皮肤粗糙、干燥，角膜软化并发生干性眼炎和夜盲症等。维生素 D 对钙、磷代谢及幼畜骨骼生长有重要影响，其主要功能是促进钙、磷在小肠内正常吸收。其代谢活性物质能调节肾小管对钙的重吸收，维持循环血液中钙的水平，并促进骨骼的正常发育。维生素D缺乏时，动物肠道钙、磷吸收能力降低，血中钙、磷水平较低，以致钙、磷在骨骼组织沉积下降，成骨作用受阻，甚至沉积的骨盐再溶解。

维生素A内服易吸收，食物中的脂糜有助于其吸收。吸收后转变为棕榈酸酯，与乳糜微粒一道经淋巴系统转运至肝脏并储存其中。维生素A棕榈酸酯在肝脏经水解后可释出游离维生素A进入血液，并借助维生素A结合蛋白在体内转运。肝脏中储存着体内近90%的维生素A。在肠道内，维生素D与脂肪形成脂糜微粒，通过淋巴系统进入血液循环。胆汁和胰液的正常分泌有助于其吸收。在体内需经肝脏和肾脏内酶的催化，转化为活性产物，即1,25-二羟维生素$D_3$，才能发挥其生理作用。

**【药物相互作用】** ①氢氧化铝可使小肠上段胆酸减少，影响维生素A的吸收。矿物油、新霉素能干扰维生素A和维生素D的吸收。②维生素E可促进维生素A吸收，但服用大量维生素E时可耗尽体内储存的维生素A。③大剂量的维生素A可以对抗糖皮质激素的抗炎作用。

### ·维生素AD油·

本品为黄色至橙红色的澄清油状液体；无败油臭或苦味。

**【作用与用途】** 维生素类药。主要用于防治维生素A、维生素D缺乏症，如维生素A缺乏症所致角膜软化症、干眼病、夜盲症及皮肤角化粗糙等，维生素D缺乏所致的佝偻病、骨软症等；局部应用能促进创伤、溃疡愈合。

**【用法与用量】** 内服：一次量，鸡1～2mL。

**【不良反应】** 按规定的用法用量使用尚未见不良反应。

**【注意事项】** ①用时应注意补充钙剂。②维生素A易因补充过量而中毒，中毒时应立即停用本品和钙剂。

## （二）水溶性维生素

水溶性维生素包括B族维生素和维生素C，均易溶于水。已发现的B族维生素有20多种。动物胃肠道内微生物，尤其是反刍动物瘤胃内的微生物能合成部分B族维生素，因此成年反刍动物一般不会缺乏，但鸡则需要从饲料中获得足够的B族维生素才能满足其生长发育需要。水溶性维生素在体内不易储存，摄入的多余量全部经由尿液排出，因此毒性很低。

### ·B族维生素·

B族维生素是机体生化反应必需的辅酶，在糖、脂肪、蛋白质代谢过程中起重要作用。

维生素$B_1$对维持神经组织、心脏及消化系统的正常机能起着重要作用。缺乏时，血中丙酮酸、乳酸增高，并影响机体能量供应；鸡出现多发性神经炎、心肌功能障碍、消化不良、生长受阻等。

维生素$B_2$是体内黄素酶类辅基的组成部分。黄素酶在生物氧化还原中发挥递氢作用，参与体内碳水化合物、氨基酸和脂肪的代谢，并对中枢神经系统的营养、毛细血管功能具有重要影响。缺乏时，会影响生物氧化，使代谢发生障碍。雏鸡出现独特的足趾卷缩、腿软弱无力、生长迟缓等症状，产蛋期则表现为产蛋率下降，蛋孵化率降低。

维生素$B_6$是吡哆醇、吡哆醛、吡哆胺的总称，它们在动物体内有着相似的生物学作用。维生素$B_6$在体内经酶作用生成具有生理活性的磷酸吡哆醛和磷酸吡哆醇，是氨基转移酶、脱羧酶及消旋酶的辅酶，参与体内氨基酸、蛋白质、脂肪和糖的代谢。此外，维生素$B_6$还在亚油酸转变为花生四烯酸等过程中发挥重要作用。缺乏时，家禽表现为肌肉震颤、强直和痉挛等症状。

烟酰胺与烟酸统称为维生素PP、抗癞皮病维生素。烟酰胺是辅酶Ⅰ和辅酶Ⅱ的组成部分，在体内氧化还原反应中起传递氢的作用。它与糖酵解、脂肪代谢、丙酮酸代谢，以及高能磷酸键的生成有着密切关系，在维持皮肤和消化器官正常功能方面亦起着重要作用。动物缺乏烟酰胺时，主要表现为代谢紊乱，尤其是被皮和消化系统疾病较多见。鸡缺乏症状包括腿弯曲，跗关节变粗，口炎，羽毛生长不良和坏死性肠炎等。

泛酸是辅酶A的组成部分，辅酶A在物质代谢中传递酰基，参与糖、脂肪和蛋白质的代谢。泛酸还在脂肪酸、胆固醇及乙酰胆碱的合成中起着十分重要的作用，并参与维持皮肤和黏膜的正常功能和毛皮的色泽，以及增强机体对疾病抵抗力。禽缺乏泛酸时，除产蛋率和孵化率下降外，还表现为皮炎、被皮角化、羽毛易断和生长速率下降等。

**【药物相互作用】**维生素 $B_1$：①在碱性溶液中易分解，与碱性药物（如碳酸氢钠、枸橼酸钠）等配伍时，易变质。②吡啶硫胺素、氨丙啉可颉颃维生素 $B_1$ 的作用。③本品可增强神经肌肉阻断剂的作用。

维生素 $B_2$ 能导致氨苄西林、黏菌素、链霉素、红霉素和四环素等的抗菌活性下降。

维生素 $B_6$ 与维生素 $B_{12}$ 合用，可促进维生素 $B_{12}$ 的吸收。

### ·复合维生素B溶液·

本品是维生素 $B_1$、维生素 $B_2$ 和维生素 $B_6$ 等制成的水溶液，为黄色带黄绿色荧光的澄明液体。

**【作用与用途】**维生素类药。用于防治B族维生素缺乏所致的多发性神经炎、消化障碍等。

**【用法与用量】**混饮：每升水10～30mL。

**【不良反应】**按规定的用法用量使用尚未见不良反应。

### ·复合维生素B可溶性粉·

本品由维生素 $B_1$、烟酰胺、维生素 $B_2$、泛酸钙和维生素 $B_6$ 组成，为淡黄色粉末，气香。

【作用与用途】维生素类药。用于防治B族维生素缺乏所致的多发性神经炎，消化障碍等。

【用法与用量】以本品计。混饮：每升水0.5～1.5g。连用3～5d。

【不良反应】按规定的用法与用量使用尚未见不良反应。

【注意事项】现配现用。

## ·泛酸钙·

本品为白色粉末；无臭；有引湿性；水溶液显中性或弱碱性。

【作用与用途】维生素类药。用于泛酸缺乏症，如产蛋率和孵化率下降、皮炎、被皮角化、羽毛易断和生长速率下降等；对防治B族维生素缺乏症有协同作用。

【用法与用量】混饲：每千克饲料6～15mg。

【不良反应】按规定的用法与用量使用尚未见不良反应。

【注意事项】暂无规定。

## ·维生素C·

维生素C在体内和脱氢维生素C形成可逆的氧化还原系统，此系统在生物氧化还原反应和细胞呼吸中起重要作用。维生素C参与氨基酸代谢及神经递质、胶原蛋白和组织细胞间质的合成，可降低毛细血管通透性，具有促进铁在肠内吸收，增强机体对感染的抵抗力，增强肝脏解毒能力等作用。

【药物相互作用】①与水杨酸类和巴比妥合用能增加维生素C的排泄。②与维生素$K_3$、维生素$B_2$、碱性药物和铁离子等溶液配伍，可降低药效，不宜配伍。③可破坏饲料中的维生素$B_{12}$，并与饲料中的铜、锌离子发生络合，阻断其吸收。

### ·维生素C可溶性粉·

本品为白色或类白色粉末。

【作用与用途】维生素类药。用于维生素C缺乏症、发热、慢性消耗性疾病等。

【用法与用量】以本品计。混饮：每升水500mg，自由饮用。连用5d。

【不良反应】按规定的用法与用量使用尚未见不良反应。

【注意事项】在碱性溶液中易氧化失效。

## 二、钙、磷与微量元素

钙和磷广泛分布于土壤和植物中，为动植物的生长所必需。在现代畜牧业生产中，钙和磷常以骨粉或钙、磷制剂的形式按适当比例混合添加在动物日粮中，以保证动物健康生长。

动物机体所必需的微量元素有铁、硒、钴、铜、锰、锌等，它们对动物的生长代谢过程起着重要的调节作用，缺乏时可引起各种疾病，并影响动物生长和繁殖性能，但过多也会引起中毒，甚至死亡。

### ·亚 硒 酸 钠·

硒作为谷胱苷肽过氧化物酶的组成成分，在体内能清除脂质过氧化自由基中间产物，防止生物膜的脂质过氧化，维持细胞膜的正常结构和功能；硒还参与辅酶A和辅酶Q的合成，在体内三羧酸循环及电子传递过程中起重要作用。硒以硒半胱氨酸和硒蛋氨酸两种形式存在于硒蛋白中，通过硒蛋白影响动物机体的自由基代谢、抗氧化、免疫功能、生殖功能、细胞凋亡和内分泌系统等而发挥其生物学功能。鸡硒缺乏时可发生营养型肌肉萎缩，初期可能表现为呼吸困难，骨骼肌僵硬。雏鸡发生渗出性素质、脑软化和肌肉萎缩等。成年鸡硒缺乏则对疾病的易感性增高。

**【药物相互作用】**①硒与维生素 E 在鸡体内防止氧化损伤方面具有协同作用。②硫、砷能影响鸡对硒的吸收和代谢。③硒和铜在鸡体内存在相互颉颃效应，可诱发饲喂低硒日粮的鸡发生硒缺乏症。

### ·亚硒酸钠维生素 E 预混剂·

本品由亚硒酸钠和维生素 E 组成，为白色或类白色粉末。

**【作用与用途】**维生素及硒补充药。用于防治雏鸡渗出性素质。

**【用法与用量】**以本品计。混饲：每千克饲料 500～1 000mg。

**【注意事项】**硒毒性较大，不要随意增加剂量使用。

## 第五节　消毒防腐药物

消毒防腐药是杀灭病原微生物或抑制其生长繁殖的一类药物。其中，消毒药指能杀灭病原微生物的药物，主要用于环境、鸡舍、排泄物、用具和器械等非生物物质表面的消毒；防腐药指能抑制病原微生物生长繁殖的药物，主要用于抑制局部皮肤、黏膜和创伤等生物体表微生物，也用于食品、生物制品的防腐。二者没有绝对的界限，高浓度的防腐药也具有杀菌作用，低浓度的消毒药也只有抑菌作用。

各类消毒防腐药的作用机理各不相同，可归纳为以下三种：①使菌体蛋白质变性、沉淀，故称为“一般原浆毒”，如酚类、醇类、醛类、重金属盐类。②改变菌体细胞膜通透性，如表面活性剂。③破坏或干扰生命必需的酶系统，如氧化剂、卤素类。

防腐消毒药的作用受病原微生物的种类、药物浓度和作用时间、环境温度和湿度、环境 pH、有机物以及水质等的影响，使用时应加以注意。

根据化学结构和药物作用，蛋鸡用消毒防腐药主要分为酚类、醛类、醇类、表面活性剂、碱类、卤素类、氧化剂类等。

## 一、酚类

### ·苯酚（酚或石炭酸）·

苯酚为原浆毒，使菌体蛋白凝固变性而呈现杀菌作用。0.1%～1%溶液有抑菌作用，1%～2%溶液有杀灭细菌和真菌作用，对病毒的作用较弱。碱性环境、脂类和皂类等能减弱其杀菌作用。

**【作用与用途】** 用于器械、用具和环境等消毒。

**【用法与用量】** 配成 2%～5%溶液。

**【注意事项】** ①本品对皮肤和黏膜有腐蚀性，对鸡和人有较强的毒性，不能用于创面和皮肤的消毒。②忌与碘、溴、高锰酸钾、过氧化氢等配伍应用。

### ·复 合 酚·

为酚、醋酸及十二烷基苯磺酸等配制而成。

**【作用与用途】** 能杀灭多种细菌和病毒，用于鸡舍、器具、排泄物和车辆等消毒。

**【用法与用量】** 喷洒：配成 0.3%～1% 水溶液。浸涤：配成 1.6%水溶液。

**【注意事项】** ①对皮肤、黏膜有刺激性和腐蚀性，对鸡和人有较强的毒性，不能用于创面和皮肤的消毒。②禁与碱性药物或其他消毒剂混用。

### ·甲酚皂溶液·

甲酚为原浆毒，使菌体蛋白凝固变性而呈现杀菌作用。抗菌作用比苯酚强 3～10 倍，毒性大致相等，但消毒作用比苯酚低，较苯酚安全。可杀灭一般繁殖型病原菌，对芽孢无效，对病毒作用较弱。

**【作用与用途】** 用于器械、鸡舍或排泄物等消毒。

**【用法与用量】** 喷洒或浸泡：配成 5%～10%的水溶液。

**【注意事项】** ①甲酚有特臭，不宜在肉联厂和食品加工厂等应用，以免影响食品质量。②由于色泽污染，不宜用于棉、毛纤制品的消毒。③对皮肤有刺激性，注意保护使用者的皮肤。

### ·氯甲酚溶液·

氯甲酚对细菌繁殖体和真菌均有较强的杀灭作用，但不能杀灭细菌芽孢。有机碱可减弱其杀菌效果。pH 较低时，杀菌效果较好。

**【作用与用途】** 用于禽舍及环境消毒。

**【用法与用量】** 喷洒消毒：1∶（33～100）稀释。

**【注意事项】** ①本品对皮肤、黏膜有腐蚀性。②现用现配，稀释后不宜久储。

## 二、醛类

### ·甲醛溶液·

通常称为福尔马林，含甲醛不少于 36.0%。可与蛋白质中的氨基结合，使蛋白质凝固变性，其杀菌作用强，对细菌、芽孢、真菌、病毒都有效。

**【作用与用途】** 用于鸡舍熏蒸消毒。

**【用法与用量】** 以本品计。空间熏蒸消毒：15mL/$m^3$。器械消毒：配成 2%溶液。种蛋熏蒸消毒：对刚产的种蛋每立方米空间用甲醛溶液 42mL、高锰酸钾 21g、水 7mL，熏蒸 20min，对洗涤室、垫料、运雏箱则需熏蒸消毒 30min；入孵第一天的种蛋用甲醛溶液

28mL、高锰酸钾14g、水5mL，熏蒸20min。

**【注意事项】**①对皮肤、黏膜有强刺激性。药液污染皮肤，应立即用肥皂和水清洗。②甲醛气体有强致癌作用，尤其肺癌。③消毒后在物体表面形成一层具腐蚀作用的薄膜。

### ·复方甲醛溶液·

为甲醛、乙二醛、戊二醛和苯扎氯铵与适宜辅料配制而成。

**【作用与用途】**用于鸡舍及器具消毒。

**【用法与用量】**鸡舍、物品、运输工具消毒：1∶（200～400）稀释；发生疫病时消毒：1∶（100～200）稀释。

**【注意事项】**①对皮肤、黏膜有强刺激性。操作人员要做好防护措施。②温度低于5℃时，可适当提高使用浓度。③忌与肥皂及其他阴离子表面活性剂、盐类消毒剂、碘化物和过氧化物等合用。

### ·浓戊二醛溶液·

戊二醛为灭菌剂，具有广谱、高效和速效消毒作用。对革兰氏阳性和阴性菌均具有迅速的杀灭作用，对细菌繁殖体、芽孢、病毒和真菌等均有很好的杀灭作用。水溶液pH为7.5～7.8时，杀菌作用最佳。

**【作用与用途】**主要用于鸡舍及器具的消毒。

**【用法与用量】**以戊二醛计。喷洒、浸泡消毒：配成2%溶液，消毒15～20min或放置至干。

**【注意事项】**①避免接触皮肤和黏膜。如接触后应及时用水冲洗干净。②不应接触金属器具。

### ·（稀）戊二醛溶液·

**【作用与用途】**用于鸡舍及器具的消毒。

【用法与用量】以戊二醛计。喷洒使浸透：配成 0.78%溶液，保持 5min 或放置至干。

【注意事项】避免接触皮肤和黏膜。

## ·复方戊二醛溶液·

为戊二醛和苯扎氯铵配制而成。

【作用与用途】用于鸡舍及器具的消毒。

【用法与用量】喷洒：1∶150 稀释，9mL/m$^2$；涂刷：1∶150 稀释，无孔材料表面 100mL/m$^2$，有孔材料表面 300mL/m$^2$。

【注意事项】①易燃。为避免被灼烧，避免接触皮肤和黏膜，避免吸入，使用时需谨慎，应配备防护衣、手套、护面和护眼用具等。②禁与阴离子表面活性剂及盐类消毒剂合用。

## ·季铵盐戊二醛溶液·

为苯扎氯铵、癸甲溴铵和戊二醛配制而成。配有无水碳酸钠。

【作用与用途】用于鸡舍日常环境消毒。可杀灭细菌、病毒、芽孢。

【用法与用量】以本品计。临用前将消毒液碱化（每 100mL 消毒液加无水碳酸钠 2g，搅拌至无水碳酸钠完全溶解），再用自来水将碱化液稀释后喷雾或喷洒：200mL/m$^2$，消毒 1h。日常消毒，1∶（250～500）稀释；杀灭病毒，1∶（100～200）稀释；杀灭芽孢 1∶（1～2）稀释。

【注意事项】①使用前将鸡舍清理干净。②对具有碳钢或铝设备的鸡舍进行消毒时，需在消毒 1h 后及时清洗残留的消毒液。③消毒液碱化后 3d 内用完。④产品发生冻结时，用前进行解冻，并充分摇匀。

## 三、季铵盐类

### ·辛氨乙甘酸溶液·

为两性离子表面活性剂。对球菌、肠道杆菌等及真菌有良好的杀灭作用，对细菌芽孢无杀灭作用。具有低毒、无残留特点，有较好的渗透性。

**【作用与用途】**用于鸡舍、环境、器械、种蛋和手的消毒。

**【用法与用量】**鸡舍、环境、器械消毒：1∶（100～200）稀释；种蛋消毒：1∶500稀释；手消毒：1∶1 000稀释。

**【注意事项】**①忌与其他消毒药合用。②不宜用于粪便、污秽物及污水的消毒。

### ·苯扎溴铵溶液·

为阳离子表面活性剂，对细菌（如球菌、肠道杆菌等）有较好的杀灭作用，对革兰氏阳性菌的杀灭能力强于革兰氏阴性菌。对病毒的作用较弱，对亲脂性病毒如流感有一定的杀灭作用，对亲水性病毒无效。对真菌杀灭效果甚微。对细菌芽孢只能起到抑制作用。

**【作用与用途】**用于器械、皮肤和创面消毒。

**【用法与用量】**以苯扎溴铵计。创面消毒：配成0.01%溶液；皮肤、手术器械消毒：配成0.1%溶液。

**【注意事项】**①禁与肥皂或其他阴离子表面活性剂、盐类消毒药、碘化物和过氧化物等合用，经肥皂洗手后，务必用水冲洗干净后再用本品。②不适用于粪便、污水和皮革等消毒。③可引起人的药物过敏。

### ·癸甲溴铵溶液·

为阳离子表面活性剂，能吸附于细菌表面，改变菌体细胞膜的通透性，呈现杀菌作用。具有广谱、高效、无毒、抗硬水、抗有机物等特点，适用于环境、水体、器具等消毒。

**【作用与用途】**用于鸡舍、饲喂器具和饮水等消毒。

**【用法与用量】**以癸甲溴铵计。鸡舍、器具消毒：配成0.015%～0.05%溶液；饮水消毒：配成0.002 5%～0.005%溶液。

**【注意事项】**①原液对皮肤和眼睛有轻微刺激，避免接触眼睛、皮肤和黏膜，如溅及眼睛和皮肤，立即以大量清水冲洗至少15min。②内服有毒性，如误食立即用大量清水或牛奶洗胃。

## ·度 米 芬·

为阳离子表面活性剂，可用作消毒剂、除臭剂和杀菌防霉剂。对革兰氏阳性和阴性菌均有杀灭作用，但对阴性菌需较高浓度。对细菌芽孢、耐酸细菌和病毒效果不显著。有抗真菌作用。在中性或弱碱性溶液中效果更好，在酸性溶液中效果下降。

**【作用与用途】**用于创面、黏膜、皮肤和器械消毒。

**【用法与用量】**创面、黏膜消毒：0.02%～0.05%溶液；皮肤、器械消毒：0.05%～0.1%溶液。

**【不良反应】**可引起人接触性皮炎。

**【注意事项】**①禁止与肥皂、盐类和其他合成洗涤剂、无机碱合用。②避免使用铝制容器。③消毒金属器械需加0.5%亚硝酸钠防锈。

## ·醋酸氯己定·

为阳离子表面活性剂，对革兰氏阳性、阴性菌和真菌均有杀灭作用，但对结核分支杆菌、细菌芽孢及某些真菌仅有抑制作用。杀菌作用强于苯扎溴铵，迅速且持久，毒性低，无局部刺激作用。不易被有机物灭活，但易被硬水中的阴离子沉淀而失去活性。

**【作用与用途】** 用于皮肤、黏膜、创面、手及器械等消毒。

**【用法与用量】** 皮肤消毒：配成 0.5%醇溶液（以 70%乙醇配制）；黏膜及创面消毒：配成 0.05%溶液；手消毒：配成 0.02%溶液；器械消毒：配成 0.1%溶液。

**【注意事项】** ①禁与肥皂、碱性物质和其他阳离子表面活性剂混合使用，金属器械消毒时加 0.5%亚硝酸钠防锈。②禁与汞、甲醛、碘酊、高锰酸钾等消毒剂配伍应用。③本品遇硬水可形成不溶性盐，遇软木（塞）可失去药物活性。

### ·月苄三甲氯铵溶液·

**【作用与用途】** 用于鸡舍及器具消毒。

**【用法与用量】** 鸡舍消毒，喷洒：1∶300 稀释，器具消毒，浸洗 1∶（1 000～1 500）稀释。

**【注意事项】** 禁与肥皂、酚类、原酸盐类、酸类、碘化物等合用。

## 四、碱类

### ·氢氧化钠（苛性钠）·

为一种高效消毒剂。属原浆毒，能杀灭细菌、芽孢和病毒。2%～4%溶液可杀死病毒和细菌；30%溶液 10min 可杀死芽孢；4%溶液 45min 可杀死芽孢。

**【作用与用途】** 用于鸡舍、仓库地面、墙壁、工作间、入口处、运输车船和饲饮具等消毒。

**【用法与用量】** 消毒：配成 1%～2%热溶液用于喷洒或洗刷消毒。2%～4%溶液用于病毒、细菌的消毒。5%溶液用于养殖场消毒池及对进出车辆的消毒。

**【注意事项】** ①遇有机物可使其杀灭病原微生物的能力降低。

②消毒前鸡舍应清空，不能带鸡消毒。③对组织有强腐蚀性，能损坏织物和铝制品等。④消毒时应注意防护，消毒后适时用清水冲洗。

## 五、卤素类

### ·含氯石灰（漂白粉）·

遇水生成次氯酸，释放活性氯和新生态氧而呈现杀菌作用。杀菌作用强但不持久。对细菌繁殖体、芽孢、病毒及真菌都有杀灭作用，并可破坏肉毒梭菌毒素。1%溶液作用 0.5～1min 即可抑制多数繁殖型细菌的生长，1～5min 可抑制葡萄球菌和链球菌的生长。杀菌作用受有机物的影响，实际消毒时，与被消毒物的接触至少需 15～20min。含氯石灰中所含的氯可与氨和硫化氢发生反应，故有除臭作用。

**【作用与用途】** 用于饮水、鸡舍、场地、车辆及排泄物的消毒。

**【用法与用量】** 5%～20%混悬液用于鸡舍、地面和排泄物的消毒。饮水消毒：每 50L 水加本品 1g，30min 后即可饮用。

**【注意事项】** ①对皮肤和黏膜有刺激作用，消毒人员应注意防护。②对金属有腐蚀作用，不能用于金属制品。③可使有色棉织物褪色，不可用于有色衣物的消毒。④现配现用，久储易失效，保存于阴凉干燥处。

### ·次氯酸钠溶液·

**【作用与用途】** 用于鸡舍、器具及环境的消毒。

**【用法与用量】** 以本品计。鸡舍、器具消毒，1：（50～100）稀释；禽流感病毒疫源地消毒，1：10 稀释；常规消毒，1：1 000 稀释。

**【注意事项】** ①本品对金属有腐蚀性，对织物有漂白作用。②可伤害皮肤，置于儿童不能触及处。③包装物用后集中销毁。

## ·复合次氯酸钙粉·

由次氯酸钙和丁二酸配合而成。遇水生成次氯酸，释放活性氯和新生态氧而呈现杀菌作用。

**【作用与用途】** 用于空鸡舍、周边环境喷雾消毒和禽类饲养全过程的带禽喷雾消毒，饲养器具的浸泡消毒和物体表面的擦洗消毒。

**【用法与用量】** ①配制消毒母液：打开外包装后，先将 A 包内容物溶解到 10L 水中，待搅拌完全溶解后，再加入 B 包内容物，搅拌，至完全溶解。②喷雾：空鸡舍和环境消毒，1∶（15～20）稀释，每立方米 150～200mL 作用 30min；带鸡消毒，预防和发病时分别按 1∶20 和 1∶15 稀释，每立方米 50mL 作用 30min。③浸泡、擦洗饲养器具，1∶30 稀释，按实际需要量作用 20min。④对特定病原体（如大肠杆菌、金黄色葡萄球菌），1∶140 稀释；对巴氏杆菌、禽流感病毒，1∶30 稀释；对法氏囊病毒，1∶120 稀释；对新城疫病毒，1∶480 稀释；对口蹄疫病毒，1∶2 100 稀释。

**【注意事项】** ①配制消毒母液时，袋内的 A 包与 B 包必须按顺序一次性全部溶解，不得增减使用量。配制好的消毒液应在密封非金属容器中储存。②配制消毒液的水温不得超过 50℃和低于 25℃。③若母液不能一次用完，应放于 10L 桶内，密闭，置凉暗处，可保存 60d。④禁止内服。

## ·复合亚氯酸钠·

与盐酸可生产二氧化氯而发挥杀菌作用。对细菌繁殖体、芽孢、病毒及真菌都有杀灭作用，并可破坏肉毒梭菌毒素。二氧化氯形成的多少与溶液的 pH 有关，pH 越低，二氧化氯形成越多，杀菌作用越强。

**【作用与用途】** 用于鸡舍、饲喂器具及饮水等消毒，并有除臭作用。

**【用法与用量】** 本品 1g 加水 10mL 溶解，加活化剂 1.5mL 活化后，加水至 150mL 备用。鸡舍、饲喂器具消毒：1∶（15～20）稀释；饮水消毒：1∶（200～1 700）稀释。

**【注意事项】** ①避免与强还原剂及酸性物质接触。注意防爆。②本品浓度为 0.01%时对铜、铝有轻度腐蚀性，对碳钢有中度腐蚀。③现配现用。

## ·二氯异氰脲酸钠粉·

含氯消毒剂。在水中分解为次氯酸和氯脲酸，次氯酸释放活性氯和新生态氧，对细菌原浆蛋白产生氯化和氧化反应而呈现杀菌作用。

**【作用与用途】** 主要用于鸡舍、器具及种蛋等消毒。

**【用法与用量】** 以有效氯计。鸡饲养场所、器具消毒：每升水 0.1～1g；种蛋消毒，浸泡：每升水 0.1～0.4g；疫源地消毒：每升水 0.2g。

**【注意事项】** 所需消毒溶液现配现用，对金属有轻微腐蚀，可使有色棉织品退色。

## ·三氯异氰脲酸粉·

含氯消毒剂。在水中分解为次氯酸和氯脲酸，次氯酸释放活性氯和新生态氧，对细菌原浆蛋白产生氯化和氧化反应而呈现杀菌作用。

**【作用与用途】** 主要用于鸡舍、器具及饮水消毒。

**【用法与用量】** 以有效氯计。喷洒、冲洗、浸泡：鸡饲养场地的消毒，配成 0.16%溶液；饲养用具，配成 0.04%溶液；饮水消毒，每升水 0.4mg，作用 30min。

**【注意事项】** 本品对人的皮肤与黏膜有刺激作用，对织物、金属有漂白或腐蚀作用，使用时注意防护。

## ·溴氯海因粉·

为有机溴氯复合型消毒剂，能同时解离出溴和氯分别形成次氯酸和次溴酸，有协调增效作用。溴氯海因具广谱杀菌作用，对细菌繁殖型芽孢、真菌和病毒有杀灭作用。

**【作用与用途】** 用于鸡舍、运输工具等的消毒。

**【用法与用量】** 以本品计。喷洒、擦洗或浸泡：环境或运载工具消毒，鸡新城疫、法氏囊病按1∶333稀释，细菌繁殖体按1∶1 333稀释。

**【注意事项】** 禁用金属容器盛放。

## ·碘·

碘能引起蛋白质变性而具有极强的杀菌力，能杀死细菌、芽孢、霉菌、病毒和部分原虫。碘难溶于水，在水中不易水解形成次碘酸。在碘水溶液中具有杀菌作用的成分为元素碘（$I_2$）、三碘化物的离子（$I_3^-$）和次碘酸（HIO），其中次碘酸的量较少，但作用最强，$I_2$次之，解离的$I_3^-$杀菌作用极微弱。在酸性条件下，游离碘增多，杀菌作用较强；在碱性条件下则相反。商品化碘消毒剂较多。

**【药物相互作用】** 与含汞化合物相遇，产生碘化汞而呈现毒性作用。

**【不良反应】** 使用时偶尔引起过敏反应。

**【注意事项】** ①对碘过敏的动物禁用。②禁与含汞化合物配伍。③必须涂于干的皮肤上，如涂于湿皮肤上不仅杀菌效力降低，且易引起发泡和皮炎。④配制碘液时，若碘化物过量加入，可使游离碘变为碘化物，反而导致碘失去杀菌作用。配制的碘溶液应存放在密闭容器内。⑤若存放时间过久，颜色变淡，应测定碘含量，并将碘浓度补足后再使用。⑥碘可着色，沾有碘液的天然纤维织物不易洗除。⑦长时间浸泡金属器械会产生腐蚀性。

### ·碘　　酊·

碘酊是常用最有效的皮肤消毒药。含碘2%，碘化钾1.5%，加水适量，以50%乙醇配制。

**【作用与用途】**用于注射前皮肤消毒。

**【用法与用量】**外用：涂擦皮肤。

**【不良反应】**与**【注意事项】**同碘。

### ·碘　甘　油·

碘甘油刺激性较小。含碘1%，碘化钾1%，加甘油适量配制而成。

**【作用与用途】**用于黏膜表面消毒。

**【用法与用量】**涂擦皮肤。

**【不良反应】**与**【注意事项】**同碘。

### ·碘　　附·

碘附由碘、碘化钾、硫酸、磷酸等配制而成。

**【作用与用途】**用于手术部位和手术器械消毒及鸡舍、饲喂器具、种蛋消毒。

**【用法与用量】**以本品计。喷洒、冲洗、浸泡：手术部位和手术器械消毒，用水1∶（3～6）稀释；鸡舍、饲喂器具、种蛋消毒，用水1∶（100～200）稀释。

**【不良反应】**与**【注意事项】**同碘。

### ·碘酸混合溶液·

**【作用与用途】**用于鸡舍、用具及饮水的消毒。

**【用法与用量】** 病毒类消毒：配成 0.66%～2%溶液；鸡舍及用具消毒：配成 0.33%～0.50%溶液；饮水消毒：配成 0.08%溶液。

**【不良反应】** 与 **【注意事项】** 同碘。

### ·聚维酮碘溶液·

通过释放游离碘，破坏菌体新陈代谢，对细菌、病毒和真菌均有良好的杀灭作用。

**【作用与用途】** 常用于手术部位、皮肤和黏膜消毒。

**【用法与用量】** 以聚维酮碘计。皮肤消毒及治疗皮肤病：配成 5%溶液；黏膜及创面冲洗：配成 0.1%溶液。带鸡消毒可用 0.5%溶液。

**【注意事项】** ①当溶液变为白色或淡黄色即失去消毒活性。②勿用金属容器盛装。③勿与强碱类物质及重金属物质混用。

### ·蛋氨酸碘溶液·

为蛋氨酸与碘的络合物。通过释放游离碘，破坏菌体新陈代谢，对细菌、病毒和真菌均有良好的杀灭作用。

**【作用与用途】** 主要用于鸡舍消毒。

**【用法与用量】** 以本品计。鸡舍消毒：取本品稀释 500～2 000 倍后喷洒。

**【注意事项】** 勿与维生素 C 类强还原物同时使用。

## 六、氧化剂类

### ·过氧乙酸溶液·

为强氧化剂，遇有机物放出初生态氧初生氧化作用而杀灭病原微生物。

**【作用与用途】**用于鸡舍、用具（食槽、水槽）、场地的喷雾消毒及鸡舍内空气消毒。可以带鸡消毒，也可用于饲养人员手臂消毒。

**【用法与用量】**以本品计。喷雾消毒：鸡舍 1：（200～400）稀释；熏蒸消毒：5～15mL/$m^3$；浸泡消毒：器具等 1：500 稀释。饮水消毒：每 10L 水加本品 1mL。

**【注意事项】**①使用前将 A、B 液混合反应 10h 生产过氧乙酸消毒液。②本品腐蚀性强，操作时戴上防护手套，避免药液灼伤皮肤。③稀释时避免使用金属器具。④稀释液易分解，宜现用现配。⑤配好的溶液应低温、避光、密闭保存，置玻璃瓶内或硬质塑料瓶内。

### ·过硫酸氢钾复合物粉·

**【作用与用途】**用于鸡舍、空气和饮水等消毒。

**【用法与用量】**浸泡、喷雾：鸡舍环境、空气消毒、终末消毒、设备消毒、孵化场消毒、脚踏盆消毒，1：200 稀释；饮用水消毒：1：1 000 稀释。用于特定病原体消毒，大肠杆菌、金黄色葡萄球菌、法氏囊病毒：1：400 稀释；用于链球菌：1：800 稀释；用于禽流感病毒：1：1 600 稀释。

**【注意事项】**①不得与碱类物质混存或合并使用。②产品用尽后，包装不得乱丢，应集中处理。③现配现用。

## 第六节　中兽药制剂

中兽药，是以药用的植物、动物和矿物为主要原料，按照《兽药生产质量管理规范》的要求，进行加工炮制而成并使用于动物的饮片及其制剂，其主要成分可以为单味药药材，也可以是多味药组成的成方制剂，主要用于防治动物疾病、促进动物生长。我国从汉代就开始有用中药治疗动物疾病的记载，经两千多年的积累，由早期民间的疗畜验方专集逐步发展成为由官方主导的中兽药法典。现行的中兽药质量标准主要收录于《中华人民共和国兽药典》二部（2015 年版）和《兽药质量标准》中药卷（2017 年版）中。中兽药利用中医的阴阳、五行、脏腑、气血津液和经络等学说，在配方上按辨证论治、依法制方的用药原则，治疗上沿用传统中医学的清热解毒、燥湿消痰、凉血消斑、温中散寒、活血化瘀、补中益气、扶正祛邪、化痰止咳、利水止泻等疗法术语。

## 一、抗感染类中兽药制剂

### ·扶正解毒散·

**【处方】**板蓝根 60g、黄芪 60g、淫羊藿 30g。

**【性状】**本品为灰黄色的粉末；气微香。

**【功能】**扶正祛邪，清热解毒。

**【主治】**鸡法氏囊病。

**【用法与用量】**鸡 0.5～1.5g。

**【不良反应】**按规定剂量使用，暂未见不良反应。

### ·板二黄丸·

**【处方】**黄芪 600g、白术 450g、淫羊藿 400g、板蓝根 600g、连翘 300g、盐黄柏 350g、山楂 300g、地黄 350g。

**【性状】**本品为浓缩水丸，除去包衣后显棕褐色；味苦、微甘。

**【功能】**清热解毒，益气健脾。

**【主治】**用于鸡传染性法氏囊病的预防。

**【用法与用量】**一次量，每千克体重，鸡 2～3 丸，每日 2 次，连用 5d。

**【不良反应】**按规定剂量使用，暂未见不良反应。

## ·板 二 黄 片·

【处方】同板二黄丸。

【性状】本品为棕褐色的片；味苦，微甘。

【功能】【主治】同板二黄丸。

【用法与用量】一次量，每千克体重，鸡 2～3 片，每日 2 次，连用 5d。

【不良反应】同板二黄丸。

## ·板 二 黄 散·

【处方】同板二黄丸。

【性状】本品为棕褐色的粉末；味苦，微甘。

【功能】【主治】同板二黄丸。

【用法与用量】一次量，每千克体重，鸡 0.6～0.8g，每日 2 次，连用 5d。

【不良反应】同板二黄丸。

## ·板青败毒口服液·

【处方】金银花 500g、大青叶 500g、板蓝根 400g、蒲公英 240g、白芨 240g、连翘 240g、甘草 240g、天花粉 150g、白芷 150g、防风 100g、赤芍 60g、浙贝母 140g。

【性状】本品为深棕色黏稠的液体；气香，味甜。

【功能】清热解毒，疏风活血。

【主治】用于鸡传染性法氏囊病的辅助治疗。

【用法与用量】每升水，鸡 2mL，连用 3d。

【不良反应】按规定剂量使用，暂未见不良反应。

## ·板芪苓花散·

【处方】党参 70g、黄芪 150g、板蓝根 150g、金银花 80g、大青叶 100g、苍术 60g、猪苓 100g、茯苓 80g、当归 70g、红花 30g、栀子 70g、甘草 40g。

【性状】本品为浅褐色的粉末；气清香，味苦、微甘。

【功能】清热解毒，益气活血。

【主治】鸡传染性法氏囊病的辅助治疗。

【用法与用量】每千克饲料，鸡 20g。

【不良反应】按规定剂量使用，暂未见不良反应。

## ·公英青蓝合剂·

【处方】蒲公英 200g、大青叶 200g、板蓝根 200g、金银花 100g、黄芩 100g、黄柏 100g、甘草 100g、藿香 50g、石膏 50g。

【性状】本品为棕褐色的液体；味苦。

【功能】清热解毒。

【主治】鸡传染性法氏囊病的辅助治疗。

【用法与用量】混饮：每升水，鸡 4mL，连用 3d。

【不良反应】按规定剂量使用，暂未见不良反应。

## ·公英青蓝颗粒·

【处方】同公英青蓝合剂。

【性状】本品为黄棕色的颗粒；味苦、微甘。

【功能】【主治】同公英青蓝合剂。

【用法与用量】混饮：每升水，鸡 4g，连用 3d。

【不良反应】同公英青蓝合剂。

## ·芪板青颗粒·

【处方】黄芪 250g、板蓝根 250g、金银花 250g、蒲公英 500g、大青叶 250g、甘草 150g。

【性状】本品为棕黄色的颗粒；味微甜。

【功能】清热解毒。

【主治】用于鸡传染性法氏囊病的辅助治疗。

【用法与用量】混饮：每升水，鸡 5g。

【不良反应】按规定剂量使用，暂未见不良反应。

## ·芪蓝囊病饮·

【处方】黄芪 300g、板蓝根 200g、大青叶 200g、地黄 200g、赤芍 100g。

【性状】本品为棕褐色的液体，久置后可见少量沉淀。

【功能】解毒凉血，益气养阴。

【主治】鸡传染性法氏囊病。

【用法与用量】鸡 1mL，连用 3～5d。

【不良反应】按规定剂量使用，暂未见不良反应。

## ·石穿散·

【处方】石膏 500g、板蓝根 300g、穿心莲 300g、葛根 200g、黄连 200g、地黄 200g、白头翁 300g、白芍 200g、木香 150g、秦皮 200g、连翘 150g、黄芩 200g、甘草 100g。

【性状】本品为浅黄色的粉末；气清香，味苦。

【功能】清热解毒，凉血止痢。

【主治】鸡传染性法氏囊病的辅助治疗。

【用法与用量】一次量，每千克体重，鸡 0.6～0.9g，每日 2 次。

【不良反应】按规定剂量使用，暂未见不良反应。

## ·镇 喘 散·

【处方】香附300g、黄连200g、干姜300g、桔梗150g、山豆根100g、皂角40g、甘草100g、人工牛黄40g、蟾酥30g、雄黄30g、明矾50g。

【性状】本品为红棕色的粉末；气特异，味微甘、苦，略带麻舌感。

【功能】清热解毒，止咳平喘，通利咽喉。

【主治】鸡慢性呼吸道病，喉气管炎。

【用法与用量】鸡0.5～1.5g。

【不良反应】按规定剂量使用，暂未见不良反应。

## ·喉炎净散·

【处方】板蓝根840g、蟾酥80g、人工牛黄60g、胆膏120g、甘草40g、青黛24g、玄明粉40g、冰片28g、雄黄90g。

【性状】本品为棕褐色的粉末；气特异，味苦，有麻舌感。

【功能】清热解毒，通利咽喉。

【主治】鸡喉气管炎。

【用法与用量】鸡0.05～0.15g。

【不良反应】按规定剂量使用，暂未见不良反应。

## ·柏麻口服液·

【处方】黄柏100g、麻黄50g、苦杏仁75g、苦参100g、大青叶50g。

【性状】本品为棕色的液体；味苦。

【功能】清热平喘，燥湿止痢。

【主治】用于鸡传染性支气管炎的辅助治疗。

【用法与用量】每升水，鸡 9mL，连用 3～5d。

【不良反应】按规定剂量使用，暂未见不良反应。

## ·牛蟾颗粒·

【处方】人工牛黄 4g、蟾酥 2g、黄芩 1 000g、冰片 2g、甘草 200g。

【性状】本品为黄棕色至红棕色的颗粒；气微香，味甜、微苦。

【功能】清热解毒，止咳平喘。

【主治】鸡毒支原体感染的辅助治疗。

【用法与用量】一次量，鸡 0.3～0.6g，每日 2 次，连用 5d。

【不良反应】按规定剂量使用，暂未见不良反应。

## ·蟾胆片·

【处方】蟾酥 3g、胆膏 20g、珍珠母 300g、冰片 3g。

【性状】本品为淡黄色的片。

【功能】清热解毒，消肿散结，通窍止痛，止咳平喘。

【主治】用于鸡慢性呼吸道病的辅助治疗。

【用法与用量】一次量，每千克体重，鸡 0.5～1 片，每日 2 次，连用 5d。

【不良反应】按规定剂量使用，暂未见不良反应。

## ·三黄苦参散·

【处方】黄芩 45g、黄连 30g、黄柏 15g、穿心莲 45g、板蓝根 45g、甘草 10g、雄黄 5g、木香 45g、苦参 60g。

【性状】本品为黄褐色片；味苦。

【功能】清热燥湿，止痢。

**【主治】**雏鸡白痢。

**【用法与用量】**雏鸡 0.4g。

**【不良反应】**按规定剂量使用，暂未见不良反应。

## ·三 黄 金 花 散·

**【处方】**黄芪 200g、黄连 80g、蒲公英 200g、板蓝根 200g、金银花 100g、黄芩 100g、金荞麦 200g、茵陈 100g、茯苓 200g、党参 200g、大青叶 200g、红花 200g、藿香 100g、甘草 150g、石膏 50g。

**【性状】**本品为棕褐色的粉末；味苦，甘。

**【功能】**清热解毒，益气健脾。

**【主治】**发热，神昏，发斑，泄泻；鸡传染性法氏囊病见上述证候者。

**【用法与用量】**每千克体重，鸡 1.5～2.4g。

**【不良反应】**按规定剂量使用，暂未见不良反应。

## ·四黄止痢颗粒·

本品为黄色至黄棕色的颗粒。

**【处方】**黄连 200g、黄柏 200g、大黄 100g、黄芩 200g、板蓝根 200g、甘草 100g。

**【功能】**清热泻火，止痢。

**【主治】**湿热泻痢，鸡大肠杆菌病。

**【用法与用量】**每升水，鸡 0.5～1g。

**【不良反应】**按规定剂量使用，暂未见不良反应。

## ·白 龙 散·

**【处方】**白头翁 600g、龙胆 300g、黄连 100g。

**【性状】**本品为浅棕黄色的粉末；气微，味苦。

【功能】清热燥湿，凉血止痢。

【主治】湿热泄泻，热毒血痢。

【用法与用量】鸡 1～3g。

【不良反应】按规定剂量使用，暂未见不良反应。

### ·白头翁口服液·

【处方】白头翁 300g、黄连 150g、秦皮 300g、黄柏 225g。

【性状】本品为棕红色的液体；味苦。

【功能】清热解毒，凉血止痢。

【主治】湿热泄泻，下痢脓血。

【用法与用量】鸡 2～3mL。

【不良反应】按规定剂量使用，暂未见不良反应。

### ·白 头 翁 散·

【处方】白头翁 60g、黄连 30g、黄柏 45g、秦皮 60g。

【性状】本品为浅灰黄色的粉末；气香，味苦。

【功能】清热解毒，凉血止痢。

【主治】湿热泄泻，下痢脓血。

证见精神沉郁，体温升高，食欲不振或废绝，口渴多饮，有时轻微腹痛，排粪次数明显增多，频频努责，里急后重，泻粪稀薄或呈水样，混有脓血黏液，腥臭甚至恶臭，尿短赤，口色红，舌苔黄厚，口臭，脉象沉数。

【用法与用量】鸡 2～3g。

【不良反应】按规定剂量使用，暂未见不良反应。

### ·加味白头翁散·

【处方】白头翁 60g、黄连 30g、黄柏 45g、秦皮 60g、地锦草

60g、木香 30g、藿香 20g。

【性状】本品为灰褐色的粉末；气香，味苦。

【功能】清热凉血，止血止痢。

【主治】湿热泄泻，下痢脓血。

【用法与用量】混饲：每千克饲料，鸡 16g。

【不良反应】按规定剂量使用，暂未见不良反应。

## ·白头翁痢康散·

【处方】白头翁 150g、黄连 30g、薏苡仁 50g、半夏 50g、黄芪 100g、黄芩 150g、白扁豆 75g、补骨脂 25g、车前草 80g、陈皮 50g、艾叶 150g、甘草 60g、益母草 150g、党参 100g、桔梗 80g、青蒿 50g、滑石粉 30g、蒲公英 50g。

【性状】本品为灰黄色的粉末；气微香，味苦、微甘。

【功能】清热解毒，凉血止痢，健脾利湿。

【主治】湿热泻痢，鸡白痢。

【用法与用量】每千克饲料，鸡 5g。

【不良反应】按规定剂量使用，暂未见不良反应。

## ·白莲藿香片·

【处方】白头翁 15g、穿心莲 15g、广藿香 15g、苦参 10g、黄柏 10g、黄连 10g、雄黄 10g、滑石 10g。

【性状】本品为黄褐色的片；气微，味苦。

【功能】清热解毒，凉血止痢。

【主治】雏鸡白痢。

【用法与用量】一次量，雏鸡 1 片，每日 2～3 次。

【注意事项】限用于 2 周龄以内雏鸡。

【不良反应】按规定剂量使用，暂未见不良反应。

## ·白莲藿香散·

【处方】同白莲藿香片。

【性状】本品为黄褐色的粉末；气微，味苦。

【功能】【主治】同白莲藿香片。

【用法与用量】一次量，雏鸡 0.25g，每日 2～3 次。

【注意事项】限用于 2 周龄以内雏鸡。

【不良反应】按规定剂量使用，暂未见不良反应。

## ·白 榆 散·

【处方】白头翁 40g、黄连 10g、黄柏 20g、秦皮 20g、厚朴 10g、山药 40g、诃子（煨）20g、山楂（炭）60g、地锦草 40g、辣蓼 20g、马齿苋 40g、穿心莲 40g、金樱子 40g、石榴皮 20g、地榆 60g、苍术 20g、赤石脂 40g。

【性状】本品为棕色的粉末；气微香，味微苦。

【功能】清热燥湿，涩肠止泻。

【主治】腹泻。

【用法与用量】鸡 1.5g，连用 5d。

【不良反应】按规定剂量使用，暂未见不良反应。

## ·鸡 痢 灵 片·

【处方】雄黄 10g、藿香 10g、白头翁 15g、滑石 10g、诃子 15g、马齿苋 15g、马尾连 15g、黄柏 10g。

【性状】本品为棕黄色片；气微，味苦、涩。

【功能】清热解毒，涩肠止痢。

【主治】雏鸡白痢。

【用法与用量】雏鸡 2 片。

【不良反应】按规定剂量使用，暂未见不良反应。

### ·鸡痢灵散·

【处方】同鸡痢灵片。

【性状】本品为棕黄色的粉末；气微，味苦。

【功能】【主治】同鸡痢灵片。

【用法与用量】雏鸡 0.5g。

【不良反应】按规定剂量使用，暂未见不良反应。

### ·雏痢净·

【处方】白头翁 30g、黄连 15g、黄柏 20g、马齿苋 30g、乌梅 15g、诃子 9g、木香 20g、苍术 60g、苦参 10g。

【性状】本品为棕黄色的粉末；气微，味苦。

【功能】清热解毒，涩肠止泻。

【主治】雏鸡白痢。

【用法与用量】雏鸡 0.3～0.5g。

【不良反应】按规定剂量使用，暂未见不良反应。

### ·金荞麦片·

本品为金荞麦经加工制成的片剂。

【性状】本品为棕褐色片；气微，味微涩。

【功能】清热解毒，活血化瘀，清热排脓。

【主治】鸡葡萄球菌病，细菌性下痢，呼吸道感染。

【用法与用量】鸡 3～5 片。

【不良反应】按规定剂量使用，暂未见不良反应。

## ·七清败毒片·

【处方】黄芩 100g、虎杖 100g、板蓝根 100g、大青叶 40g、白头翁 80g、苦参 80g、绵马贯众 60g。

【性状】本品为棕褐色片。

【功能】清热解毒，燥湿止痢。

【主治】湿热泻痢。

【用法与用量】一次量，鸡每千克体重 2 片，每日 2 次，连用 3d。

【不良反应】按规定剂量使用，暂未见不良反应。

## ·七清败毒颗粒·

【处方】同七清败毒片。

【性状】本品为黄棕色至棕褐色颗粒；味苦。

【功能】同七清败毒片。

【主治】湿热泻痢。

证见发热怕冷，精神沉郁，翅膀下垂，食欲减少或废绝，口渴多饮，排白色、淡黄或淡绿色稀粪，粪便粘连在泄殖腔周围。张口呼吸，死亡多在出壳后 2～3 周，3 周龄以上者较少死亡。

【用法与用量】混饮：每升水，鸡 2.5g。

【不良反应】按规定剂量使用，暂未见不良反应。

## ·穿白痢康丸·

【处方】穿心莲 200g、白头翁 100g、黄芩 50g、功劳木 50g、秦皮 50g、广藿香 50g、陈皮 50g。

【性状】本品为黑色的水丸，除去包衣后显黄棕色至棕褐色，味苦。

【功能】清热解毒，祛湿止痢。

【主治】湿热泻痢，雏鸡白痢。

【用法与用量】一次量，雏鸡 4 丸，每日 2 次。

【不良反应】按规定剂量使用，暂未见不良反应。

## ·金石翁芍散·

【处方】金银花 110g、生石膏 130g、赤芍 110g、白头翁 110g、连翘 65g、绵马贯众 65g、苦参 65g、麻黄 110g、黄芪 85g、板蓝根 85g、甘草 65g。

【性状】本品为灰黄色的粉末；气香，味苦、微甘。

【功能】除湿止痢，清热解毒。

【主治】鸡大肠杆菌病和鸡白痢。

【用法与用量】2～3 周龄雏鸡 1g，连用 3～5d。

【不良反应】按规定剂量使用，暂未见不良反应。

## ·穿参止痢散·

【处方】穿心莲 70g、苦参 30g。

【性状】本品为灰绿色的粉末；气微，味苦。

【功能】清热解毒，燥湿止痢。

【主治】鸡大肠杆菌病，鸡白痢。

【用法与用量】每千克饲料，鸡 4g。

【不良反应】按规定剂量使用，暂未见不良反应。

## ·莲 胆 散·

【处方】穿心莲 230g、桔梗 100g、猪胆粉 30g、板蓝根 50g、麻黄 100g、甘草 80g、金荞麦 100g、防风 70g、火炭母 150g、岗梅 50g、薄荷 40g。

【性状】本品为灰绿色的粉末；气香，味甘、苦。

【功能】清热解毒，宣肺平喘，利咽祛痰。

【主治】鸡大肠杆菌病。

【用法与用量】混饲：每千克饲料，鸡 5～10g。

【不良反应】按规定剂量使用，暂未见不良反应。

## ·翁 莲 片·

【处方】黄连 200g、功劳木 200g、穿心莲 200g、白头翁 200g、苍术 150g、木香 150g、白芍 150g、乌梅 150g、甘草 100g。

【性状】本品为淡棕褐色至黄褐色的片；味苦、微酸。

【功能】清热燥湿，涩肠止痢。

【主治】鸡白痢。

【用法与用量】仔鸡 1 片。

【不良反应】按规定剂量使用，暂未见不良反应。

## ·翁柏解毒丸·

【处方】白头翁 120g、黄柏 60g、苦参 60g、穿心莲 60g、木香 30g、滑石 120g。

【性状】本品为黑色的浓缩水丸，去衣后呈黄棕色至棕褐色；气微、味苦。

【功能】清热解毒，燥湿止痢。

【主治】湿热泻痢；鸡白痢。

【用法与用量】一次量，鸡 3～6 丸，雏鸡 1～2 丸，每日 2 次。

【不良反应】按规定剂量使用，暂未见不良反应。

## ·翁柏解毒片·

【处方】同翁柏解毒丸。

【性状】本品为黄棕色至棕褐色的片；气微，味苦。

【功能】【主治】同翁柏解毒丸。

【用法与用量】一次量，鸡 3～6 片，雏鸡 1～2 片，每日 2 次。

【不良反应】同翁柏解毒丸。

## ·翁柏解毒散·

【处方】同翁柏解毒丸。

【性状】本品为黄棕色至棕褐色的粉末；气微，味苦。

【功能】【主治】同翁柏解毒丸。

【用法与用量】一次量，鸡 0.6～1.2g，雏鸡 0.2～0.4g，每日 2 次。

【不良反应】同翁柏解毒丸。

## ·黄芩解毒散·

【处方】黄芩 500g、地锦草 400g、女贞子 220g、铁苋菜 400g、马齿苋 350g、老鹳草 400g、玄参 100g、地榆 200g、金樱子 200g。

【性状】本品为灰棕色的粉末；气微，味微苦。

【功能】清热解毒，涩肠止泻。

【主治】鸡大肠杆菌病。

【用法与用量】每千克饲料，鸡 5～10g，连用 5～7d；预防量减半。

【不良反应】按规定剂量使用，暂未见不良反应。

## ·清解合剂·

【处方】石膏 670g、金银花 140g、玄参 100g、黄芩 80g、生地黄 80g、连翘 70g、栀子 70g、龙胆 60g、甜地丁 60g、板蓝根 60g、知母 60g、麦冬 60g。

【性状】本品为红棕色液体；味甜、微苦。

【功能】清热解毒。

【主治】鸡大肠杆菌引起的热毒症。

【用法与用量】混饮：每升水，鸡 2.5mL。

【不良反应】按规定剂量使用，暂未见不良反应。

## ·黄金二白散·

【处方】黄芩 60g、黄柏 60g、金银花 40g、白头翁 45g、白芍 45g、栀子 50g、连翘 40g。

【性状】本品为黄褐色的粉末；味苦。

【功能】清热解毒，燥湿止痢。

【主治】湿热泻痢，鸡白痢。

【用法与用量】混饲：每千克饲料，鸡 6～12g。

【不良反应】按规定剂量使用，暂未见不良反应。

## ·银黄可溶性粉·

【处方】金银花 375g、黄芩 375g。

【性状】本品为棕黄色的粉末。

【功能】清热解毒，宣肺燥湿。

【主治】鸡大肠杆菌病。

【用法与用量】混饮：每升饮水，鸡 1g，连用 5d。

【规格】每 100g 相当于原生药 75g。

【不良反应】按规定剂量使用，暂未见不良反应。

## ·银黄板翘散·

【处方】黄连 50g、金银花 50g、板蓝根 45g、连翘 30g、牡丹皮 30g、栀子 30g、知母 30g、玄参 20g、水牛角浓缩粉 15g、白矾 10g、雄黄 10g、甘草 15g。

【性状】本品为棕黄色的粉末；味微苦。

【功能】清热，解毒，凉血。

【主治】用于鸡传染性支气管炎引起的发热、咳嗽、气喘、腹泻、精神沉郁等症。

【用法与用量】鸡 1～2g。

【不良反应】按规定剂量使用，暂未见不良反应。

### ·杨 树 花 片·

本品为杨树花经加工制成的片剂。

【性状】本品为灰褐色片；味苦、微涩。

【功能】化湿止痢。

【主治】痢疾，肠炎。

【用法与用量】鸡 3～6 片。

【不良反应】按规定剂量使用，暂未见不良反应。

### ·杨树花口服液·

本品为杨树花经提取制成的合剂。

【功能】化湿止痢。

【性状】本品为红棕色的澄明液体。

【主治】痢疾，肠炎。

【用法与用量】禽 1～2mL。

【不良反应】按规定剂量使用，暂未见不良反应。

## 二、抗寄生虫类中兽药制剂

### ·青 蒿 末·

本品为青蒿经加工制成的散剂。

【性状】本品为淡棕色的粉末；气香特异，味微苦。

【功能】清热解暑，退虚热，杀原虫。

【主治】鸡球虫感染所致的湿热泻痢。

【用法与用量】鸡 1～2g。

【不良反应】按规定剂量使用，暂未见不良反应。

### ·青蒿常山颗粒·

【处方】青蒿 300g、常山 300g、白头翁 200g、黄芪 200g。

【性状】本品为棕黄色至棕褐色的颗粒。

【功能】清热，凉血，止痢。

【主治】鸡球虫病。

【用法与用量】每升饮水，鸡 1.5g。

【不良反应】按规定剂量使用，暂未见不良反应。

### ·鸡 球 虫 散·

【处方】青蒿 3 000g、仙鹤草 500g、何首乌 500g、白头翁 300g、肉桂 260g。

【性状】本品为浅棕黄色的粉末，气香。

【功能】抗球虫，止血。

【主治】鸡球虫病。

【用法与用量】每千克饲料，鸡 10～20g。

【不良反应】按规定剂量使用，暂未见不良反应。

### ·驱 球 散·

【处方】常山 2 500g、柴胡 900g、苦参 1 850g、青蒿 1 000g、地榆（炭）900g、白茅根 900g。

【性状】本品为灰黄色或灰绿色的粉末；气微香，味苦。

【功能】驱虫，止血，止痢。

【主治】鸡球虫病。

【用法与用量】鸡 0.5g，连用 5～8d。

【不良反应】按规定剂量使用，暂未见不良反应。

## ·驱球止痢合剂·

【处方】常山 480g、白头翁 400g、仙鹤草 400g、马齿苋 400g、地锦草 320g。

【性状】本品为深棕色的黏稠液体；味甜、微苦。

【功能】清热凉血，杀虫止痢。

【主治】鸡球虫病。

【用法与用量】混饮：每升水，鸡 4～5mL。

【不良反应】按规定剂量使用，暂未见不良反应。

## ·驱虫止痢散·

【处方】常山 960g、白头翁 800g、仙鹤草 800g、马齿苋 800g、地锦草 640g。

【性状】本品为灰棕色至深棕色的粉末；气微香。

【功能】清热凉血，杀虫止痢。

【主治】鸡球虫病。

【用法与用量】混饲：每千克饲料，鸡 2～2.5g。

【不良反应】按规定剂量使用，暂未见不良反应。

## ·三味抗球颗粒·

【处方】苦参 450g、仙鹤草 300g、钩藤 300g。

【性状】本品为黄棕色至棕褐色的颗粒；味甜，微苦。

【功能】燥湿杀虫，止血止痢。

【主治】鸡球虫病。

【用法与用量】每升水，鸡 1.25g，连用 3d。

【不良反应】按规定剂量使用，暂未见不良反应。

## ·五味常青颗粒·

【处方】青蒿 100g、柴胡 90g、苦参 185g、常山 250g、白茅根 90g。

【性状】本品为棕褐色的颗粒；味甜，微苦。

【功能】抗球虫。

【主治】鸡球虫病。

【用法与用量】混饮：每升水，鸡 1g。

【不良反应】按规定剂量使用，暂未见不良反应。

## ·苦参地榆散·

【处方】苦参 40g、地榆 30g、仙鹤草 30g。

【性状】本品为黄褐色的粉末；气微香，味苦。

【功能】清热燥湿，止血止痢。

【主治】鸡球虫病，鸡白痢。

【用法与用量】预防，每千克饲料，鸡 10g；治疗量加倍。

【不良反应】按规定剂量使用，暂未见不良反应。

## ·铁凤抗球散·

【处方】铁苋菜 100g、凤尾草 100g。

【性状】本品为黄绿色至棕绿色的粉末；气微，味淡，微苦。

【功能】清热凉血，止血止痢。

【主治】用于鸡球虫病的预防。

【用法与用量】混饲：每千克饲料，鸡 10g，连续添加 10d。

【不良反应】按规定剂量使用，暂未见不良反应。

## ·常 青 散·

**【处方】** 常山 300g、青蒿 300g、苦参 100g、黄芪 100g、仙鹤草 100g。

**【性状】** 本品为棕黄色的粉末；气香，味微苦。

**【功能】** 杀虫止痢，清热燥湿，凉血止血。

**【主治】** 用于预防鸡球虫病。

**【用法与用量】** 每千克饲料，鸡 10g，连用 5d。

**【不良反应】** 按规定剂量使用，暂未见不良反应。

## ·常青克虫散·

**【处方】** 地锦草 160g、墨旱莲 80g、常山 100g、青蒿 80g、槟榔 60g、仙鹤草 60g、鸦胆子 20g、柴胡 80g、黄柏 90g、黄芩 60g、白芍 60g、木香 30g、山楂 60g、甘草 60g。

**【性状】** 本品为淡灰黄色的粉末；气清香，味苦。

**【功能】** 清热，燥湿，杀虫，止血。

**【主治】** 鸡球虫病。

**【用法与用量】** 鸡 1～2g。

**【不良反应】** 按规定剂量使用，暂未见不良反应。

## ·常青球虫散·

**【处方】** 常山 700g、白头翁 700g、仙鹤草 400g、苦参 700g、马齿苋 400g、地锦草 100g、青蒿 350g、墨旱莲 350g。

**【性状】** 本品为灰棕色至深棕色的粉末；气微香。

**【功能】** 清热燥湿，凉血止痢。

**【主治】** 球虫病。

**【用法与用量】** 每千克饲料，鸡 1～2g，连用 7d。

【不良反应】按规定剂量使用，暂未见不良反应。

## 三、镇咳平喘类中兽药制剂

### ·甘胆口服液·

【处方】板蓝根 100g、人工牛黄 34g、甘草 40g、冰片 20g、猪胆粉 20g、玄明粉 30g。

【性状】本品为棕褐色的液体，有少量轻摇易散的沉淀。

【功能】清热解毒，凉血宣肺，止咳平喘。

【主治】鸡传染性支气管炎与鸡毒支原体引起的肺热咳喘。

【用法与用量】混饮：每 1.5L 饮水，鸡 1mL，连用 3～5d。

【不良反应】按规定剂量使用，暂未见不良反应。

### ·白矾散·

【处方】白矾 60g、浙贝母 30g、黄连 20g、白芷 20g、郁金 25g、黄芩 45g、大黄 25g、葶苈子 30g、甘草 20g。

【性状】本品为黄棕色的粉末；气香，味甘、涩、微苦。

【功能】清热化痰，下气平喘。

【主治】肺热咳喘。

证见精神沉郁、耳鼻温热、咳嗽，有时张口伸颈而喘、鼻流浓涕、口渴喜饮、大便干燥、小便短赤、口干舌红或发绀、舌苔黄厚腻、脉象洪数。

【用法与用量】鸡 1～3g。

【不良反应】按规定剂量使用，暂未见不良反应。

### ·二紫散·

【处方】紫菀 25g、紫花地丁 15g、麻黄 20g、连翘 20g、金银花

15g、蒲公英 5g。

【性状】本品为黄棕色的粉末；气微香，味微苦。

【功能】清热解毒，宣肺止咳。

【主治】肺热引起的鼻塞、流涕、呼吸困难。

【用法与用量】鸡 0.5g，连用 3～5d。

【不良反应】按规定剂量使用，暂未见不良反应。

## ·复方麻黄散·

【处方】麻黄 300g、桔梗 300g、薄荷 120g、黄芪 30g、氯化铵 300g。

【性状】本品为棕色的粉末；气微，味咸。

【功能】化痰，止咳。

【主治】肺热咳喘。

【用法与用量】混饲：每千克饲料，鸡 8g。

【不良反应】按规定剂量使用，暂未见不良反应。

## ·藿香正气口服液·

【处方】苍术 80g、陈皮 80g、厚朴（姜制）80g、白芷 120g、茯苓 120g、大腹皮 120g、生半夏 80g、甘草浸膏 10g、广藿香油 0.8mL、紫苏叶油 0.4mL。

【性状】本品为棕色的澄清液体；味辛、微甜。

【功能】解表祛暑，化湿和中。

【主治】外感风寒，内伤湿滞，夏伤暑湿，胃肠型感冒。

【用法与用量】每升饮水，鸡 2mL，连用 3～5d。

【不良反应】按规定剂量使用，暂未见不良反应。

## ·板青颗粒·

【处方】板蓝根 600g、大青叶 900g。

【性状】本品为浅黄色或黄褐色颗粒；味甜、微苦。

【功能】清热解毒，凉血。

【主治】风热感冒，咽喉肿痛，热病发斑。

**风热感冒** 证见发热，咽喉肿痛，口干喜饮，苔薄白，脉浮数。

**咽喉肿痛** 证见伸头直项，吞咽不利，口中流涎。

**热病发斑** 证见发热，神昏，皮肤黏膜发斑，或有便血、尿血，舌红绛，脉数。

【用法与用量】鸡 0.5g。

【不良反应】按规定剂量使用，暂未见不良反应。

## ·板青连黄散·

【处方】板蓝根 50g、大青叶 40g、连翘 20g、麻黄 20g、甘草 20g。

【性状】本品为绿棕色的粉末；气微，味微甘。

【功能】清热解毒，宣肺平喘。

【主治】肺热咳喘。

【不良反应】按规定剂量使用，暂未见不良反应。

## ·茵陈金花散·

【处方】茵陈 70g、金银花 50g、黄芩 60g、黄柏 40g、柴胡 40g、龙胆 60g、防风 60g、荆芥 60g、甘草 40g、板蓝根 120g。

【性状】本品为淡黄色的粉末；气香，味微淡。

【功能】清热解毒，疏风散热。

【主治】外感风热，咽喉肿痛。

【用法与用量】一次量，每千克体重，鸡 0.5g，每日 2 次，连用 3d。

【不良反应】按规定剂量使用，暂未见不良反应。

## ·板术射干散·

**【处方】** 板蓝根 80g、苍术 60g、射干 60g、冰片 13g、蟾酥 6g、桔梗 50g、硼砂 12g、青黛 15g、雄黄 14g。

**【性状】** 本品为棕褐色的粉末；有冰片特有的香气，味甘、略带麻舌感。

**【功能】** 清咽利喉，止咳化痰，平喘。

**【主治】** 肺热咳喘。

**【用法与用量】** 每千克饲料，鸡 5g，连用 3d。

**【注意事项】** 限用于 2 周龄内雏鸡。

**【不良反应】** 按规定剂量使用，暂未见不良反应。

## ·板金止咳散·

**【处方】** 板蓝根 250g、金银花 75g、连翘 120g、苦杏仁 75g、桔梗 100g、甘草 100g。

**【性状】** 本品为浅褐色至黄褐色的粉末；气微香。

**【功能】** 清热解毒，止咳平喘。

**【主治】** 肺热咳喘。

**【用法与用量】** 鸡 2～4g。

**【不良反应】** 按规定剂量使用，暂未见不良反应。

## ·定喘散·

**【处方】** 桑白皮 25g、炒苦杏仁 20g、莱菔子 30g、葶苈子 30g、紫苏子 20g、党参 30g、白术（炒）20g、关木通 20g、大黄 30g、郁金 25g、黄芩 25g、栀子 25g。

**【性状】** 本品为黄褐色的粉末；气微香，味甘、苦。

**【功能】** 清热，止咳，定喘。

【主治】肺热咳嗽，气喘。

**肺热咳嗽** 证见耳鼻体表温热，鼻涕黏稠，呼出气热，咳声洪大，口色红，苔黄，脉数。

**气喘** 证见咳嗽喘急，发热有汗或无汗，口干渴，舌红，苔黄，脉数。

【用法与用量】鸡 1～3g。

【不良反应】按规定剂量使用，暂未见不良反应。

## ·荆防败毒散·

【处方】荆芥 45g、防风 30g、茯苓 45g、独活 25g、柴胡 30g、前胡 25g、川芎 25g、枳壳 30g、羌活 25g、桔梗 30g、薄荷 15g、甘草 15g。

【性状】本品为淡灰黄色至淡灰棕色的粉末；气微香，味甘苦、微辛。

【功能】辛温解表，疏风祛湿。

【主治】风寒感冒，流感。

证见恶寒颤抖明显，发热较轻，耳耷头低，腰弓毛乍，鼻流清涕，咳嗽，口津润滑，舌苔薄白，脉象浮紧。

【用法与用量】鸡 1～3g。

【不良反应】按规定剂量使用，暂未见不良反应。

## ·麻杏二膏丸·

【处方】麻黄 350g、苦杏仁 350g、鱼腥草 600g、葶苈子 300g、甘草 300g、石膏 600g、桑白皮 300g、黄芪 600g、胆膏 100g。

【性状】本品为浓缩水丸，除去包衣后显黄褐色至棕褐色；味苦、辛。

【功能】清热宣肺，止咳平喘。

【主治】肺热咳喘。

**【用法与用量】**一次量，每千克体重，鸡 2～3 丸，每日 2 次，连用 5d。

**【不良反应】**按规定剂量使用，暂未见不良反应。

## ·麻杏二膏片·

**【处方】**同麻杏二膏丸。

**【性状】**本品为棕褐色的片；味苦、辛。

**【功能】【主治】**同麻杏二膏丸。

**【用法与用量】**一次量，每千克体重，鸡 2～3 片，每日 2 次，连用 5d。

**【不良反应】**同麻杏二膏丸。

## ·麻杏二膏散·

**【处方】**同麻杏二膏丸。

**【性状】**本品为棕褐色的粉末；味苦、辛。

**【功能】【主治】**同麻杏二膏丸。

**【用法与用量】**一次量，每千克体重，鸡 0.6～0.8g，每日 2 次，连用 5d。

**【不良反应】**同麻杏二膏丸。

## ·麻杏石甘片·

**【处方】**麻黄 30g、苦杏仁 30g、石膏 150g、甘草 30g。

**【性状】**本品为淡灰黄色片；气微香，味辛、苦、涩。

**【功能】**清热，宣肺，平喘。

**【主治】**肺热咳喘。

证见发热有汗或无汗，烦躁不安，咳嗽气粗，口渴尿少，舌红，苔薄白或黄，脉象浮滑而数。

【用法与用量】鸡 3～5 片。

【规格】每片相当于原生药的 0.3g。

【不良反应】按规定剂量使用，暂未见不良反应。

### ·麻杏石甘散·

【处方】同麻杏石甘片。

【性状】本品为淡黄色的粉末；气微香，味辛、苦、涩。

【功能】【主治】同麻杏石甘片。

【用法与用量】鸡 1～3g。

【不良反应】同麻杏石甘片。

### ·麻杏石甘注射液·

【处方】麻黄 500g、苦杏仁 500g、石膏 500g、甘草 500g。

【性状】本品为棕色的澄明液体。

【功能】【主治】同麻杏石甘片。

【用法与用量】肌内注射：每千克体重，鸡 0.15mL。

【不良反应】同麻杏石甘片。

### ·麻杏石甘口服液·

【处方】麻黄 300g、苦杏仁 300g、石膏 1 500g、甘草 300g。

【性状】本品为深棕褐色的液体。

【功能】【主治】同麻杏石甘片。

【用法与用量】混饮：每升水，鸡 1～1.5mL。

【不良反应】同麻杏石甘片。

### ·麻杏石甘颗粒·

【处方】同麻杏石甘口服液。

【性状】本品为棕黄色至棕褐色的颗粒。

【功能】清热化痰，止咳平喘。

【主治】肺热咳喘。

【用法与用量】混饮：每升水，鸡1g，连用3～5d。

【不良反应】按规定剂量使用，暂未见不良反应。

### ·加味麻杏石甘散·

【处方】麻黄30g、苦杏仁30g、石膏30g、浙贝母30g、金银花60g、桔梗30g、大青叶90g、连翘30g、黄芩50g、白花蛇舌草30g、枇杷叶30g、山豆根30g、甘草30g。

【性状】本品为黄色至黄棕色的粉末；气微香，味苦、微涩。

【功能】清热解毒，止咳化痰。

【主治】肺热咳喘。

【用法与用量】鸡0.5～1.0g，连用3～5d。

【不良反应】按规定剂量使用，暂未见不良反应。

### ·麻黄葶苈散·

【处方】板蓝根80g、麻黄100g、桔梗80g、苦杏仁10g、穿心莲80g、鱼腥草120g、黄芪100g、葶苈子100g、茯苓60g、石膏200g。

【性状】本品为黄棕色的粉末；气香，味微苦。

【功能】清热泄肺，化痰平喘。

【主治】肺热咳喘。

【用法与用量】混饲：每千克饲料，鸡20g，连用5d。

【不良反应】按规定剂量使用，暂未见不良反应。

### ·麻黄鱼腥草散·

【处方】麻黄50g、黄芩50g、鱼腥草100g、穿心莲50g、板蓝根

50g。

【性状】本品为黄绿色至灰绿色的粉末；气微，味微涩。

【功能】宣肺泄热，平喘止咳。

【主治】肺热咳喘，鸡支原体病。

【用法与用量】混饲：每千克饲料，鸡15～20g。

【不良反应】按规定剂量使用，暂未见不良反应。

### ·清肺止咳散·

【处方】桑白皮30g、知母25g、苦杏仁25g、前胡30g、金银花60g、连翘30g、桔梗25g、甘草20g、橘红30g、黄芩45g。

【性状】本品为黄褐色粉末；气微香，味苦、甘。

【功能】清泻肺热，化痰止痛。

【主治】肺热咳嗽，咽喉肿痛。

证见咳声洪亮，气促喘粗，鼻翼扇动，鼻涕黄而黏稠，咽喉肿痛，粪便干燥，尿短赤，口渴贪饮，口色赤红，舌苔黄燥，脉象洪数。

【用法与用量】鸡1～3g。

【不良反应】按规定剂量使用，暂未见不良反应。

### ·加减清肺散·

【处方】板蓝根150g、金银花50g、连翘70g、黄芪100g、山豆根100g、知母90g、百部50g、桔梗80g、葶苈子100g、玄参50g、紫菀70g、浙贝母50g、黄柏100g、陈皮50g、苍术70g、泽泻100g。

【性状】本品为浅黄色至浅黄棕色的粉末；气微，味苦。

【功能】清热解毒，利咽止咳。

【主治】鸡传染性支气管炎、传染性喉气管炎所致的肺热咳喘。

【用法与用量】混饲：每千克饲料，鸡20g。

【不良反应】按规定剂量使用，暂未见不良反应。

## ·百部射干散·

**【处方】** 虎杖 91g、紫菀 114g、百部 114g、白前 114g、射干 68g、半夏 34g、黄芪 114g、党参 91g、甘草 68g、桔梗 91g、荆芥 91g、干姜 10g。

**【性状】** 本品为黄棕色的粉末；气香，味微苦、涩。

**【功能】** 清肺，止咳，化痰。

**【主治】** 肺热咳喘，痰多。

**【用法与用量】** 混饲：每千克饲料，鸡 10g，连用 5d。

**【不良反应】** 按规定剂量使用，暂未见不良反应。

## ·芩黄口服液·

**【处方】** 黄芩 600g、板蓝根 600g、甘草 400g、山豆根 400g、麻黄 66g、桔梗 66g。

**【性状】** 本品为棕褐色的液体。

**【功能】** 清热解毒，止咳平喘。

**【主治】** 用于鸡传染性支气管炎的预防与辅助性治疗。

**【用法与用量】** 混饮：每升饮水 1.25mL，连用 2～3d。

**【不良反应】** 按规定剂量使用，暂未见不良反应。

## ·芩黄颗粒·

**【处方】** 同芩黄口服液。

**【性状】** 本品为棕褐色的颗粒。

**【功能】** 清热解毒，止咳平喘。

**【主治】** 用于鸡传染性支气管炎的预防与辅助性治疗。

**【用法与用量】** 混饮：每升饮水 1g，连用 2～3d。

**【不良反应】** 按规定剂量使用，暂未见不良反应。

## ·黄芪红花散·

**【处方】** 黄芪 200g、红花 50g、丹参 200g、板蓝根 200g、地榆 200g、北豆根 100g、野菊花 100g、桔梗 100g、何首乌 50g、车前子 50g、甘草 50g。

**【性状】** 本品为黄褐色的粉末；气香，味甘、微苦。

**【功能】** 清肺化痰，活血祛瘀。

**【主治】** 肺热咳喘。

**【用法与用量】** 鸡 1～3g。

**【不良反应】** 按规定剂量使用，暂未见不良反应。

## ·冰　雄　散·

**【处方】** 冰片 15g、雄黄 15g、桔梗 30g、黄芩 20g、苦杏仁 20g、鱼腥草 30g、石膏 15g、连翘 35g、板蓝根 35g、甘草 15g、青黛 15g、白矾 5g。

**【性状】** 本品为黄褐色的粉末；气清香，味苦。

**【功能】** 清热解毒，止咳化痰。

**【主治】** 肺热咳喘。

**【用法与用量】** 每千克饲料，鸡 1g，连用 3～4d。

**【不良反应】** 按规定剂量使用，暂未见不良反应。

## ·三黄双丁片·

**【处方】** 黄芩 100g、黄连 100g、黄柏 100g、野菊花 100g、紫花地丁 100g、蒲公英 100g、甘草 50g、石膏 150g、雄黄 10g、冰片 35g、肉桂油 5g。

**【性状】** 本品为棕黄色片；气芳香，味苦、微辛。

**【功能】** 清热燥湿，泻火解毒。

【主治】肺热咳喘。

【用法与用量】一次量，每千克体重，鸡5片，每日2次，连用3～5d。

【规格】每片相当于原生药0.2g。

【不良反应】按规定剂量使用，暂未见不良反应。

### ·三黄双丁散·

【处方】同三黄双丁片。

【性状】本品为棕黄色的粉末；气芳香，味苦、微辛。

【功能】【主治】同三黄双丁片。

【用法与用量】一次量，每千克体重，鸡1g，每日2次，连用3～5d。

【不良反应】按规定剂量使用，暂未见不良反应。

### ·青黛紫菀散·

【处方】板蓝根55g、青黛40g、冰片15g、硼砂30g、玄明粉40g、黄连50g、紫菀40g、胆矾45g、朱砂10g。

【性状】本品为棕黄色的粉末；气香，味苦、咸。

【功能】清热化痰，止咳平喘。

【主治】咳嗽痰多，气喘等症。

【用法与用量】混饲：每千克饲料，鸡10g，连用3d。

【不良反应】按规定剂量使用，暂未见不良反应。

### ·鱼枇止咳散·

【处方】鱼腥草240g、枇杷叶240g、麻黄100g、蒲公英240g、甘草80g。

【性状】本品为棕色的粉末；气微，味淡。

【功能】清热解毒，止咳平喘。

【主治】肺热咳喘。

【用法与用量】混饲：每千克饲料，鸡 5g，连用 5～7d。

【不良反应】按规定剂量使用，暂未见不良反应。

### ·穿鱼金荞麦散·

【处方】蒲公英 80g、桔梗 80g、甘草 50g、桂枝 50g、板蓝根 50g、野菊花 50g、苦杏仁 35g、冰片 5g、穿心莲 100g、鱼腥草 120g、辛夷 50g、金荞麦 100g、黄芩 80g。

【性状】本品为黄绿色至黄褐色的粉末；气微香，味苦。

【功能】清热解毒，止咳平喘，利窍通鼻。

【主治】肺热咳喘。

【用法与用量】每千克饲料，鸡 10g，连用 5～7d。

### ·桔百颗粒·

【处方】桔梗 375g、陈皮 250g、百部 250g、黄芩 250g、连翘 250g、远志 250g、桑白皮 250g、甘草 150g。

【性状】本品为棕黄色至棕褐色的颗粒。

【功能】清热化痰，止咳平喘。

【主治】肺热咳喘。

【用法与用量】混饮：每升水，鸡 1g，连用 5d。

【不良反应】按规定剂量使用，暂未见不良反应。

### ·桔梗栀黄散·

【处方】桔梗 60g、山豆根 30g、栀子 40g、苦参 30g、黄芩 40g。

【性状】本品为灰棕色至黄棕色的粉末；气微，味苦。

【功能】清肺止咳，消肿利咽。

【主治】肺热咳喘，咽喉肿痛。

【用法与用量】鸡 2～3g。

【不良反应】按规定剂量使用，暂未见不良反应。

### ·桑仁清肺口服液·

【处方】桑白皮 100g、知母 80g、苦心仁 80g、前胡 100g、石膏 120g、连翘 120g、枇杷叶 60g、海浮石 40g、甘草 60g、橘红 100g、黄芩 140g。

【性状】本品为棕黄色至棕褐色的液体。

【功能】清肺，止咳，平喘。

【主治】肺热咳喘。

【用法与用量】混饮：每升水，鸡 1.25mL，连用 3～5d。

【不良反应】按规定剂量使用，暂未见不良反应。

### ·黄芩可溶性粉·

本品为黄芩经提取加工制成的粉末。

【性状】本品为黄色的粉末；气微，味苦。

【功能】清热燥湿，泻火解毒。

【主治】主治肺热咳喘。

【用法与用量】混饮：每升水，鸡 35mg，连用 5d。

【不良反应】按规定剂量使用，暂未见不良反应。

### ·银翘清肺散·

【处方】金银花 50g、连翘 100g、板蓝根 150g、陈皮 100g、紫菀 75g、黄芪 75g、葶苈子 100g、玄参 150g、黄柏 75g、麻黄 100g、甘草 50g。

【性状】本品为灰黄绿色的粉末；气微香，味苦。

【功能】清热解毒，止咳化痰。

【主治】鸡传染性喉气管炎、传染性支气管炎所致的肺热咳喘。

【用法与用量】鸡 2g，连用 3～6d。

【不良反应】按规定剂量使用，暂未见不良反应。

### ·镇咳涤毒散·

【处方】麻黄 150g、甘草 100g、穿心莲 100g、山豆根 100g、蒲公英 100g、板蓝根 100g、石膏 100g、连翘 70g、黄芩 50g、黄连 30g。

【性状】本品为淡棕黄色至棕黄色的粉末；气微香，味苦。

【功能】清热解毒，止咳平喘。

【主治】用于鸡传染性支气管炎、鸡传染性喉气管炎的辅助治疗。

【用法与用量】混饲：每千克饲料，鸡 8g。

【不良反应】按规定剂量使用，暂未见不良反应。

### ·镇　喘　片·

【处方】香附 300g、黄连 200g、干姜 300g、桔梗 150g、山豆根 100g、皂角 40g、甘草 100g、人工牛黄 40g、蟾酥 30g、雄黄 30g、明矾 50g。

【性状】本品为红棕色的片；气特异，味微甘、苦，略带麻舌感。

【功能】清热解毒，止咳化痰，平喘。

【主治】肺热咳嗽，气喘。

【用法与用量】鸡 2～5 片。

【不良反应】按规定剂量使用，暂未见不良反应。

## 四、解热消暑类中兽药制剂

### ·香　薷　散·

【处方】香薷 30g、黄芩 45g、黄连 30g、甘草 15g、柴胡 25g、

当归 30g、连翘 30g、栀子 30g、天花粉 30g。

**【性状】** 本品为黄色的粉末；气香，味苦。

**【功能】** 清热解暑。

**【主治】** 伤暑，中暑。

**【用法与用量】** 鸡 1～3g。

**【不良反应】** 按规定剂量使用，暂未见不良反应。

## ·解暑抗热散·

**【处方】** 滑石粉 51g、甘草 8.6g、碳酸氢钠 40g、冰片 0.4g。

**【性状】** 本品为类白色至浅黄色粉末；气清香。

**【功能】** 清热解暑。

**【主治】** 热应激，中暑。

**【用法与用量】** 混饲：每千克饲料，鸡 10g。

**【不良反应】** 按规定剂量使用，暂未见不良反应。

## ·消暑安神散·

**【处方】** 刺五加 80g、酸枣仁 80g、远志 60g、茯苓 30g、麦芽 30g、陈皮 30g、甘草 30g、金银花 30g、延胡索 15g、厚朴 30g、木香 20g、秦皮 30g、黄连 15g、黄芪 80g、白头翁 80g、六神曲（炒）30g、龙胆 50g、炒山楂 30g、黄芩 30g、党参 50g、黄柏 30g、苦参 30g、艾叶 30g、白术 80g。

**【性状】** 本品为灰黄色的粉末；气香，味苦。

**【功能】** 养心安神，清热解毒，益气健脾。

**【主治】** 热应激。

**【用法与用量】** 一次量，每千克体重，鸡 1～2g，每日 2 次。

**【不良反应】** 按规定剂量使用，暂未见不良反应。

## 五、治疗痢疾、腹泻类中兽药制剂

### ·清瘟止痢散·

【处方】大青叶 150g、板蓝根 150g、紫草 100g、拳参 150g、绵马贯众 150g、地黄 100g、玄参 100g、黄连 100g、白头翁 100g、木香 100g、柴胡 100g、甘草 100g。

【性状】本品为棕褐色的粉末；气微香，味微苦、辛。

【功能】清热解毒，凉血止痢。

【主治】热毒血痢。

【用法与用量】混饲：每千克饲料，鸡 5g。

【不良反应】按规定剂量使用，暂未见不良反应。

### ·黄栀口服液·

【处方】黄连 300g、黄芩 600g、栀子 450g、穿心莲 250g、白头翁 250g、甘草 100g。

【性状】本品为深棕色的液体；味甘、苦。

【功能】清热解毒，凉血止痢。

【主治】湿热下痢。

【用法与用量】混饮：每升水，鸡 1.5～2.5mL。

【不良反应】按规定剂量使用，暂未见不良反应。

### ·救黄丸·

【处方】黄连 200g、穿心莲 200g、救必应 200g、黄柏 150g、广藿香 100g、苍术 150g、雄黄 60g、乌梅 200g、白矾 60g、甘草 100g。

【性状】本品为水丸，去衣后呈淡棕褐色至黄褐色；气微，味苦。

【功能】清热燥湿，止痢。

**【主治】** 湿热泄泻，下痢。

**【用法与用量】** 雏鸡 2～4 丸。

**【不良反应】** 按规定剂量使用，暂未见不良反应。

### ·救 黄 片·

**【处方】** 同救黄丸。

**【性状】** 本品为淡棕褐色至黄褐色的片；气微，味苦。

**【功能】【主治】【不良反应】** 同救黄丸。

**【用法与用量】** 雏鸡 2～4 片。

### ·救 黄 散·

**【处方】** 同救黄丸。

**【性状】** 本品为淡棕褐色至黄褐色的粉末；气微，味苦。

**【功能】【主治】【不良反应】** 同救黄丸。

**【用法与用量】** 雏鸡 0.5～1g。

### ·黄马白凤丸·

**【处方】** 黄连 75g、白头翁 75g、木香 45g、山楂 60g、穿心莲 60g、马齿苋 60g、凤尾草 60g、黄芩 90g、六神曲 60g。

**【性状】** 本品为水丸，去衣后为棕褐色；气微香，味苦、微酸。

**【功能】** 清热解毒，燥湿止痢。

**【主治】** 湿热泻痢。

**【用法与用量】** 一次量，每千克体重，鸡 8～16 丸，每日 2～3 次。

**【不良反应】** 按规定剂量使用，暂未见不良反应。

### ·黄马白凤片·

**【处方】** 同黄马白凤丸。

**【性状】**本品为棕褐色的片；气微香，味苦、微酸。

**【功能】【主治】**同黄马白凤丸。

**【用法与用量】**一次量，每千克体重，鸡 2 片，每日 2～3 次。

**【不良反应】**按规定剂量使用，暂未见不良反应。

### ·黄马白凤散·

**【处方】**同黄马白凤丸。

**【性状】**本品为棕褐色的粉末；气微香，味苦、微酸。

**【功能】【主治】**同黄马白凤丸。

**【用法与用量】**一次量，每千克体重，鸡 0.4～0.8g，每日 2～3 次。

**【不良反应】**按规定剂量使用，暂未见不良反应。

### ·黄马莲散·

**【处方】**黄芩 100g、马齿苋 100g、穿心莲 200g、山楂 50g、地榆 100g、蒲公英 100g、甘草 50g、鱼腥草 200g。

**【性状】**本品为灰褐色的粉末；气微香，味微苦。

**【功能】**清热解毒，燥湿止痢。

**【主治】**湿热下痢。

**【用法与用量】**鸡 1g。

**【不良反应】**按规定剂量使用，暂未见不良反应。

### ·黄花白莲颗粒·

**【处方】**黄连 200g、黄柏 200g、金银花 300g、菊花 200g、白头翁 200g、苍术 200g、石榴皮 200g、蒲公英 200g、地榆 200g、板蓝根 200g、穿心莲 300g、茯苓 100g、五倍子 200g。

**【性状】**本品为棕黄色至棕褐色的颗粒，微苦。

【功能】清热解毒，利湿止痢。

【主治】湿热下痢。

【用法与用量】混饮：每升水，鸡 1g，连用 3～5d。

【不良反应】按规定剂量使用，暂未见不良反应。

## ·莲 矾 散·

【处方】穿心莲 360g、白矾 300g、青蒿 150g、甘草 90g。

【性状】本品为灰绿色的粉末；气香，味苦、咸而涩。

【功能】清热，止泻。

【主治】热痢。

【用法与用量】鸡 1g。

【不良反应】按规定剂量使用，暂未见不良反应。

## ·莲黄颗粒·

【处方】穿心莲 180g、黄芩 180g、白头翁 180g、诃子 120g、马齿苋 240g、秦皮 120g、地榆 120g、甘草 120g。

【性状】本品为棕黄色至棕褐色的颗粒。

【功能】清热燥湿，凉血止痢。

【主治】热毒下痢。

【用法与用量】一次量，鸡 0.25～0.5g，每日 2 次，连用 3～5d。

【不良反应】按规定剂量使用，暂未见不良反应。

## ·穿心莲末·

本品为穿心莲经加工制成的散剂。

【性状】本品为浅绿色至绿色的粉末；气微，味极苦。

【功能】清热解毒。

【主治】湿热下痢。

【用法与用量】鸡1～3g。

【不良反应】按规定剂量使用，暂未见不良反应。

## ·穿甘苦参散·

【处方】穿心莲150g、甘草125g、吴茱萸10g、苦参75g、白芷50g、板蓝根50g、大黄30g。

【性状】本品为浅黄棕色至黄棕色的粉末。

【功能】清热解毒，燥湿止泻。

【主治】湿热泻痢。

【用法与用量】每千克饲料，鸡3～6g，连用5d。

【不良反应】按规定剂量使用，暂未见不良反应。

## ·穿白地锦草散·

【处方】白头翁180g、地锦草180g、黄连100g、穿心莲180g、大青叶60g、地榆60g、炒山楂60g、炒麦芽60g、六神曲60g、甘草60g。

【性状】本品为淡棕灰色的粉末；气清香，味苦。

【功能】清热解毒，燥湿止痢。

【主治】湿热下痢。

【用法与用量】鸡1～2g。

【不良反应】按规定剂量使用，暂未见不良反应。

## ·穿白痢康片·

【处方】穿心莲200g、白头翁100g、黄芩50g、功劳木50g、秦皮50g、广藿香50g、陈皮50g。

【性状】本品为黄棕色至棕褐色的片；味苦。

【功能】清热解毒，燥湿止痢。

【主治】湿热泻痢，雏鸡白痢。

【用法与用量】雏鸡 1 片。

【不良反应】按规定剂量使用，暂未见不良反应。

## ·穿白痢康散·

【处方】同穿白痢康片。

【性状】本品为黄棕色至棕褐色的粉末；味苦。

【功能】【主治】【不良反应】同穿白痢康片。

【用法与用量】雏鸡 0.24g。

## ·穿苦功劳片·

【处方】穿心莲 500g、苦参 125g、功劳木 125g、木香 125g。

【性状】本品为黄棕褐色的片；气微香，味苦。

【功能】清热燥湿，理气止痢。

【主治】雏鸡白痢。

【用法与用量】雏鸡 0.5～1 片。

【规格】每 1 片相当于原生药 0.8g。

【不良反应】按规定剂量使用，暂未见不良反应。

## ·穿苦功劳散·

【处方】同穿苦功劳片。

【性状】本品为黄棕褐色的粉末；气微香，味苦。

【功能】【主治】【不良反应】同穿苦功劳片。

【用法与用量】雏鸡 0.15～0.3g。

## ·穿苦黄散·

【处方】穿心莲 60g、苦参 100g、黄芩 80g。

【性状】本品为浅黄绿色的粉末；气微，味微苦。

【功能】清热解毒，燥湿止痢。

【主治】湿热泻痢。

【用法与用量】每千克饲料，鸡 5g，连用 3～5d。

【不良反应】按规定剂量使用，暂未见不良反应。

## ·穿苦颗粒·

【处方】黄芪 200g、穿心莲 800g、吴茱萸 80g、大黄 320g、苦参 600g、白芷 200g、蒲公英 200g、白头翁 200g、甘草 200g。

【性状】本品为棕黄色至棕褐色的颗粒。

【功能】清热解毒，燥湿止泻。

【主治】湿热泻痢。

【用法与用量】每升水，鸡 0.5g，连用 3～5d。

【不良反应】按规定剂量使用，暂未见不良反应。

## ·板金痢康散·

【处方】板蓝根 150g、金银花 60g、黄芩 100g、黄柏 100g、白头翁 150g、穿心莲 100g、黄芪 100g、白术 60g、苍术 100g、木香 30g、甘草 50g。

【性状】本品为灰黄色的粉末；气清香，味苦。

【功能】清热解毒，燥湿止痢。

【主治】湿热下痢。

【用法与用量】鸡 1～2g。

【不良反应】按规定剂量使用，暂未见不良反应。

## ·板黄败毒片·

【处方】板蓝根 120g、黄芪 40g、黄柏 40g、连翘 60g、泽泻 40g。

【性状】本品为灰褐色的片。

【功能】清热解毒，渗湿利水。

【主治】湿热泻痢。

【用法与用量】鸡 1～2 片，连用 3d。

【不良反应】按规定剂量使用，暂未见不良反应。

## ·板翘芦根片·

【处方】板蓝根 300g、连翘 200g、黄连 70g、黄芩 50g、甘草 80g、黄柏 70g、地黄 50g、芦根 100g、石膏 80g。

【性状】本品为淡黄褐色至棕褐色的片；气微，味苦。

【功能】清热解毒，凉血止痢。

【主治】湿热泻痢。

【用法与用量】一次量，雏鸡 1 片，每日 3 次。

【不良反应】按规定剂量使用，暂未见不良反应。

## ·郁黄口服液·

【处方】郁金 250g、诃子 220g、栀子 50g、黄芩 50g、大黄 50g、白芍 30g、黄柏 50g、黄连 50g。

【性状】本品为棕黄色的液体。

【功能】清热燥湿，涩肠止泻。

【主治】湿热泻痢。

【用法与用量】鸡 1mL，雏鸡酌减。

【不良反应】按规定剂量使用，暂未见不良反应。

## ·板翘芦根散·

【处方】板蓝根 300g、连翘 200g、黄连 70g、黄芩 50g、甘草

80g、黄柏 70g、地黄 50g、芦根 100g、石膏 80g。

【性状】本品为棕褐色的粉末；味苦、辛。

【功能】清热止痢。

【主治】热毒下痢。

【用法与用量】一次量，雏鸡 0.15g，每日 3 次。

【不良反应】按规定剂量使用，暂未见不良反应。

## ·鱼腥草末·

【性状】本品为淡棕色的粉末；具有鱼腥气，味微涩。

【功能】清热止痢。

【主治】湿热泻痢。

【用法与用量】鸡 2～4g。

【不良反应】按规定剂量使用，暂未见不良反应。

## ·葛根连柏散·

【处方】葛根 60g、黄连 20g、黄柏 48g、赤芍 36g、金银花 36g。

【性状】本品为淡黄色的粉末；味苦。

【功能】清热解毒，燥湿止痢。

【主治】温病发热，湿热泻痢。

【用法与用量】混饲：每千克饲料，鸡 8g，连用 3～5d。

【不良反应】按规定剂量使用，暂未见不良反应。

## ·痢喘康散·

【处方】白头翁 20g、黄柏 20g、黄芩 20g、陈皮 20g、板蓝根 10g、半夏 20g、大黄 20g、白芍 10g、石膏 30g、桔梗 20g、甘草 10g。

【性状】本品为黄棕色的粉末。

【功能】燥湿止痢，化痰止咳。

【主治】湿热下痢，肺热咳喘。

【用法与用量】鸡 2～4g。

【不良反应】按规定剂量使用，暂未见不良反应。

## ·蒲清止痢散·

【处方】蒲公英 40g、大青叶 40g、板蓝根 40g、金银花 20g、黄芩 20g、黄柏 20g、甘草 20g、藿香 10g、石膏 10g。

【性状】本品为灰黄色至棕黄色的粉末；气微香，味微苦。

【功能】清热解毒，燥湿止痢。

【主治】鸡大肠杆菌所致的湿热泻痢。

【用法与用量】每千克饲料，鸡 10～20g。

【不良反应】按规定剂量使用，暂未见不良反应。

## ·锦板翘散·

【处方】地锦草 100g、板蓝根 60g、连翘 40g。

【性状】本品为黄褐色的粉末；气微。

【功能】清热解毒，凉血止痢。

【主治】血痢，肠黄。

【用法与用量】鸡 3～6g。

【不良反应】按规定剂量使用，暂未见不良反应。

## ·蓼苋散·

【处方】辣蓼 90g、马齿苋 60g、黄芩 18g、木香 15g、秦皮 30g、白芍 27g、干姜 9g、甘草 9g。

【性状】本品为灰褐色的粉末，气清香，味苦。

【功能】清热解毒，燥湿止痢。

【主治】湿热泻痢。

【用法与用量】鸡 0.9～1.2g，连用 3d。

【不良反应】按规定剂量使用，暂未见不良反应。

### ·连参止痢颗粒·

【处方】黄连 400g、苦参 90g、白头翁 300g、诃子 90g、甘草 120g。

【性状】本品为黄色至黄棕色的颗粒；味苦。

【功能】清热燥湿，凉血止痢。

【主治】用于沙门氏菌感染所致的泻痢。

【用法与用量】一次量，每千克体重，鸡 1g，每日 2 次。

【不良反应】按规定剂量使用，暂未见不良反应。

### ·三黄翁口服液·

【处方】黄柏 200g、黄芩 200g、大黄 200g、白头翁 200g、陈皮 200g、地榆 200g、白芍 200g、苦参 200g、青皮 200g、板蓝根 200g。

【性状】本品为棕黄色至棕褐色的液体。

【功能】清热解毒，燥湿止痢。

【主治】湿热泻痢。

【用法与用量】混饮：每升水，鸡 1.25mL，连用 3～5d。

【不良反应】按规定剂量使用，暂未见不良反应。

### ·三　黄　散·

【处方】大黄 30g、黄柏 30g、黄芩 30g。

【性状】本品为灰黄色的粉末；味苦。

【功能】清热泻火，燥湿止痢。

【主治】湿热下痢。

【用法与用量】鸡 2.5～5g。

【不良反应】按规定剂量使用，暂未见不良反应。

## ·三黄痢康散·

【处方】黄芩 154g、黄连 154g、黄柏 77g、栀子 154g、当归 77g、白术 39g、大黄 77g、诃子 77g、白芍 77g、肉桂 39g、茯苓 38g、川芎 38g。

【性状】本品为黄棕色的粉末。

【功能】清热燥湿，健脾止泻。

【主治】湿热泻痢。

【用法与用量】鸡 1g。

【不良反应】按规定剂量使用，暂未见不良反应。

## ·金黄连板颗粒·

【处方】金银花 375g、黄芩 375g、连翘 750g、黄连 125g、板蓝根 375g。

【性状】本品为黄褐色的颗粒；味苦。

【功能】清热，燥湿，解毒。

【主治】湿热泻痢。

【用法与用量】混饲：每升水，鸡 1g，连用 3～5d。

【不良反应】按规定剂量使用，暂未见不良反应。

## ·金葛止痢散·

【处方】葛根 30g、黄连 10g、黄芩 10g、甘草 10g、金银花 30g。

【性状】本品为浅棕黄色的粉末；气微香，味苦、微甘。

【功能】清热燥湿，止泻止痢。

【主治】湿热泄泻。

【用法与用量】鸡1g。

【不良反应】按规定剂量使用，暂未见不良反应。

### ·化湿止泻散·

【处方】茯苓150g、薏苡仁150g、泽泻60g、车前子150g、藿香100g、苍术（炒）150g、炒白扁豆150g、葛根100g、黄柏100g、穿心莲150g、石榴皮50g、赤石脂150g、山楂90g、麦芽100g、木香100g。

【性状】本品为浅黄棕色至黄棕色的粉末；气微，味苦、微酸。

【功能】利湿健脾，涩肠止泻。

【主治】腹泻。

【用法与用量】鸡1g。

【不良反应】按规定剂量使用，暂未见不良反应。

### ·四味穿心莲片·

【处方】穿心莲90g、辣蓼30g、大青叶40g、葫芦茶40g。

【性状】本品为灰绿色片；气微，味苦。

【功能】清热解毒，祛湿止泻。

【主治】湿热泻痢。

【用法与用量】鸡3～6片。

【不良反应】按规定剂量使用，暂未见不良反应。

### ·四味穿心莲散·

【处方】穿心莲450g、辣蓼150g、大青叶200g、葫芦茶200g。

【性状】本品为灰绿色的粉末；气微，味苦。

【功能】清热解毒，除湿化滞。

【主治】泻痢，积滞。

**泻痢** 证见精神沉郁，食欲降低，排灰白色或绿白色稀便，或白色水样便，肛门周围羽毛附着粪污，嗉囊内食物停滞，腹部膨大。

**积滞** 证见精神沉郁，缩头闭眼，或聚堆而卧，羽毛蓬乱，食欲减少或不食，嗉囊内食物停滞，腹部膨大，粪便中可见未消化的食物。

**【用法与用量】**鸡 0.5～1.5g。

**【不良反应】**按规定剂量使用，暂未见不良反应。

## ·四黄止痢颗粒·

**【处方】**黄连 200g、黄柏 200g、大黄 100g、黄芩 200g、板蓝根 200g、甘草 100g。

**【性状】**本品为黄色至棕黄色的颗粒。

**【功能】**清热泻火，止痢。

**【主治】**清热泻痢，鸡大肠杆菌病。

证见精神沉郁，食欲不振或废绝，羽毛蓬乱无光泽，头颈部特别是肉垂及眼睛周围水肿，肿胀部位皮下有淡黄色或黄色水样液体，嗉囊充满食物，排淡黄色、灰白色或绿色混有血液的腥臭稀便。

**【用法与用量】**每升饮水，鸡 0.5～1g。

**【不良反应】**按规定剂量使用，暂未见不良反应。

## ·四 黄 二 术 散·

**【处方】**蒲公英 20g、金银花 10g、黄连 10g、黄柏 20g、黄芩 20g、大青叶 20g、苍术 10g、石膏 20g、车前草 10g、黄芪 20g、白术 20g、木香 10g、甘草 10g。

**【性状】**本品为浅黄色至黄棕色粉末；气香，味苦。

**【功能】**清热解毒，燥湿止痢。

**【主治】**三焦实热，肠黄泻痢。

【用法与用量】鸡 1～2g，连用 2～4d。

【不良反应】按规定剂量使用，暂未见不良反应。

### ·四黄白莲散·

【处方】大黄 230g、白头翁 91g、穿心莲 91g、大青叶 91g、金银花 91g、三叉苦 91g、辣蓼 91g、黄芩 91g、黄连 18g、黄柏 28g、龙胆 28g、肉桂 28g、小茴香 28g、冰片 3g。

【性状】本品为棕色的粉末；气芳香，味苦、辛。

【功能】清热解毒，燥湿止痢。

【主治】湿热泻痢；鸡大肠杆菌病见上述症候者。

【用法与用量】一次量，每千克体重 0.5g，每日 2 次。

【不良反应】按规定剂量使用，暂未见不良反应。

### ·穿虎石榴皮散·

【处方】虎杖 98g、穿心莲 294g、地榆 98g、石榴皮 147g、石膏 196g、黄柏 98g、甘草 49g、肉桂 20g。

【性状】本品为绿黄棕色的粉末；气香，味微苦、涩。

【功能】清热解毒，涩肠止泻。

【主治】泻痢。

【用法与用量】每千克饲料，鸡 10g，连用 5d。

【不良反应】按规定剂量使用，暂未见不良反应。

### ·白马黄柏散·

【处方】白头翁 300g、马齿苋 400g、黄柏 300g。

【性状】本品为棕黄色的粉末；气微，味苦。

【功能】清热解毒，凉血止痢。

【主治】热毒血痢，燥湿肠黄。

【用法与用量】鸡1.5～6g。

【不良反应】按规定剂量使用，暂未见不良反应。

## ·双黄穿苦丸·

【处方】黄连30g、黄芩30g、穿心莲25g、苦参20g、马齿苋15g、苍术15g、广藿香15g、雄黄10g、金荞麦30g、六神曲30g。

【性状】本品为黑色的水丸，除去包衣后显棕褐色；味苦。

【功能】清热解毒，燥湿止痢。

【主治】鸡白痢。

【用法与用量】一次量，每千克体重，鸡3～4丸，每日2～3次。

【不良反应】按规定剂量使用，暂未见不良反应。

## ·双黄穿苦片·

【处方】同双黄穿苦丸。

【性状】本品为棕褐色的片；味苦。

【功能】清热解毒，燥湿止痢。

【主治】鸡白痢。

【用法与用量】一次量，每千克体重，鸡3～4片，每日2～3次。

【不良反应】按规定剂量使用，暂未见不良反应。

## ·双黄穿苦散·

【处方】同双黄穿苦丸。

【性状】本品为棕褐色的粉末；味苦。

【功能】清热解毒，燥湿止痢。

【主治】鸡白痢。

【用法与用量】拌料，一次量，每千克体重，鸡0.5～0.7g，每日2～3次。

【不良反应】按规定剂量使用，暂未见不良反应。

### ·甘矾解毒片·

【处方】白矾 100g、雄黄 20g、甘草 100g。

【性状】本品为淡黄色至橘黄色的片；气特异，味涩、微甜。

【功能】清瘟解毒，燥湿止痢。

【主治】鸡白痢。

【用法与用量】鸡 6 片，分 2 次服。

【注意事项】限用于 2 周龄以内雏鸡。

【不良反应】按规定剂量使用，暂未见不良反应。

## 六、助消化促生长类中兽药制剂

### ·保 健 锭·

【处方】樟脑 30g、薄荷脑 5g、大黄 15g、陈皮 8g、龙胆 15g、甘草 7g。

【性状】本品为黄褐色扁圆形的块体；有特殊芳香气，味辛、苦。

【功能】健脾开胃，通窍醒神。

【主治】消化不良，食欲不振。

【用法与用量】鸡 0.5～2g。

【不良反应】按规定剂量使用，暂未见不良反应。

### ·健 鸡 散·

【处方】党参 20g、黄芪 20g、茯苓 20g、六神曲 10g、麦芽 10g、炒山楂 10g、甘草 5g、炒槟榔 5g。

【性状】本品为浅黄灰色的粉末；气香，味甘。

【功能】益气健脾，消食开胃。

【主治】食欲不振，生长缓慢。

【用法与用量】每千克饲料，鸡 20g。

【不良反应】按规定剂量使用，暂未见不良反应。

## ·龙 胆 末·

本品为龙胆制成的散剂。

【性状】本品为淡黄棕色的粉末；气微，味甚苦。

【功能】健胃。

【主治】食欲不振。

【用法与用量】鸡 1.5～3g。

【不良反应】按规定剂量使用，暂未见不良反应。

## ·五味健脾合剂·

【处方】白术（炒）200g、党参 200g、六神曲 267g、山药 200g、炙甘草 133g。

【性状】本品为红棕色的液体；味甜、微苦。

【功能】健脾益气，开胃消食。

【主治】用于促进肉鸡生长。

【用法与用量】混饮：每升水，鸡 1mL。

【不良反应】按规定剂量使用，暂未见不良反应。

## ·石 香 颗 粒·

【处方】苍术 360g、关黄柏 240g、石膏 240g、广藿香 240g、木香 240g、甘草 120g。

【性状】本品为棕色至棕褐色的颗粒；气微香，味苦。

【功能】清热泻火，化湿健脾。

【主治】高温引起的精神委顿、食欲不振、生产性能下降。

【用法与用量】每千克体重，鸡 0.15g，连用 7d；预防量减半。

【不良反应】按规定剂量使用，暂未见不良反应。

### ·博落回散·

为橘黄色的粉末；有刺激性，味苦。

【主要成分】博落回。

【功能与主治】抗菌消炎，开胃，促生长。用于促进猪、鸡生长。

【用法与用量】混饲：每千克饲料，仔鸡 30～50mg，成年鸡 20～30mg。可长期添加使用。

【不良反应】按规定剂量使用，暂未见不良反应。

## 七、治疗热病类中兽药制剂

### ·清瘟败毒丸·

【处方】石膏 120g、地黄 30g、水牛角 60g、黄连 20g、栀子 20g、牡丹皮 20g、黄芩 25g、赤芍 25g、玄参 25g、知母 30g、连翘 30g、桔梗 25g、甘草 15g、淡竹叶 25g。

【性状】本品为灰黄色的水丸；味苦、微甜。

【功能】泻火解毒，凉血。

【主治】热毒发斑，高热神昏。

证见大热躁动，口渴，昏狂，发斑，舌绛，脉数。

【用法与用量】每千克饲料，鸡 2～3 丸。

【不良反应】按规定剂量使用，暂未见不良反应。

### ·清瘟解毒口服液·

【处方】地黄 150g、栀子 250g、黄芩 225g、连翘 200g、玄参 150g、板蓝根 200g。

【性状】本品为棕黑色的液体；气微，味苦。

【功能】清热解毒。

【主治】外感发热。

【用法与用量】鸡 0.6～1.8mL，连用 3d。

【不良反应】按规定剂量使用，暂未见不良反应。

## ·清瘟败毒片·

【处方】石膏 120g、地黄 30g、水牛角 60g、黄连 20g、栀子 30g、牡丹皮 20g、黄芩 25g、赤芍 25g、玄参 25g、知母 30g、连翘 30g、桔梗 25g、甘草 15g、淡竹叶 25g。

【性状】本品为灰黄色片（或糖衣片）；味苦、微甜。

【功能】泻火解毒，凉血。

【主治】热毒发斑，高热神昏。

证见大热躁动，口渴，昏狂，发斑，舌绛，脉数。

【用法与用量】每千克体重，鸡 2～3 片。

【不良反应】按规定剂量使用，暂未见不良反应。

## ·清瘟败毒散·

【处方】同清瘟败毒片。

【性状】本品为灰黄色的粉末；气微香，味苦、微甜。

【功能】【主治】【不良反应】同清瘟败毒片。

【用法与用量】鸡 1～3g。

## ·金叶清温散·

【处方】金银花 320g、大青叶 320g、板蓝根 240g、柴胡 240g、鹅不食草 128g、蒲公英 160g、紫花地丁 160g、连翘 160g、甘草 160g、天花粉 120g、白芷 120g、防风 80g、赤芍 48g、浙贝母 112g、

乳香 16g、没药 16g。

【性状】本品为灰褐色的粉末；气微香，味苦。

【功能】清瘟败毒，凉血消斑。

【主治】热毒壅盛。

【用法与用量】每千克饲料，鸡 5～10g。

【不良反应】按规定剂量使用，暂未见不良反应。

### ·双黄败毒颗粒·

【处方】黄连 316g、黄芩 316g、黄芪 916g、茯苓 468g、茵陈 468g、蛇床子 468g、黄精 468g、连翘 468g、五倍子 396g、栀子 316g、莪术 200g、三棱 200g。

【性状】本品为棕色至棕褐色的颗粒；气香，味甘、苦。

【功能】清热解毒，益气固表，燥湿利胆。

【主治】热毒壅盛所致的发热，神昏，咳喘，腹泻等症。

【用法与用量】混饮：一次量，每千克体重，鸡 0.5g，连用 3～5d。

【不良反应】按规定剂量使用，暂未见不良反应。

## 八、治疗感冒类中兽药制剂

### ·银　翘　片·

【处方】金银花 60g、连翘 45g、薄荷 30g、荆芥 30g、淡豆豉 30g、牛蒡子 45g、桔梗 23g、淡竹叶 20g、甘草 20g、芦根 30g。

【性状】本品为棕褐色的片；气香，味微甘、苦、辛。

【功能】辛凉解表，清热解毒。

【主治】风热感冒，咽喉肿痛，疮痈初起。

【用法与用量】鸡 1～2 片。

【不良反应】按规定剂量使用，暂未见不良反应。

## ·双黄连片·

【处方】金银花 375g、黄芩 375g、连翘 750g。

【性状】本品为灰黄褐色的片；味苦。

【功能】辛凉解表，清热解毒。

【主治】感冒发热。

【用法与用量】鸡 2～5 片。

【不良反应】按规定剂量使用，暂未见不良反应。

## ·贯 连 散·

【处方】绵马贯众 1 960g、黄连 590g、柴胡 390g、甘草 390g、海藻 66g。

【性状】本品为黄褐色的粉末。

【功能】清热解毒，益气升阳。

【主治】用于预防鸡温热感冒。

【用法与用量】混饲：每千克饲料，鸡 2.5～5g，连用 3～5d。

【不良反应】按规定剂量使用，暂未见不良反应。

## ·穿板鱼连丸·

【处方】穿心莲 363g、板蓝根 163g、鱼腥草 120g、连翘 100g、石菖蒲 40g、广藿香 40g、蟾酥 9g、冰片 60g、芦根 65g、石膏 40g。

【性状】本品为浅棕色至棕色的水丸；气微香，味苦、辛，稍有麻舌感。

【功能】清热解毒，利咽消肿。

【主治】肺经热盛，风热感冒。

【用法与用量】一次量，鸡 1～2 丸，每日 2 次。

【不良反应】按规定剂量使用，暂未见不良反应。

## ·穿板鱼连散·

【处方】同穿板鱼连丸。

【性状】本品为棕色的粉末；气微香，味苦、辛，稍有麻舌感。

【功能】【主治】【不良反应】同穿板鱼连丸。

【用法与用量】鸡 0.5g。

## ·双黄连散·

【处方】金银花 375g、黄芩 375g、连翘 750g。

【性状】本品为黄褐色的粉末；气香，味苦。

【功能】疏风解表，清热解毒。

【主治】感冒发热。

【用法与用量】鸡 0.75～1.5g。

【不良反应】按规定剂量使用，暂未见不良反应。

## ·双黄连口服液·

【处方】同双黄连散。

【性状】本品为棕红色的澄清液体；微苦。

【功能】辛凉解表，清热解毒。

【主治】感冒发热。

证见体温升高，耳鼻温热，发热与恶寒同时并见，被毛逆立，精神沉郁，结膜潮红，流泪，食欲减退，或有咳嗽，呼出气热，咽喉肿痛，口渴欲饮，舌苔薄黄，脉象浮数。

【用法与用量】鸡 0.5～1mL。

【不良反应】按规定剂量使用，暂未见不良反应。

### ·忍冬黄连散·

【处方】忍冬藤 500g、黄芩 250g、连翘 250g。

【性状】本品为黄棕色的粉末；气香，味微苦。

【功能】清热解毒，辛凉解表。

【主治】感冒发热。

【用法与用量】每千克体重，鸡 1～2g。

【不良反应】按规定剂量使用，暂未见不良反应。

## 九、治疗痛风、腹水综合征类中兽药制剂

### ·金钱草散·

【处方】金钱草 60g、车前子 9g、木通 9g、石韦 9g、瞿麦 9g、忍冬藤 15g、滑石 15g、冬葵果 9g、大黄 18g、甘草 9g、虎杖 9g、徐长卿 9g。

【性状】本品为棕黄色的粉末；气微，味淡、微甘。

【功能】清热利湿，消肿。

【主治】鸡痛风症。

【用法与用量】混饲：每千克饲料，鸡 5～10g。

【不良反应】按规定剂量使用，暂未见不良反应。

### ·二苓车前子散·

【处方】猪苓 20g、茯苓 20g、泽泻 20g、白术 20g、桂枝 10g、丹参 20g、滑石 40g、车前子 20g、葶苈子 20g、陈皮 20g、附子 10g、山楂 20g、六神曲 30g、炙甘草 10g。

【性状】本品为黄色至黄棕色的粉末；气微香，味甘、微辛。

【功能】温阳健脾，渗湿利水。

【主治】肉鸡腹水综合征。

【用法与用量】混饲：每千克饲料，鸡 20g。

【不良反应】按规定剂量使用，暂未见不良反应。

### ·二苓石通散·

【处方】猪苓 10g、泽泻 10g、苍术 30g、桂枝 20g、陈皮 30g、姜皮 20g、木通 20g、滑石 30g、茯苓 20g。

【性状】本品为灰黄色的粉末；气微香。

【功能】利水消肿。

【主治】肉鸡腹水。

【用法与用量】混饲：每千克饲料，鸡 5g，连用 3～5d。

【不良反应】按规定剂量使用，暂未见不良反应。

### ·芪灵绞股蓝散·

【处方】黄芪 200g、茯苓 150g、紫草 150g、绞股蓝 350g、泽泻 150g。

【性状】本品为紫褐色的粉末；气微香，味甘。

【功能】益气活血，渗湿健脾，利水消肿。

【主治】肉鸡腹水综合征。

【用法与用量】混饲：每千克饲料，鸡 4g。

【不良反应】按规定剂量使用，暂未见不良反应。

## 十、护肝用中兽药制剂

### ·护肝颗粒·

【处方】柴胡 313g、茵陈 313g、板蓝根 313g、五味子 168g、猪胆粉 20g、绿豆 128g。

【性状】为棕色至棕黄色颗粒；味苦。

【功能】疏肝理气，健脾消食。

【主治】用于脂肪肝综合征。

【用法与用量】混饮：每升水，鸡 4.5g，连用 7d。

【不良反应】按规定剂量使用，暂未见不良反应。

### ·肝 胆 颗 粒·

【处方】板蓝根 1 500g、茵陈 1 500g。

【性状】本品为棕色的颗粒；味微苦。

【功能】清热解毒，保肝利胆。

【主治】肝炎。

【用法与用量】混饮：每升水，鸡 1g。

【不良反应】按规定剂量使用，暂未见不良反应。

### ·消 肿 解 毒 散·

【处方】制大黄 100g、醋三棱 150g、金钱草 300g、泽兰 120g、丹参 120g、硼砂 250g、虎杖 120g。

【性状】本品为淡棕黄色的粉末；气微香，味微苦。

【功能】化瘀，利湿，解毒。

【主治】肝肾肿大。

【用法与用量】混饲：每千克饲料，鸡 3g，连用 10d。

【不良反应】按规定剂量使用，暂未见不良反应。

## 第七节　免疫调节药

### ·黄芪多糖注射液·

【主要成分】黄芪。

【性状】本品为黄色至黄褐色澄明液体，长久储存或冷冻后有沉淀析出。

【功能】益气固本，诱导产生干扰素，调节机体免疫功能，促进抗体形成。

【主治】用于鸡传染性法氏囊病等病毒性疾病。

【用法与用量】肌内、皮下注射：每千克体重，鸡 2mL，连用 2d。

【不良反应】按规定剂量使用，暂未见不良反应。

### ·黄芪多糖口服液·

【主要成分】黄芪。

【性状】本品为黄色至红棕色的液体。

【功能】扶正固本；调节机体免疫。

【主治】可辅助用于鸡传染性法氏囊病的预防和治疗。

【用法与用量】混饮：每升水，鸡 0.7～1mL，连用 5～7d。

【不良反应】按规定剂量使用，暂未见不良反应。

### ·黄芪多糖粉·

【主要成分】黄芪。

【性状】本品为浅黄色或黄色的粉末；有较强吸湿性，味微甜。

【功能】益气固本；调节机体免疫。

【主治】可辅助用于鸡传染性法氏囊病的预防和治疗。

【用法与用量】混饮：每升水，鸡 200mg，自由饮用，连用 5～7d。

【不良反应】按规定剂量使用，暂未见不良反应。

### ·玉屏风口服液·

【处方】黄芪 600g、防风 200g、白术（炒）200g。

【性状】本品为棕红色至棕褐色的液体；味微苦、涩。

【功能】益气固表，提高机体免疫力。

【主治】表虚不顾，易感风邪。

【用法与用量】混饮，每升水，鸡 2mL，连用 3～5d。

【不良反应】按规定剂量使用，暂未见不良反应。

## ·芪芍增免散·

【处方】黄芪 300g、白芍 300g、麦冬 150g、淫羊藿 150g。

【性状】本品为暗黄绿色的粉末；气微香，味微苦。

【功能】益气养阴。

【主治】用于提高鸡免疫力，可配合疫苗使用。

【用法与用量】每千克饲料，鸡 10g，连用 15d。

【不良反应】按规定剂量使用，暂未见不良反应。

## ·芪贞增免散·

【处方】黄芪 180g、女贞子 90g、淫羊藿 90g。

【性状】本品为黄棕色的颗粒；味甜。

【功能】滋补肝肾，益气固表。

【主治】鸡免疫力低下。

【用法与用量】混饮：每升水，鸡 1g，连用 3～5d。

【不良反应】按规定剂量使用，暂未见不良反应。

## ·紫锥菊口服液·

【主要成分】紫锥菊。

【性状】为棕红色澄清液体，久置后有少量沉淀；味甘，微苦。

【功能与主治】促进免疫功能。用于提高新城疫疫苗的免疫效果。

【用法与用量】混饮：每升水，鸡 1.5mL，连用 10d。

【不良反应】按规定剂量使用，暂未见不良反应。

【注意事项】用时摇匀。

## ·紫锥菊末·

【主要成分】紫锥菊。

【性状】为黄绿色至灰绿色的粉末；气微。

【功能与主治】促进免疫功能。用于提高新城疫疫苗的免疫效果。

【用法与用量】混饲：每千克饲料，鸡 1g，连用 10d。

【不良反应】按规定剂量使用，暂未见不良反应。

## ·参芪粉·

【主要成分】黄芪、党参。

【性状】为淡黄色或黄色粉末；气微，味微甘。

【功能与主治】补中益气，扶正祛邪。用于提高机体免疫力，增强猪、鸡抵抗力，配合疫苗使用提高疫苗保护率。

【用法与用量】混饮：每升水，鸡 1g，疫苗免疫后连用 7d。

【不良反应】按规定剂量使用，暂未见不良反应。

## ·人参叶口服液·

【主要成分】人参叶。

【性状】为棕黄色至棕色液体；味微苦。

【功能与主治】增强动物免疫机能，提高免疫效果。用于鸡免疫机能低下。

【用法与用量】每千克体重，鸡 0.125mL，疫苗免疫前连用 7d。

【不良反应】按规定剂量使用，暂未见不良反应。

## 第八节 微生态制剂

微生态制剂是从自然界或动物体内分离得到的有益菌，经培养、发酵、加工等工艺制成的包含菌体或其代谢产物的活菌制剂。动物微生态制剂又称为微生态饲料添加剂，是根据微生态学理论研制的含有对动物有益的微生物及其代谢产物的活菌制剂——益生素和寡糖类制剂——益生元。微生态制剂是利用微生物之间的相互颉颃、共生和互生的关系，以及这些微生物所具有的产酸，降解蛋白质，分解糖和脂肪，降解 $NH_3$ 和 $H_2S$ 等功能而发挥其抑制病原微生物，分解饲料中蛋白质为多肽或氨基酸，降解水中残留的氨氮和亚硝酸盐等。它是一种天然的生物活性制剂，无毒副作用、无耐药性、无药物残留，通过促进肠道内有益微生物的生长，抑制有害微生物的生长繁殖，来调整维持胃肠道内的微生态平衡，达到预防疾病和促进生长的目的。同时，这些微生物还可产生促生长因子、多种消化酶和维生素，进而促进营养物质的消化、吸收及动物的生长繁殖。此外，这些微生物还能产生免疫调节因子和干扰素等免疫活性物质，刺激肠道局部免疫器官的生长发育，增强机体免疫力，从而防止各种疾病的发生，是一类新型绿色环保药物，有望替代抗生素。

目前，用作微生态饲料添加剂的微生物主要有乳酸菌、芽孢杆菌、酵母菌、放线菌、光合细菌等几大类。根据微生态制剂使用的菌种类型，主要分为单一菌类和复合微生态制剂，按用途主要分为微生物生长促进剂、微生态治疗剂和微生态多功能制剂，根据微生态制剂的物质组成，可分为益生素、益生元及合生元。对鸡使用微生态制剂后，可以提高鸡的生产性能、饲料转化率，改善鸡舍环境，减少环境污染，提高免疫力，降低死亡率。由于微生态制剂是活菌制剂，因此不能与抗菌药物和抗菌药物添加剂同时使用。

### ·枯草芽孢杆菌活菌制剂（TY7210株）·

本品为土黄色至黄褐色乳状液，久置后，有少量沉淀物。

**【作用与用途】** 用于预防和治疗鸡细菌性腹泻和促进生长。

**【用法与用量】** 灌服或与少量饲料混合饲喂。

预防用量：鸡，每只每次0.5mL，每日1次，共服用1～3次。

治疗用量：鸡，每只每次0.5mL，每日1次，共服用3次。

**【注意事项】** ①本品严禁注射。②本品不得与抗菌药物和抗菌药物添加剂同时使用。③打开内包装后，限当日用完。④鸡出生后立即服用，效果更佳。

### ·脆弱拟杆菌、粪链球菌、蜡样芽孢杆菌复合菌制剂·

本品为白色或黄色干燥粗粉，外观完整光滑、色泽均匀。

**【作用与用途】** 对沙门氏菌及大肠杆菌引起的细菌性下痢（如雏鸡白痢）均有疗效，并有调整肠道菌群失调，提高机体免疫力促进生长作用。

**【用法与用量】** 用凉水溶解后饮用，或拌入饲料中口服，也可直接灌服。按饲料重量添加，预防量添加0.1%～0.2%、治疗量添加0.2%～0.4%。

**【注意事项】** ①严禁与抗菌药物和抗菌药物饲料添加剂同时使用。②现拌料（或溶解）现吃，限当日用完。

### ·蜡样芽孢杆菌、粪链球菌活菌制剂·

本品为灰白色干燥粉末。

**【作用与用途】** 本品为饲料添加剂，可防治幼鸡下痢，促进生长和增强机体的抗病能力。

【用法与用量】作为饲料添加剂，按一定比例拌入饲料，雏鸡料0.1%～0.2%、成年鸡料0.1%，或仔鸡每日每只0.1～0.2g。治疗量加倍。

【注意事项】本品勿与抗菌药物和抗菌药物添加剂同时使用，且勿用50℃以上热水溶解。

### ·蜡样芽孢杆菌活菌制剂（DM423）·

本品粉剂为灰白色或灰褐色干燥粗粉或颗粒状；片剂为外观完整光滑，类白色，色泽均匀。

【作用与用途】用于鸡腹泻的预防和治疗，并能促进生长。

【用法与用量】口服。按下述药量与少量饲料混合饲喂，病重可逐头喂服。

治疗用量：雏鸡，每羽每次0.5g，日服1次，连服3d；家禽，为雏鸡的5～10倍量，连服3d。

预防用量：雏鸡，每羽每次0.25g，日服1次，连服5～7d。

【注意事项】本品不得与抗菌药物和抗菌药物添加剂同时使用。

### ·蜡样芽孢杆菌活菌制剂（SA38）·

本品粉剂为灰白色或灰褐色的干燥粗粉；片剂为外观完整光滑、类白色或白色片。

【作用与用途】主要用于预防和治疗雏鸡的腹泻，并能促进生长。

【用法与用量】治疗用量：雏鸡每只30～50mg，每日1次，连服3d。预防用量减半，连服7d。

【注意事项】本品不得与抗菌药和抗菌药物添加剂同时使用。

### ·双歧杆菌、乳酸杆菌、粪链球菌、酵母菌复合活菌制剂·

本品为乳黄色均匀细粉。

【作用与用途】用于预防鸡腹泻。

【用法与用量】将每次用药量拌入少量饲料中饲喂或直接经口喂服，每日 2 次，连服 5～7d。雏鸡，每次每只 0.2g；成年鸡，每次每只 0.5g。

【注意事项】①用药时，应现配现用。②服用本制剂时，应停止使用各类抗菌药物。③饮用时，用煮沸后的凉开水稀释，水温不得超过 30℃，不得用含氯自来水稀释，稀释后限当日用完。④幼鸡出生后立即服用，效果更佳。

### ·乳酸菌复合活菌制剂·

本品粉剂为灰白色或灰褐色干燥粗粉或颗粒状，片剂为外观完整光滑、类白色、色泽均匀。

【作用与用途】本品对沙门氏菌及大肠杆菌引起的细菌性下痢如雏鸡的白痢和黄痢均有疗效，并有调整肠道菌群失调，促进生长作用。

【用法与用量】口服。用凉水溶解后作饮水或拌入饲料口服或灌服。治疗量：雏鸡每次 0.1g；成年鸡每次 0.2～0.4g，每天早晚各 1 次。雏鸡 5～7d、成年鸡 3～5d 为 1 个疗程。预防量减半。

【注意事项】①本品严禁与抗菌类药物和抗菌药物添加剂同时服用。②服用本制剂时，不得用含氯的自来水稀释，要用煮沸后的凉开水稀释，水温不得超过 30℃，稀释后限当日用完。

### ·酪酸菌活菌制剂·

本品为灰黄色的干燥粉剂。

【作用与用途】用于预防鸡由大肠杆菌引起的腹泻，并能促进鸡的生长。

【用法与用量】内服。与饲料混合后口服。用于预防由大肠杆菌引起的腹泻时，鸡：每千克饲料添加 1～2g；用于促进鸡生长时，每千克饲料添加 0.5～1g。

**【不良反应】** 一般无可见的不良反应。

**【注意事项】** ①本品不得与抗菌类药物和抗菌药物添加剂同时服用。②本品口服时严禁用 40℃以上热水溶解。

## 第九节　疫　苗

疫苗是由完整的微生物（天然或人工改造的）或微生物的分泌成分（毒素）或微生物的部分基因序列经生物学、生物化学和分子生物学等技术加工制成的用于疾病预防控制的一种生物制品。疫苗接种动物机体后，刺激机体产生特异性抗体，当体内的抗体滴度达到一定水平后，就可以抵抗这种病原微生物的侵袭、感染，起到预防这种疾病的作用，这种方式称为主动免疫。主动免疫分为天然主动免疫和人工主动免疫，其中人工主动免疫在蛋鸡生产实践中对预防群发性传染病起着重要作用。

**【疫苗的分类】**

（1）根据制造疫苗的微生物种类不同，分为细菌疫苗、病毒疫苗、寄生虫疫苗。

（2）根据制造疫苗原材料来源不同，分为组织苗、培养基苗、鸡胚苗和细胞苗等。

（3）按照疫苗制造工艺不同，可分为常规疫苗和现代基因工程疫苗。

（4）按照疫苗是否具有感染活性，主要分为活疫苗和灭活疫苗等。

除此之外，还可以根据佐剂类型、疫苗的物理性状及投放途径不同划分为不同的种类。

**【疫苗的选购和储藏】**

(1) 疫苗选购时应检查疫苗名称，生产厂家、批准文号、有效期、性状、储藏条件等是否与说明书相符。对过期、无批号、性状改变、颜色异常、玻璃瓶有裂纹、瓶塞松动或不明来源的疫苗，不应选购。

(2) 疫苗的储藏应根据不同种类疫苗选择不同的储藏设备，一般情况下弱毒疫苗要求在低于－15℃条件下储藏（冰柜）；灭活疫苗和耐热弱毒疫苗一般要求在2～8℃条件下储藏。

(3) 疫苗运输时应与储藏条件一致，运送疫苗应采用最快的运输方式，尽量缩短运输时间。

**【疫苗的接种】** 常用接种方法有滴鼻、点眼、饮水、皮下或肌内注射、气雾。此外还有刺种、黏膜涂擦、羽毛囊涂擦等方法。

(1) *滴鼻、点眼* 一般在雏鸡眼结膜囊内、鼻孔内，滴头与眼或鼻相距1cm。

(2) *饮水* 接种前应禁止饮水2～4h，饮水器应置于阴凉处，一般限1h内饮完。

(3) *皮下注射* 皮下注射一般选取颈背部下1/3处，针头从颈部皮下，朝身体方向刺入。

(4) *肌内注射* 一般选取腿部和胸部肌肉。胸肌注射将针头成30°～45°倾斜，于胸1/3处朝背部方向刺入胸肌。腿部肌内注射将针头朝身体的方向刺入外侧腿肌。

(5) *气雾法* 蛋鸡舍要密闭减少空气流动，免疫时疫苗用量要适当加大，喷头距离鸡头0.5～1m。

(6) *刺种法* 用刺种针蘸取稀释的疫苗，于翅膀内侧三角无血管处皮下刺种，应垂直刺下，斜着拔出。

(7) *黏膜涂擦* 将疫苗涂擦在蛋鸡泄殖腔黏膜。

(8) *羽毛囊涂擦* 先把腿部的羽毛拔去三根，然后用棉球蘸取已稀释好的疫苗，逆羽毛生长的方向涂擦即可。

**【影响疫苗免疫效果的因素】**

主要包括疫苗因素、免疫程序因素、动物自身因素、营养因素、管理与环境因素等方面。

**1. 疫苗因素**

(1) 疫苗选择不当　血清型差异：有些病原的血清型较多，免疫接种时无法选用与本地流行毒（菌）株相对应的血清型疫苗。如大肠杆菌有100多个血清型，并且不同血清型之间缺乏交叉免疫作用。因此，用针对少数几种血清型制成的疫苗并不能很好预防自然界流行的各种不同血清型引起的大肠杆菌病的发生。

(2) 使用非法疫苗　非法疫苗的品质很难保证，一旦使用非法产品，极易造成外源病毒污染或者支原体污染。在接种疫苗的同时人为感染一些病原微生物。

(3) 运输储存不当　疫苗运输、储存不当，如光照太强，温度过高或过低，超过有效期等都会导致疫苗的效价下降造成免疫效果不佳甚至失效。

(4) 疫苗使用不当　包括疫苗稀释液使用不当、疫苗稀释浓度不当、疫苗中混入配伍禁忌的药物或其他疫苗、稀释过的活疫苗没有及时用完、免疫接种过程中出现动物漏免等。

(5) 疫苗使用剂量不当　剂量过低则效力不足，剂量过大则引起免疫耐受或不安全。抗原剂量越大，所引起的免疫耐受越强越持久。

此外，毒（菌）株的变异、超强毒（菌）株的出现及感染与本地流行毒（菌）株不同或有别于疫苗株的毒（菌）株，都会导致已有疫苗的免疫效果下降甚至失效。

**2. 免疫程序因素**　科学免疫程序的制订，应建立在对当地疫病的流行情况、动物群的种类、生产情况等方面的调查研究及免疫抗体或母源抗体监测的基础之上。制订适合本场特点的免疫程序，并非免疫的疫苗种类越多越好，免疫程序不能照抄照搬，要因地制宜。制定免疫程序时要着重考虑以下几个因素。

(1) *母源抗体的影响* 免疫接种的种鸡可经卵黄将母源抗体传给下一代，使其得到被动保护，但母源抗体较高时也能干扰疫苗的效力。因此，必须等母源抗体消退到一定的水平之后才能接种疫苗。

(2) *免疫间的相互干扰* 将两种或两种以上无交叉反应的抗原同时免疫接种时，机体可能会对其中一种抗原的免疫应答降低。因此，为保证免疫效果，对当地比较流行的传染病最好单独接种，同时在产生免疫力之前不要接种对该疫苗有抑制作用的疫苗。

(3) *免疫间隔时间的确定* 同一类疫苗经过二次或二次以上的免疫后，所产生的抗体维持时间较长，达到的抗体水平较高。重复免疫的时间间隔是根据抗体的维持时间来确定的，一般最短间隔时间不得少于14d。

**3. 动物自身因素**

(1) *遗传因素* 动物机体对接种抗原的免疫应答在一定的程度上是受遗传控制的，不同品种甚至相同品种不同个体，对同一疫苗的反应强弱也有差异，有些品种/个体生来就有先天性免疫缺陷。

(2) *疾病因素* 某些疾病（如鸡传染性法氏囊病）的病原能损害鸡的某些免疫器官，从而降低机体的免疫应答能力。

**4. 营养因素** 维生素、氨基酸及某些微量元素的缺乏或不平衡等都会使机体免疫应答能力降低，如维生素A的缺乏会导致淋巴细胞的萎缩，影响淋巴细胞的分化、增殖，受体表达与活化，导致体内的T淋巴细胞减少，吞噬细胞的吞噬能力下降，B淋巴细胞的抗体产生能力下降，导致机体免疫应答能力降低。

饲料质量：某些预混料厂家不按质量标准配制预混料，或某些原材料供应商供给客户劣质假冒原料，都会影响免疫效果。

**5. 管理与环境因素** 舍内温度、湿度、养殖密度、通风、有害气体浓度、运输、转栏、换料、用药及免疫接种等处理不当均会对鸡群产生应激。环境卫生好，可大大减少动物发病机会，即使抗体水平不高也能得到保护。如果环境中有大量的病原体，即使动物抗体水平较高也存在发病的可能。因此，加强管理，搞好环境卫生在疫病防治中同等重要。

此外，生物安全因素也很重要，养殖场门口设消毒池，加强圈舍防护、人员出入的防疫管理、病死鸡的无害化处理等方面对于减少环境中病原微生物的传播起着重要作用。

**【蛋鸡常用疫苗】**

目前，经批准鸡场常用疫苗有如下几类。

（1）禽流感疫苗 重组禽流感病毒（H5＋H7）二价灭活疫苗（H5N1Re－8 株＋H7N9－Re－1 株）、禽流感灭活疫苗（H5N2 亚型，D7 株）、禽流感病毒 H5 亚型灭活疫苗（D7 株＋Rd8 株）、禽流感病毒 H9 亚型灭活疫苗。

（2）鸡新城疫疫苗 鸡新城疫活疫苗（LaSota 株）、鸡新城疫灭活疫苗（LaSota 株）、鸡新城疫活疫苗（Clone30 株）、鸡新城疫活疫苗（CS2 株）、鸡新城疫灭活疫苗（HB1 株）、重组新城疫病毒灭活疫苗（A－Ⅶ株）等。

（3）鸡马立克氏病疫苗 鸡马立克氏病火鸡疱疹病毒活疫苗（Fc126 株）、鸡马立克氏病活疫苗（814 株）、鸡马立克氏病Ⅰ型、Ⅲ型二价活疫苗（814 株＋HVT Fc126 克隆株）、鸡马立克氏病活疫苗（CVI988 株）、鸡马立克氏病Ⅰ＋Ⅲ型二价活疫苗（CVI988＋Fc126 株）。

（4）鸡传染性法氏囊病疫苗 鸡传染性法氏囊病活疫苗（B87 株）、鸡传染性法氏囊病活疫苗（NF8 株）、鸡传染性法氏囊病活疫苗（Bj836 株）、鸡传染性法氏囊病活疫苗（K85 株）。

(5) *鸡传染性支气管炎疫苗* 鸡传染性支气管炎活疫苗（H120株)、鸡传染性支气管炎活疫苗（H52 株)、鸡传染性支气管炎活疫苗（W93 株)、鸡传染性支气管炎活疫苗（LDT3-A 株)、鸡传染性支气管炎活疫苗（NNA 株)。

(6) *鸡毒支原体病疫苗* 鸡毒支原体活疫苗、鸡毒支原体灭活疫苗。

(7) *鸡传染性鼻炎疫苗* 鸡传染性鼻炎（A 型）灭活疫苗、鸡传染性鼻炎（A 型+C 型）灭活疫苗。

**【注意事项】**

(1) 进行免疫接种当天，应禁止对禽舍消毒，禁止投服一些抗菌类及抗病毒类药物。

(2) 疫苗接种前，应仔细观察鸡群的健康状况。若鸡群总体健康状况差，甚至发生疫情，应暂缓接种疫苗。

(3) 使用疫苗时应登记疫苗批号、注射地点、日期和禽数，并保存同批样品两瓶，保存时间不少于免疫后 2 个月，以便若有不良反应和异常情况检查原因所用。

(4) 严禁用热水、温水及含氯消毒剂的水稀释疫苗，以防破坏疫苗的活性。

(5) 注射过程应严格消毒，针头应逐只更换，更不得一支注射器混用多种疫苗，同时使用后要正确处理，防止散毒。

(6) 接种疫苗后，仍要注意鸡场环境卫生，避免蛋鸡在尚未完全产生免疫力之前感染强毒，造成免疫失败。

(7) 疫苗用量不要过度贪大，否则会造成强烈应激，使免疫应答减弱，影响免疫效果。

# 蛋鸡常见疾病临床用药

蛋鸡养殖中首先应当关注感染性疾病，感染性疾病包括病毒性疾病、细菌性疾病和寄生虫病。其次应当关注营养代谢性等其他疾病。病毒性疾病只能使用疫苗免疫进行防控，细菌性疾病、寄生虫病和营养代谢性等其他疾病可使用各种药物进行治疗。

## 第一节　蛋鸡病毒性疾病

### 一、禽痘

禽痘是由禽痘病毒引起的一种高度接触性传染病。鸡最易感，不分年龄、性别和品种均可感染；其次是鸭、火鸡、鸽、鸭、鹅以及金丝鸟、麻雀等也可感染。病鸡和带毒鸡是主要传染源。一年四季均可发生，以春秋两季蚊虫活跃季节最易流行。皮肤型，以头部皮肤多发，在体表无毛处形成皮肤痘疹，一般无全身症状；白喉型，以上呼吸道、口腔和食管部黏膜的纤维素性坏死形成假膜为特征，全身症状明显，引起采食与呼吸发生障碍；混合型，皮肤和黏膜均被侵害。病毒侵入皮肤或黏膜后，首先在上皮细胞中繁殖，并引起细胞增生肿胀，而后形成结节，上皮细胞产生空泡变性和水肿。

**【预防】**对发生过本病的地区，应采用鸡痘疫苗免疫接种。我国生产的鸡痘活疫苗有鸡痘鹌鹑化弱毒疫苗和鸡痘鸡胚化弱毒疫苗两种，联苗有鸡痘-禽脑脊髓炎二联活疫苗。目前，鸡痘疫苗均需刺种。接种后数天，应检查接种部位是否出现轻微红肿和豌豆粒大的结节，没有则说明接种失败，需重新接种。一般采用两次免疫，第一次在10～20日龄，第二次加强免疫在3～5周后。发现本病时，扑杀并无害化处理病鸡和同群鸡，其他健康鸡进行紧急免疫接种。

## 二、禽流感

禽流感是由A型禽流感病毒引起禽类的一种急性传染病。鸡、火鸡最易感，鸭、鹅及其他水禽多为隐性感染。该病主要经呼吸道传播。急性败血型禽流感，表现为高度沉郁、昏睡，张口喘气，流泪流涕（在水禽有时可见眼鼻流出脓样液体），冠髯发绀、出血，头颈部肿大，急性死亡；病理变化特征是眼角膜混浊，眼结膜出血、溃疡；翅膀、嗉囊部皮肤表面有红黑色斑块状出血等。急性呼吸道型禽流感，主要表现为流泪流涕、呼吸急促、咳嗽、打喷嚏，鼻窦肿胀，下痢，部分发生死亡；主要病理变化为喉头气管出血，鼻窦积聚分泌物，眼结膜水肿出血，有时亦见类似急性败血型禽流感的病理变化。非典型禽流感，病禽一般表现为流泪、咳嗽、喘气、下痢，产蛋率大幅度下降（下降幅度为50%～80%），并发生零星死亡；大体病理变化为鼻窦、气管、气囊、肠道有渗出性炎症，有时见气囊有纤维素性渗出，囊壁增厚，母禽发生卵黄性腹膜炎，输卵管时有炎症渗出物。

**【预防】**目前，在禽流感的预防方面，以传统的全病毒灭活疫苗的应用最为广泛，高致病性禽流感疫苗需在我国农业农村部指定范围内应用。除了常规疫苗，还有新型疫苗禽流感重组活载体疫苗、基因工程亚单位疫苗、DNA疫苗。农业部颁布了农业行业标准《高致病性禽流感免疫技术规范》。可根据农业行业标准，结合各地实际，制订适宜的禽流感免疫程序。

## 三、新城疫

新城疫是由新城疫病毒引起的一种急性、热性、败血性和高度接触性传染病。主要侵害鸡和火鸡，其他禽类亦可受到感染。病鸡是主要的传染源，病毒存在于病鸡的组织器官、体液、分泌物和排泄物中。最急性型多见于雏鸡和流行初期。突然发病，无特征性症状而迅速死亡。急性型表现有呼吸道、消化道、生殖系统、神经系统异常。母鸡产蛋停止或产软壳蛋。部分鸡出现转脖、望星、站立不稳或卧地不起等神经症状。剖检见腺胃乳头出血，肠道表现有枣核状紫红色出血、坏死灶。喉头和气管黏膜充血、出血，有黏液。慢性型多发生于流行后期的成年鸡。

**【预防】**预防的关键是对健康鸡进行定期免疫接种。首次免疫一般在7～8日龄进行（Ⅳ系苗，LaSota株，点眼、滴鼻），经过10～15d后进行二次免疫（Ⅳ系苗饮水），若是蛋鸡或种鸡，于产蛋前2周用新城疫油乳剂苗皮下注射0.2mL/羽，可获得较有效的免疫力，使种蛋含有提供高水平的母源抗体，确保孵出的雏鸡在2周内可获得有效被动免疫保护。

## 四、传染性支气管炎

传染性支气管炎是由传染性支气管炎病毒引起鸡的急性、高度接触性呼吸道传染病。各种日龄的鸡都易感，但5周龄内的鸡症状较明显。传染源主要是病鸡和康复后带毒鸡，主要通过空气传播，一般认为本病不能通过种蛋垂直传播。雏鸡和产蛋鸡的症状不尽相同。临床特征是咳嗽、喷嚏、气管啰音和呼吸道黏膜呈浆液性卡他性炎症，输卵管损害是永久性的。产蛋鸡感染症状不很严重，轻微的呼吸困难、咳嗽、气管啰音，产蛋下降，种蛋的孵化率降低。产蛋母鸡卵泡充血、出血或变形；输卵管短粗、肥厚，局部充血、坏死。除有呼吸道症状外，还可引起肾炎和肠炎，出现病鸡肾肿大、肾小管和输尿管内有尿酸盐沉积等病理变化。

**【预防】**目前，常用的疫苗有活苗和灭活苗两种，我国广泛应用的活苗是 H120 和 H52 株疫苗，两种疫苗的区别在于前者的毒力较弱，主要用于免疫 3～4 周龄以内的雏鸡。H52 用于经 H120 免疫过的鸡，育成鸡开产时可选用 H52 疫苗，或在雏鸡阶段选用新城疫-传染性支气管炎二联活疫苗，灭活油乳剂苗主要在种鸡及产蛋鸡开产前应用。活苗免疫可用滴鼻、气雾和饮水方法，灭活苗采用肌内注射。二联苗主要是新城疫、传染性支气管炎的二联活疫苗，由于使用上较方便，并节省资金，故应用者也较多。以上各疫苗的接种方法、剂量及注意事项，应按说明书严格进行操作。

## 五、传染性喉气管炎

传染性喉气管炎是由传染性喉气管炎病毒引起鸡的一种急性、高度接触性、呼吸道传染病，主要发生于成年鸡。病鸡和带毒鸡是主要的传染源，病毒主要存在于病鸡的气管组织及其渗出物中。以呼吸困难、喘气、咳出血样渗出物为特征，有头向前向上吸气姿势。病变主要在喉头和气管组织，病初喉头和气管黏膜充血、肿胀，高度潮红，有黏液，进而黏膜发生变性、出血和坏死，气管中有含血黏液或血凝块，气管管腔变窄，病程 2～3d 后有黄白色纤维素性干酪样假膜。

**【预防】**预防本病的商品化疫苗有鸡传染性喉气管炎弱毒活疫苗和鸡传染性喉气管炎重组鸡痘病毒基因工程疫苗。弱毒活疫苗毒株一般毒力偏强，会产生一定的副作用，可导致持续感染，可由接种鸡向非接种鸡传播，在鸡只传播过程中毒力会返强。因此，一般无发病史的鸡群不提倡接种。一般首免可在 4～5 周龄时进行，12～14 周龄时再接种一次。使用疫苗时一定要注意各个疫苗厂家的使用说明。

## 六、马立克氏病

马立克氏病是鸡的一种常见的淋巴细胞增生性疾病，通常以外周神经和包括虹膜、皮肤在内的其他各种器官和组织的单核细胞浸润为特征。鸡是马立克氏病毒最重要的自然宿主。在鸡只之间很容易发生直接或间接接触传播，不能垂直传播。发生经典型马立克氏病时，感染的鸡表现出不同程度的共济失调和颈部或四肢的疲软性麻痹，鸡发生急性（致死）型马立克氏病在麻痹开始后24～72h内死亡。马立克氏病的病理变化主要包括神经损伤和内脏淋巴瘤。严重受侵害的外周神经表现横纹消失、灰色或黄色的褪色及有时呈水肿样外观。

**【预防】**常用的马立克氏病疫苗有Fc126、CVI988，既有单价的也有多种组合的。使用最广泛的疫苗是致弱的马立克氏病血清Ⅰ型疫苗（CVI988）和天然无毒力火鸡疱疹病毒（Fc126株）或血清Ⅱ型病毒疫苗。马立克氏病疫苗接种于出壳前和刚孵出的雏鸡。细胞结合性疫苗和细胞游离性疫苗都是通过皮下或肌内注射，一般每只鸡剂量超过2 000蚀斑形成单位。在孵化到第18天直接给鸡胚接种疫苗也能发挥作用。

## 七、传染性法氏囊病

传染性法氏囊病是由传染性法氏囊病毒引起的一种急性、高度接触性和免疫抑制性的禽类传染病。鸡是已知的唯一受传染性法氏囊病毒感染而临床发病并有明显病变的动物。感染鸡群最早出现的临床症状是啄肛。病鸡泄殖腔周围羽毛黏有泥土、白色或水样粪便，食欲减退、精神沉郁，羽毛竖起，严重虚脱，最终死亡。病鸡脱水，后期体温低于正常体温。死于传染性法氏囊病的鸡表现脱水，胸肌颜色发暗，股部和胸部肌肉经常出血。肠道内黏液增加，死亡或者病程较长的鸡肾脏病变明显。法氏囊是传染性法氏囊病的主要靶器官。法氏囊浆膜面有胶冻样黄色渗出液，表面的纹理变得明显，颜色由正常的白色变成乳白色；随着法氏囊恢复到正常体积，表面的渗出液开始消失。当法氏囊开始萎缩时，即变成灰色。

**【预防】**预防接种是预防鸡传染性法氏囊病的一种有效措施。目前，我国批准生产的疫苗有弱毒苗和灭活苗。低毒力株弱毒活疫苗，用于无母源抗体的雏鸡早期免疫，对有母源抗体的鸡免疫效果较差，可点眼、滴鼻、肌内注射或饮水免疫。中等毒力株弱毒活疫苗，供各种有母源抗体的鸡使用，可点眼、口服、注射。灭活疫苗使用时应与鸡传染性法氏囊病活苗配合。鸡传染性法氏囊病免疫效果受免疫方法、免疫时间、疫苗选择、母源抗体等因素的影响，其中母源抗体是非常重要的影响因素，有条件的鸡场应根据测定母源抗体水平的结果，制订相应的免疫程序。

## 八、产蛋下降综合征

产蛋下降综合征是由Ⅲ亚群禽类腺病毒引起的一种传染病，各种日龄的鸡都易感。鸡感染后影响整个产蛋期的生产。感染鸡群以突然发生群体性产蛋下降为特征。食欲下降和萎靡不振，随后蛋壳褪色，接着出现软壳蛋、薄壳蛋。薄壳蛋的外表粗拙，一端常呈细颗粒状如砂纸样。本病无特征性病理变化，一般不引起死亡。天然病例仅见有些病鸡卵巢和输卵管萎缩，人工感染的病鸡常见子宫黏膜水肿性肿胀，有些则见卵巢萎缩。

**【预防】**产蛋下降综合征油佐剂灭活苗在海内外已广泛应用，效果很好。该苗可用于蛋鸡后备鸡、种鸡后备母鸡群，于开产前2～4周（即140日龄左右）免疫，整个产蛋周期内可得到较好的保护。

## 九、禽传染性脑脊髓炎

禽脑脊髓炎是一种能引起青年鸡、雏鸡、鹌鹑和火鸡感染的病毒性传染病，其特征是共济失调和快速震颤，特别是头和颈部的震颤。除鸡外，野鸡、鹌鹑和火鸡也能自然感染。病鸡最早症状是目光呆滞，随后发生进行性共济失调，驱赶时走动显得不能控制速度和步态，最终倒卧一侧。呆滞显著时可伴有衰弱的呻吟。刺激或骚扰可诱发病雏的颤抖，持续时间长短不一，并经不规则的间歇后再发。共济失调通常在颤抖之前出现，通常发展到不能行走，之后是疲乏、虚脱，最终死亡。禽脑脊髓炎唯一的眼观变化是病雏肌胃有带白色的区域，最常见的其他变化是脑和脊髓所有部位的显著血管周袖套。中脑圆核和卵圆核恒有疏松小胶质细胞增生，是具有诊断意义的变化。脑干核神经元的中央染色质溶解也具有诊断意义。

**【预防】**种鸡群在生长期接种疫苗，保证其在性成熟后不被感染，以防止病毒通过蛋源传播，是防制禽脑脊髓炎的有效措施。8周龄后，或在开始产蛋之前至少4周，是接种疫苗的合适时间。大多数鸡群都用鸡胚繁殖的活疫苗通过饮水和喷雾等自然途径免疫。灭活疫苗在已开始产蛋的鸡群也可使用，但注射疫苗的操作对产蛋有一定影响。

## 十、腺病毒病

腺病毒病是由禽腺病毒引起的一种亚临床性传染病，多数为长期潜伏带毒，引起症状不明显的潜伏感染，少数可致病。垂直传播途径在腺病毒的传播中占有非常重要的地位，腺病毒可通过鸡胚传播，水平传播也很重要。包含体肝炎特征是3～4d后突然出现死亡高峰，一般第5天停止，但偶尔也持续2～3周。心包积水综合征的死亡率在20%～80%，但发病率很低。典型的过程是，在3周出现死亡，在4周和5周有4～8d的死亡高峰，然后死亡率下降。

**【预防】**净化种鸡群是重要的预防控制措施，加强饲养管理和环境消毒，杜绝传染源传入。目前，本病尚没有疫苗用于预防免疫。

## 第二节　蛋鸡细菌性疾病

### 一、传染性鼻炎

传染性鼻炎是由副鸡禽杆菌也称副鸡嗜血杆菌引起的呼吸道传染病及上呼吸道传染病，可导致蛋鸡的产蛋量下降。本病发生于各种日龄的鸡，老龄鸡群感染可造成严重后果。主要传播方式是呼吸道和消化道传播，其中呼吸道传播引起的危害较为严重。病鸡最初症状是发热，食欲减退，流稀薄鼻液，嗜睡，精神沉郁，离群发呆、打喷嚏、细听有呼噜声；发病 3～5d 后，病鸡脸肿胀或显示水肿，眼结膜炎、眼睑肿胀、出现眼睛流泪，流鼻液，先为浆液性，后为脓性，其中混有泡沫，呼吸困难、出现呼噜声和奇怪的咳嗽声，同时出现拉白、黄、绿色稀粪；后期一侧眼肿，颜面部肿胀，单眼失明，同时两鼻孔中流鼻液，中后期眼睛的同一侧鼻孔被鼻液形成的黄色痂膜堵塞，另一鼻孔中的鼻液随呼吸而形成气泡，且散发有特殊刺鼻性气味。仔鸡生长不良；成年母鸡产蛋减少，产蛋率及采食量下降，软壳蛋增加；公鸡肉髯常见肿大。

**【预防】**预防接种是预防鸡传染性鼻炎的一种有效措施。鸡传染性鼻炎 A 型灭活疫苗（QL－Apg－3 株）颈背部皮下注射。鸡传染性鼻炎（A 型）灭活疫苗（C－Hpg－8 株）胸或颈背部皮下注射。鸡传染性鼻炎二价灭活疫苗（A 型 221 株＋C 型 H－18 株）腿部肌内注射。鸡传染性鼻炎灭活疫苗（A 型＋C 型）皮下或肌内注射。鸡传染性鼻炎三价灭活疫苗（W 株＋Spross 株＋Modesto 株）胸部、腿部肌肉注射或颈背部皮下注射。鸡传染性鼻炎三价灭活疫苗（A 型 083 株＋B 型 Spross 株＋C 型 H－18 株）皮下注射。适用于免疫 5 周龄以上鸡只，建议蛋鸡和种鸡免疫两次。鸡毒支原体、传染性鼻炎

(A 型+C 型) 二联灭活疫苗颈部皮下注射或肌内注射。鸡传染性鼻炎(A 型+C 型)、新城疫二联灭活疫苗颈背部皮下注射。

**【治疗】** 治疗最好进行细菌药敏试验后选用。一般可选用氨基糖苷类类、四环素类、酰胺醇类抗生素和氟喹诺酮类抗菌药（如恩诺沙星)。

## 二、支原体病

鸡支原体病是由鸡毒支原体引起的鸡接触性传染性慢性呼吸道病。本病发生于各种年龄的鸡，但对 15～21 日龄的雏鸡感染极为严重。主要传播方式是接触传播和经卵传播。病鸡最常见的症状是呼吸道症状，主要表现为咳嗽、喷嚏、气管啰音和鼻炎。支原体可以入侵鸡的脑组织导致其出现运动失调，最为明显的为受感染鸡群生产性能下降，产蛋量明显下降。

**【预防】** 预防接种可以有效预防鸡支原体病。目前，我国批准使用的疫苗有以下几种，鸡毒支原体灭活疫苗（CR 株)；鸡毒支原体、传染性鼻炎（A 型+C 型）二联灭活疫苗；鸡毒支原体活疫苗（F-36 株)，点眼接种。鸡毒支原体活疫苗（MG 6/85 株)，此疫苗产蛋前 4 周和产蛋期间的鸡禁止使用；鸡毒支原体活疫苗（TS-11 株）用于蛋鸡和种鸡。

**【治疗】** 治疗最好可进行药敏试验后选药。一般可选择的药物包括：四环素类（如多西环素)、大环内酯类（如泰乐菌素、泰万菌素和替米考星）和氟喹诺酮类（如恩诺沙星、环丙沙星、沙拉沙星等)，但氟喹诺酮类药物不宜用于雏鸡，产蛋期禁用。还可以选用某些中兽药制剂拌料喂食。在治疗期间对禽舍进行消毒，使用 5%氢氧化钠溶液、1%醋酸溶液、10%含氯石灰溶液交替消毒，每日 2 次。

## 三、鸡白痢

鸡白痢是由鸡白痢沙门氏菌引起的一种死亡率高、影响范围广的传染病。多侵害3周龄以内幼雏，发病率和死亡率极高；对日龄较大的青年鸡也可致病和致死；成年鸡亦可被感染，常导致母鸡产蛋减少，生殖道畸形，体重下降，也导致种蛋孵化率和出雏率明显下降。水平传播和垂直传播在鸡白痢的流行过程中均发挥着重要作用。病鸡常出现采食量减少、瞌睡、惧冷、易靠近热源、不喜欢活动、萎靡不振等症状；同时排出白色粪便，严重的会出现泄殖腔周围粘有粪便，甚至把泄殖腔糊住。

**【预防】**目前，国内对于鸡白痢无有效疫苗可用，控制鸡白痢的有效措施是对鸡群进行净化，淘汰阳性鸡只。

**【治疗】**进雏时要从鸡白痢净化鸡场购雏。雏鸡可使用氨基糖苷类抗生素（如新霉素、庆大霉素）进行治疗，也可用四环素类抗生素（如土霉素、四环素、多西环素）。青年鸡除可用氨基糖苷类、四环素类外，还可以使用氟喹诺酮类（如环丙沙星、沙拉沙星等）、酰胺醇类等。开产前进行鸡白痢净化，检出阳性鸡淘汰。产蛋期禁止使用抗生素，可采用中兽药制剂对鸡白痢进行防控。同时可使用微生态制剂来治疗和预防腹泻，但使用时不得与抗菌药物或抗菌药物添加剂同时使用，不得用含氯气的自来水稀释，勿用30℃以上热水溶解，打开内包装后限当日用完。

## 四、禽霍乱

禽霍乱又称禽巴氏杆菌病或禽出血性败血症，是由单一的禽多杀性巴氏杆菌引起的一种传染病。3～4月龄的鸡和成鸡较容易感染。该病主要是通过呼吸道或者皮肤外伤感染引起。最急性型以产蛋鸡和肥壮鸡多见，病禽常常不表现任何症状，仅见倒地拍翅抽搐，几分钟或数小时内死亡。急性型是精神沉郁，闭目呆立不动，弓背、缩头或将头藏在翅膀下，口鼻流出淡黄色带泡沫的分泌物，排出黄色、灰黄色甚至污绿色粪便，有时伴有血液，鸡冠及肉髯发紫，呼吸急促并时常摇头，又称"摇头瘟"。慢性型通常是急性型转变而来，表现为慢性呼吸道炎症和慢性肠炎。

**【预防】**预防接种可以有效预防禽霍乱。目前，我国批准使用的疫苗有以下几种，禽多杀性巴氏杆菌病蜂胶灭活疫苗；禽多杀性巴氏杆菌油乳剂灭活疫苗（TJ 株）；禽多杀性巴氏杆菌病灭活疫苗（1502 株）；禽多杀性巴氏杆菌病灭活疫苗（C48－2 株）；鸡多杀性巴氏杆菌病、大肠杆菌病二联蜂胶灭活疫苗（A 群 BZ 株＋O78 型 YT 株）；兔禽多杀性巴氏杆菌病灭活疫苗；禽多杀性巴氏杆菌病活疫苗（B26－T1200 株）；禽多杀性巴氏杆菌病活疫苗（G190E40 株）。

**【治疗】**禽霍乱发病急，往往来不及治疗就死亡。因此用药应尽早，可肌内注射氨基糖苷类抗生素（如卡那霉素、庆大霉素）、氟苯尼考、恩诺沙星和复方磺胺药等。产蛋期禁止使用抗生素，可以选用中兽药制剂拌料喂食。治疗同时应保证充足的清洁饮水，并添加葡萄糖等，以保证能量需要和代谢平衡。

## 五、禽伤寒

禽伤寒是由禽伤寒沙门氏菌引起的急性败血性或慢性经过的传染病。雏鸡和成年鸡均易感，一般呈散发性。受感染的鸡是本病蔓延与传播的最重要的方式。雏鸡表现为瞌睡，生长不良，虚弱，食欲丧失，并在泄殖腔周围粘有白色物。孵化结束时，出雏盘中可以同时发现死雏和不能出壳的死胚蛋。成年鸡病程通常发展迅速，急性病例往往不见任何预先症状而突然死亡，鸡冠、肉髯苍白，皱缩。排淡黄色或绿色稀粪，玷污泄殖腔周围羽毛。

**【预防】**目前，国内对于禽伤寒无有效疫苗可用，控制禽伤寒的有效措施是对鸡群进行净化，淘汰阳性鸡只。

**【治疗】**进雏时要从禽伤寒净化鸡场购雏，雏鸡可使用氨基糖苷类抗生素（如新霉素、庆大霉素）进行治疗，也可用四环素类抗生素（如土霉素、四环素、多西环素），青年鸡除可用氨基糖苷类、四环素类外，还可以使用氟喹诺酮类（如环丙沙星、沙拉沙星等）、酰胺醇类等，产蛋期禁用。开产前进行禽伤寒净化，检出阳性鸡淘汰。产蛋期禁止使用抗生素，可采用中兽药制剂对禽伤寒进行防控。同时可使用微生态制剂来治疗和预防腹泻，微生态制剂使用时不得与抗菌药物或抗菌药物添加剂同时使用，不得用含氯气的自来水稀释，勿用30℃以上热水溶解，打开内包装后限当日用完。

## 六、禽结核病

禽结核病是由禽结核分支杆菌引起的一种主要危害鸡的慢性传染病。不同年龄鸡都可以感染，老龄鸡比雏鸡严重，但在雏鸡中有时也可见到严重的开放性结核病。临床表现为病鸡咳嗽、喷嚏，呼吸粗重，并且呼吸的次数增加。精神委顿，衰弱，极度消瘦，表现营养不良，体重减轻，胸部肌肉明显萎缩，胸骨凸出。患病几日后可见鸡羽毛粗乱，皮肤干燥，鸡冠和肉髯苍白。

**【预防】**目前，国内对于禽结核病无有效疫苗可用，对于发病鸡必须严格扑杀，不得使用药物治疗。

**【治疗】**如果发现有病鸡必须立即淘汰，对病死鸡不得随意抛弃，应集中烧毁或深埋，由于禽结核病是慢性发作，并且病程长，不容易被畜主及时发现，而且病鸡能够不断地散播病菌，因此为了减少本病在鸡群中的传染机会，应该把两年以上的老鸡、瘦弱鸡和产蛋少的母鸡，予以定期淘汰，防止传播本病。病鸡舍和一切用具须彻底清洗消毒。

## 七、大肠杆菌病

鸡大肠杆菌病是由致病性大肠杆菌感染引发的一种细菌性传染病，病鸡主要表现气囊炎、肺炎、心包炎、结膜炎、腹膜炎、肠炎、输卵管炎和全身症状；病雏鸡表现为卵黄囊炎、脐炎。各种品种以及不同日龄的鸡均可感染发病。感染鸡群可造成严重后果。病鸡和带菌鸡是主要传染源，病原可经蛋鸡的呼吸道以及消化道进行传播，还可经过种蛋进行垂直传播。雏鸡阶段感染主要表现为卵黄囊炎和脐炎，表现为腹部膨大，脐部发炎肿胀，有些脐部闭合不全，排绿色和灰白色粪便，2周龄至性成熟之间的鸡感染多表现为急性败血症和气囊炎。

**【预防】**预防本病主要通过加强饲养管理和疫苗免疫为主。鸡大肠杆菌病灭活疫苗；鸡多杀性巴氏杆菌病、大肠杆菌病二联蜂胶灭活疫苗（A群BZ株＋O78型YT株）；鸡大肠杆菌病蜂胶灭活疫苗，用于预防由O78、O111、O2、O5型大肠杆菌引起的鸡大肠杆菌病，免疫期为4个月。

**【治疗】**治疗本病优先选用抗菌药物。若是腹泻型肠道症状，可在饮水中添加氨基糖苷类抗生素进行治疗。对开产后发病的病鸡，很多药物能影响鸡产蛋性能，且抗菌药物的使用容易在蛋中产生药物残留，产蛋期禁止使用抗菌药物，因此治疗时应以中兽药、微生态添加剂和免疫增强剂的使用为主。中药可选择三黄汤（成分为黄连、黄柏、大黄）、雄连散（黄连、黄芪、金银花、大青叶、雄黄等）、复方白头翁散（白头翁、秦皮、诃子、乌梅等），微生态添加剂可选以乳酸菌、枯草芽孢杆菌、地衣芽孢杆菌为主要成分的药物，免疫增强剂以转移因子为主。加强饲养管理，注重消毒管理和集群管理。

## 八、坏死性肠炎

坏死性肠炎是由A型或C型产气荚膜梭菌引起的一种急性细菌

性传染病，出现临床症状的时间通常很短，常见的唯一症状是死亡率突然增加。主要传播方式是消化道传播。本病以突然发病、急性死亡为特征。表现为明显的精神抑郁，闭眼嗜睡，生长发育受阻；腹泻，食欲严重减退；翅腿麻痹，颤动，站立不起，瘫痪，双翅拍地，触摸时发出尖叫声。病变主要发生在空肠，可出现胀气、质地脆弱、含有棕色的恶臭液体。黏膜外观一般呈淡棕色白喉样膜。

**【预防】** 目前，尚无有效的疫苗可用。

**【治疗】** 坏死性肠炎常见的治疗方法是口服给药，常用的药物是杆菌肽锌、林可霉素和泰妙菌素等。治疗期间，以药物饮水作为唯一水源。产蛋期禁止使用抗生素，可采用中兽药制剂进行治疗。避免突然更换饲料，尽量减少日粮中鱼粉、小麦、大麦或黑麦的用量，有助于预防坏死性肠炎。在必须使用大量小麦、大麦或黑麦时，通常在饲料中添加酶制剂，可减少坏死性肠炎的发病率。另外，使用益生菌或竞争性排斥制剂，也可用于治疗坏死性肠炎。

## 九、葡萄球菌病

鸡葡萄球菌病是一种由金黄色葡萄球菌引起的一种急性或慢性非接触性传染病。病原菌侵入鸡体不同部位会产生不同的致病力，从而导致临床上出现多种类型。父母代蛋鸡脐部有葡萄球菌感染，则新出壳雏鸡就会发生脐部感染。当皮肤外伤继发葡萄球菌感染后，可出现坏疽性皮炎。当葡萄球菌传播至全身时，引起病鸡关节炎、滑膜炎、骨髓炎和心内膜炎。滑膜炎最常见的临床症状是跛行。坏疽性皮炎感染部位常出血并发出捻发音。

**【预防】** 目前，尚无有效的疫苗可用。

**【治疗】** 抗生素可有效治疗葡萄球菌病，但由于普遍存在抗药性，因此在用药之前最好进行药敏试验，选择有效的敏感药物用于治疗。病鸡可肌内注射青霉素或阿莫西林。对鸡群进行治疗时，可在饲料中添加磺胺类药物，或在饮水中添加大环内酯类药物。产蛋期禁止使用抗生素，可采用中兽药制剂进行治疗。

加强饲养管理，鸡舍用0.5%过氧乙酸进行喷雾消毒，每日1次，连续3d。清除一切能够使蛋鸡出现外伤的隐患，尤其笼内不能有尖锐物，而保证良好的垫料管理，对控制足垫损伤有很好的作用，孵化室的卫生和良好的种蛋管理措施，对减少脐部感染和脐炎也十分重要。在饮水中添加抗应激药物，可以减少或避免应激。同时在饮水中添加适量的口服补液盐和电解多维，配合中药治疗，均有良好效果。

## 十、禽衣原体病

禽衣原体病是由鹦鹉热衣原体引起的一种传染病，该病原体能感染大多数禽类和哺乳动物。在禽类，不同血清变异型的衣原体能够引起不同种类禽的多种疾病，以呼吸系统、消化系统或全身性感染为特征。最常见的临床症状是流鼻涕和流泪、鼻窦炎、排黄绿色粪便，站立往往呈企鹅状，且腹部明显膨大。对腹部触摸能感到水样波动，部分还有单侧或双侧出现眼结膜炎。剖检实质器官呈浆液纤维蛋白性多发性浆膜炎（气囊炎、心包炎、肝周炎、腹膜炎）、肺炎、肝脏和脾脏肿大。肝脏和脾脏表面可见许多白色点状或斑状出血。

**【预防】**目前，尚无可用的有效疫苗。

**【治疗】**一般口服四环素类药物（如土霉素、金霉素）进行治疗。衣原体对温度很敏感，56℃ 5min即可死亡；对大多数消毒剂也很敏感，如用含氯消毒剂对鸡舍、笼具进行定期消毒。

## 十一、禽曲霉菌病

禽曲霉菌病，亦称真菌性肺炎，是由烟曲霉菌和黄曲霉菌引起的一种呼吸系统的传染病。以1～4周龄雏鸡多发，病鸡和带菌鸡是主要传染源，病原可经鸡的呼吸道以及消化道进行传播，还可经过种蛋进行垂直传播。急性多见于雏鸡，精神萎靡，多卧伏，拒食，对外界反应淡漠，离群独处，闭目昏睡，羽毛松乱。病程稍长，可见呼吸困难，伸颈张口，细听可闻气管啰音，但不发生明显的“咯咯”声。成年鸡由于缺氧，冠和肉髯颜色暗红或发紫，食欲显著减少或不食，饮欲增加，常有下痢。剖检可见法氏囊、脾脏、胸腺等免疫器官萎缩，肺脏病变以直径从几毫米到几厘米呈奶油色的菌斑为特征。眼型病鸡，眼角内可见大的菌斑。

**【预防】**目前，尚无有效的疫苗可用，有效控制措施是加强饲养和卫生管理，孵化场严格遵守卫生规程可减少早期的暴发，污染种蛋不能入孵。

**【治疗】**可使用制霉菌素治疗，在鸡群饮水中加入0.5g/L硫酸铜或5.0g/L碘化钾，供鸡群交替使用，连续饮用5d。加强饲养管理，使用甲醛溶液对污染的出雏器进行熏蒸消毒，所有设备进行清洗和消毒。

## 十二、禽螺旋体病

禽螺旋体病是由鹅疏螺旋体引起禽类的一种急性、发热性、败血性传染病。各种日龄的蛋鸡均易感，雏鸡的易感性和病死率较高，感染后可自然康复。贫血和黄疸是本病最特征的症状。急性病例体温突然升高，精神倦怠、沉郁、嗜睡、中度或重度震颤、渴欲增加；腹泻，排绿色稀粪，严重者腿翅麻痹，昏迷，最后抽搐死亡。慢性病例较少见，症状与急性相似但较轻缓。

**【预防】**目前，尚无有效的疫苗可用，有效控制措施是避免将有蜱寄生的鸡引进洁净鸡群，消灭蜱、螨等生物媒介。

**【治疗】**病鸡应隔离治疗或淘汰，病死鸡和粪便应妥善处理。在治疗时很多种抗菌药都是有效的。常用的是青霉素和阿莫西林，硫酸链霉素、盐酸四环素和泰乐菌素也有疗效。每批鸡饲养完成后，彻底清洁鸡舍和鸡笼，消灭蜱、螨等生物媒介。

## 第三节 蛋鸡寄生虫病

### 一、球虫病

鸡球虫病是艾美耳属的多种球虫寄生在鸡小肠或盲肠黏膜内而引起的一种常见原虫病，病愈的雏鸡生长受阻，增重缓慢；成年鸡一般不发病，但为带虫者，增重和产蛋能力降低，是传播球虫病的重要传染源。急性病例排出呈红色、几乎全部是血液的稀便，或排出成形或稀呈污红色的似胡萝卜状或烂肉样粪便。急性病例盲肠肿胀，其内有多量血液或暗红色血凝块，慢性病例小肠通过浆膜层可看到针尖至针头大小的紫红色出血点和灰白色坏死点。

**【预防】**鸡球虫病活疫苗可用于预防雏鸡的球虫病，一般免疫后14d产生免疫力，免疫期为1年。将球虫苗经拌料或饮水口服免疫，蛋鸡分别为3、10、20日龄进行3次免疫。目前，批准的疫苗有鸡球虫病三价活疫苗、鸡球虫病四价活疫苗。

鸡场一旦发生球虫病，应及时治疗，常用治疗药物有磺胺喹噁啉、磺胺氯吡嗪钠和氨丙啉。预防球虫病可用聚醚类抗生素、地克珠利、氯羟吡啶等。

### 二、鸡住白细胞虫病

鸡住白细胞虫病又称鸡白冠病，是由住白细胞虫寄生在鸡的单核细胞中所引起的一种高致死性原虫病。鸡住白细胞虫病的原因主要有两种：沙氏住白细胞虫、卡氏（考氏）住白细胞虫。沙氏住白细胞虫的致病力较弱，发病鸡呈慢性病例。卡氏住白细胞虫对鸡危害最大，其传播媒介是库蠓。该病主要危害蛋鸡特别是产蛋期的鸡，导致产蛋量下降，软壳蛋增多，甚至死亡。病鸡冠苍白，剖检可见各内脏严重出血，胰腺、肠系膜上出现多量针尖大的白色小点突出于表面，胸部肌肉贫血，其上出现针尖大的红色出血点。

**【预防】**目前，没有批准的疫苗用于预防本病。本病要注意在媒介昆虫的出现季节，防止媒介昆虫进入鸡舍；在鸡舍内外应用杀虫剂消灭有害昆虫，在鸡舍的门窗上钉上纱网，防止昆虫的进入。根据当地以往该病发生的历史，在该病即将发生或流行初期，进行药物预防。常用预防药物有磺胺对甲氧嘧啶、磺胺喹噁啉等，混饲或饮水。

## 三、鸡绦虫病

鸡绦虫病是由赖利属的多种绦虫寄生于鸡的小肠（主要在十二指肠）中引起的。常见的赖利绦虫有棘沟赖利绦虫、四角赖利绦虫和有轮赖利绦虫等三种。大量虫体感染时，常引起贫血、消瘦、下痢、产蛋减少甚至停止。各种日龄的鸡均可感染，17～40 日龄的雏鸡易感性最强，死亡率也最高。剖检在小肠后端的肠管内及粪便中可发现绦虫及其节片，绦虫节片多呈“大米粒”样。严重感染的病死鸡，在小肠黏膜上可看到中央凹陷的结节，结节内含有黄褐色干酪样物。

**【预防】**加强饲养管理可以有效预防本病。经常清扫鸡舍，及时清除鸡粪，做好防蝇灭虫工作；幼鸡与成鸡分开饲养，最好采用全进全出制；集约化养鸡场，采取笼养的管理方法，使鸡群避开中间宿主；定期驱虫，可在 60 日龄和 120 日龄各驱虫一次。成年产蛋鸡 5 月和 8 月各预防驱虫一次。

**【治疗】**当禽类发生绦虫病时，必须立即对全群进行驱虫。常用的驱虫药有氯硝柳胺、吡喹酮、阿苯达唑。

## 四、组织滴虫病

禽组织滴虫病又称传染性盲肠肝炎或黑头病，是由火鸡组织滴虫所引起，是鸡和火鸡的一种原虫病，其主要特征病变是盲肠发炎肿大和肝脏肿大，表面散布大小不等的圆形、绿色或黄白色坏死溃疡病灶。该病一年四季均可发生，以气候温暖、雨水较多的季节发病率、死亡率较高。剖检可见肝脏表面出现多量散在或密集的圆形不规则的火山口样坏死灶；盲肠肿胀，似香肠，其内有多量纤维蛋白渗出物，有的含血，有的不含血，多呈“蛋卷样”凝固。

**【预防】**如果鸡群没有表现明显症状或者没有症状，可在每千克饲料中添加 200mg 甲硝唑混饲 3～5 个疗程，1 个疗程 5d，两个疗程间停止用药 3d。同时，加强饲养管理，控制饲养密度适宜，防止鸡群过于拥挤，舍内保持良好通风，饲料中含有丰富全面的营养，确保饮水充足、清洁。饲料中还可添加适量的维生素 A、B 族维生素、维生素 C，减少发病。

**【治疗】**常用抗滴虫药有甲硝唑、地美硝唑。对鸡舍喷雾消毒，并隔离病鸡群与假定健康鸡群。

## 五、鸡羽虱

鸡虱是寄生于鸡体表的体外寄生虫，它们寄生于鸡体表或附于羽毛绒上，引起鸡体奇痒。鸡虱寄生后可看到羽毛根部有多量鸡虱卵。鸡由于遭受虱的刺激，皮肤发痒，患鸡常用喙啄痒，而伤羽毛和皮肉。表现为羽毛脱落、皮炎或皮肤有出血，雏鸡生长发育受阻，体质日衰，甚至发生死亡。鸡头虱可使头、颈部脱羽。鸡虱在严重感染时，可使鸡生长发育阻滞，降低生产性能，甚至引起死亡。

**【预防】**应采取综合性杀灭措施，使鸡体上虱类的和外界环境中的虱类杀灭同时进行，才能取得最佳效果。

【**治疗**】外用可选择溴氰菊酯、氰戊菊酯等。

### 六、鸡皮刺螨病

鸡皮刺螨又称红螨、禽螨等，是一种常见的体外寄生虫，寄生于鸡、鸽等宿主体表，刺吸血液为食，也可侵袭人吸血，危害颇大。轻度感染时无明显症状，侵袭严重时，患鸡不安，日渐消瘦，贫血，生长缓慢，雏鸡生长发育不良，严重失血可引起死亡，成年母鸡产蛋量下降。呈散发或地方性流行。鸡群精神状况尚可，翻开感染鸡的尾部或腹部羽毛，发现有迅速移动的小黑点，尾部、翅根部、腹部羽毛因大量寄生变成黑色，皮肤也因虫体叮咬而结痂龟裂，饮水线上、料槽的边缘缝隙处及地面上，也可发现虫体。

【**预防**】保持圈舍和环境的清洁卫生，定期清理粪便，以减少螨虫数量。定期使用杀虫剂预防，一般在鸡出栏后使用辛硫磷对圈舍和运动场地全面喷洒。

【**治疗**】用菊酯类外用杀螨药（如氯氰菊酯和溴氰菊酯等）对鸡体和笼具、墙壁、地面进行喷雾，用药1周后，应再用药1次。

## 第四节　其他疾病

### 一、鸡痛风

鸡痛风是由于蛋白质代谢发生障碍所引起尿酸或尿酸盐在鸡体内大量蓄积的营养代谢障碍性疾病。各个日龄段的蛋鸡都可发病。

鸡冠和肉髯苍白。排白色稀粪，开始呈水样，后期呈白色石灰样，肛门松弛，收缩无力，泄殖腔下部的羽毛被污染，数天后死亡。心脏、肾脏、肝脏、气囊等器官表面形成一层白色薄膜，有大量石灰渣样尿酸盐沉积，肾脏肿大，质硬，色淡，表面及实质中呈雪花状花纹。输尿管肿胀且粗细不均匀，其内也有大量白色的尿酸盐沉积，严重者形成尿结石。有的脚趾和腿部关节肿大，剪开关节，可见腔内有大量白色尿酸盐沉积，其周围组织因尿酸盐沉着而呈白色，且形成致密坚实的痛风结节。

**【预防】**降低饲料中蛋白质含量。改用全价饲料或将自配料的蛋白质降低，蛋白含量控制在15%～20%，并适当控制饲料中钙磷比例。供给充足的饮水，停用、缓用抗生素，以减少应激，促进新陈代谢，有利于尿酸盐的排出。在做好鸡舍保暖的前提下，加强鸡舍通风，增加运动，改善鸡舍的内部环境。

**【治疗】**料中可添加维生素A、维生素$B_{12}$、维生素D、维生素E、鱼肝油、碳酸氢钠等。在饮水中可添加复方碳酸氢钠可溶性粉、葡萄糖粉、电解多维、口服补液盐等。停止使用对肾脏有损伤的药物及消毒剂。

## 二、维生素D缺乏症

维生素D缺乏症是由于鸡体内维生素D供应不足且自身合成出现障碍而引起的一种营养代谢性疾病，其临床特征表现为骨骼、鸡喙和蛋壳的发育出现异常。

主要表现在甲状旁腺和骨骼。甲状旁腺出现增生体积变大。骨骼变软、变形，容易出现折断，胸骨呈现S状弯曲。椎骨和肋骨交接处也有类似情况。维生素D缺乏严重的病例，可见全身骨骼有明显的变形现象，胸骨的中部内陷明显，脊柱的下半部分，特别是荐骨与尾椎处向下弯曲明显，导致胸腔体积变小。

**【预防】**该病的主要预防措施是增加日光照射时间，并根据鸡不同阶段的生长发育要求补给维生素D；鸡饲料要存放在通风干燥处，存放时间不要过长，可适当添加防霉剂，并且严格注意饲料中锰和维生素A的用量要适宜，不能过多；所购饲料都要严格测定钙和磷的含量，确保比例适宜。

【治疗】鸡群早期发生维生素D缺乏症的有效治疗措施为调整日粮组成，适当提高饲料中钙和磷的含量，更换优质饲料，使维生素D的含量稍高于正常水平。对患病严重的鸡治疗时，可往每千克饲料添加15～20mL的鱼肝油，5～10g的电解多维，连用7～10d。也可使用维生素AD注射液或维生素$D_2$胶性钙注射液进行肌肉注射。在使用维生素D治疗该病时，要注意不可用量过大，否则会对鸡产生毒害作用。对于治疗无效的鸡要及时淘汰。

## 三、霉菌毒素中毒

鸡饲料霉变或含有劣质原料，往往会产生霉菌毒素，若未及时采取强化管理或者无害化处理，会导致鸡霉菌毒素中毒，严重危害鸡生产，从而导致养殖效益明显降低。

雏鸡对霉菌毒素十分敏感，产蛋鸡发病后，通常呈慢性、隐性经过。病鸡主要表现精神萎靡、鸡冠苍白、且排出稀粪，有些病鸡排出的粪便内还存在未消化的饲料，往往是排出呈糊状的黑色粪便，采饲量、受精率、产蛋率明显降低，病情严重时会出现大量的病死鸡。

【预防】严把原料采购关，杜绝霉变原料入库。防止原料在储存过程中变质，尽量缩短储存时间。如果饲料中已经含有霉菌毒素，要采取有效的脱霉处理措施。可在饲料中添加防霉剂或霉菌吸附剂。

【治疗】更换饲料是最有效解决霉菌中毒的方法，在提供无污染的饲料后再使用一定量的碘化钾、制霉菌素，大多数霉菌毒素中毒的家禽很快会恢复健康。饲料或者饮水中可添加二氢吡啶、维生素C可溶性粉、维生素E、葡萄糖、蛋氨酸和半胱氨酸，都能够有效解除中毒症状。也可以使用阿莫西林、恩诺沙星等混入饮水中，对病情进行有效的控制。如果病鸡继发感染坏死性肠炎、大肠杆菌等疾病，选择使用高效敏感的治疗药物。

# 兽药残留与食品安全

## 第一节　兽药残留产生原因与危害

兽药残留是指食品动物在应用兽药后残存在动物产品的任何食用部分（包括动物的细胞、组织或器官，泌乳动物的乳或产蛋家禽的蛋）中与所用药物有关的物质的残留，包括药物原形或/和其代谢产物。食品中兽药残留问题在国内外影响广泛和颇受关注，与公众的健康息息相关，也直接关系到养殖业的经济利益和可持续发展，影响国家的对外经贸往来和国际形象。兽药残留是动物用药后普遍存在的问题，又是一个特殊的问题。

### 一、兽药残留的来源

兽药残留主要是指化学药物的残留，生物制品一般不存在残留问题。中兽药在我国已经有几千年的应用历史，一般毒性较低，有的可以药食同源；虽然对兽药一些活性成分的主要作用包括药理毒理作用尚不明晰，但因其有效成分含量较低，所以，中兽药的残留问题一般暂不考虑。

食品动物用药途径一般包括饲料、饮水、口服、喷雾、注射等方式，常常因为用药不规范而导致兽药残留。此外，环境污染或其他途径进入动物体内的药物或其他化学物质也可能导致残留。

## 二、兽药残留的主要原因

发生兽药残留的原因较多，但主要是因为不规范使用导致的。常见的原因主要是：

（1）不按照兽医师处方、兽药标签和说明书用药　兽药的适应证、给药途径、使用剂量、疗程都有明确规定，也都在标签和说明书载明。但有的养殖场（户）没有执业兽医师服务，或者有执业兽医师但不执行处方药制度，或不在执业兽医师监管下用药，或者不按照兽药标签和说明书用药。

（2）不遵守休药期规定　休药期（Withdrawal Period）是指食品动物最后一次使用兽药后到动物可以屠宰或其产品（蛋、奶）可以供人消费的间隔时间。这是兽药制剂产品的一项重要规定，食品动物在使用兽药后，需要有足够的时间让兽药从动物体内尽量排出，最终动物性产品（肉、蛋、奶）中兽药残留量不会超过法定标准。不遵守休药期，动物组织中的兽药残留极易超标。

（3）使用未批准在该食品动物使用的药物　未经批准的药物，一般都没有明确的用法、用量、疗程和休药期等规定，使用后难以避免残留超标。

（4）饲料中添加药物且不标明　有的饲料中可能已经添加了药物，但却不在标签中标明药物品种和浓度，养殖者在不知情时重复用药，造成残留超标。

（5）非法使用国家禁止使用的物质　如使用违禁物质克仑特罗作为促生长剂，运输动物时使用镇静药物防止动物斗殴等。这些也是造成动物性食品中有害物质残留的原因，属国家严厉打击的对象。

## 三、兽药残留的危害

兽药残留对人体健康和公共卫生的危害主要有如下几方面：

（1）一般毒性作用　一些兽药或添加剂都有一定的毒性作用，如氨基糖苷类抗生素有较强的肾毒性和耳毒性等。人若长期摄入含有该类药物残留的动物性食品，随着药物在体内的蓄积，可能产生急性或（和）慢性毒性作用。

（2）特殊毒性作用　一般指致畸作用、致突变作用、致癌作用和生殖毒性作用等。一些撤销的兽药（如硝基咪唑类、喹乙醇、卡巴氧、砷制剂等）有致癌作用，苯并咪唑类、氯羟吡啶等有致畸和致突变作用。特殊毒性作用对人体健康危害极大。

（3）过敏反应　如青霉素等在牛奶中的残留可引起人体过敏反应，严重者可出现过敏性休克并危及生命。

（4）激素样作用　使用雌激素、同化激素等作为动物的促生长剂，其残留物除有致癌作用外，还对人体产生其他有害作用，超量残留可能干扰人的内分泌功能，破坏人体正常激素平衡，甚至致畸、引起儿童性早熟等。

（5）对人胃肠道菌群的影响　含有抗菌药物残留的动物性食品可能对人胃肠道的正常菌群产生不良的影响，致使平衡被破坏，病原菌大量繁殖，损害人体健康。另外，胃肠道菌群在残留抗菌药的选择压力下可能产生耐药性，使胃肠道成为细菌耐药基因的重要贮藏库。

## 第二节　兽药残留的控制与避免

兽药残留是现代养殖业中普遍存在的问题，但是残留的发生并非不可控制与避免。实际上，只要在养殖生产中严格按照标签或说明书规定的用法与用量使用，不随意加大剂量，不随意延长用药时间，不使用未批准的药物等，兽药残留的超标是可以避免的。然而，就目前我国养殖条件下，把兽药残留降低到最低限度还需要下很大力气。保证动物性产品的食品安全，是一项长期而艰巨的任务，关系到各方面的工作。

## 一、规范兽药使用

在养殖生产中规范使用兽药方面，严格遵守相关规范：

（1）*严格禁用违禁物质* 为了保证动物件性食品的安全，我国兽医行政管理部门制定发布了《食品动物禁用的兽药及其他化合物清单》，兽医师和食品动物饲养场均应严格执行这些规定。出口企业，还应当熟知进口国对食品动物禁用药物的规定，并遵照执行。

（2）*严格执行处方药管理制度* 所谓兽用处方药，是指凭兽医师开写处方方可购买和使用的兽药。处方药管理的一个最基本的原则就是兽药要凭兽医的处方方可购买和使用。因此，未经兽医开具处方，任何人不得销售、购买和使用处方药。通过兽医开具处方后购买和使用兽药，可防止滥用兽药尤其抗菌药，避免或减少动物产品中发生兽药残留等问题。

（3）*严格依病用药* 就是要在动物发生疾病并诊断准确的前提下才使用药物。与过去相比，我国养殖业在养殖规模、养殖条件、管理水平、人员素质方面都有很大的进步。但是规模小、条件差、管理落后的小型养殖场（户）仍然占较大的比例。这些养殖场依靠使用药物来维持动物的健康，存在过度用药，滥用药物严重问题，发生兽药残留的风险极大，也带来较大的药物费用，应当摒弃这种思维和做法。

（4）*严格用药记录制度* 要避免兽药残留必须从源头抓起，严格执行兽药使用记录制度。兽医及养殖人员必须对使用的兽药品种、剂型、剂量、给药途径、疗程或给药时间等进行登记，以备检查与溯源。

## 二、兽药残留避免

兽药残留是动物用药后普遍存在的问题，要想避免动物性产品中兽药残留，需要做以下工作：

（1）加强对饲料加药的管控　现代养殖业的动物养殖数量都比较大，因此用药途径多为群体给药，饲料和饮水给药是最为方便、简捷、实用、有效的方法。然而，通过饲料添加方式给药的兽药品种需要经过政府主管部门的审批，饲料厂和养殖场都不得私自在饲料中添加未经批准的兽药。其次，某些饲料生产厂生产的商品饲料中不标明添加的药物，因而可能导致养殖场的重复用药，从而带来兽药残留超标的风险。

（2）加强对非法添加物的检测　目前兽药行业仍然存在良莠不齐、同质化严重的现象，兽药产品在销售竞争中仍然以价格低而取胜，因此兽药产品中处方外添加药物的现象仍然较为多见。此外，一些兽药企业非法生产未经批准的复方产品也属于非法添加产品。这些产品因为没有经过临床疗效、残留消除试验获得正式批准，所以其休药期是不确定的，增加了发生残留的风险。

（3）严格执行休药期规定　兽药残留产生的主要原因是没有遵守休药期规定，因此严格执行休药期规定是减少兽药残留发生的关键措施。药物的休药期受剂型、剂量和给药途径的影响。此外，联合用药由于药动学的相互作用会影响药物在体内的消除时间，兽医师和其他用药者对此要有足够的认识，必要时要适当延长休药期，以保证动物性食品的安全。

（4）杜绝不合理用药　不合理用药的情形包括不按标签或说明书的规定用药以及盲目超剂量、超疗程用药等，其极易导致兽药残留超标的发生。因为动物代谢药物的能力有限，加大剂量可能会延长药物在动物体内的消除时间，出现残留超标。

## 三、实施残留监控

为保障动物性食品安全，农业部1999年启动动物及动物性产品兽药残留监控计划，自2004年起建立了残留超标样品追溯制度，建立了 4 个国家兽药残留基准实验室。至今，我国残留监控计划逐步完善，检测能力和检测水平不断提高，残留监控工作取得长足进步。实践证明，全面实施残留监控计划是提高我国动物性食品质量、保证消费者安全的重要手段和有效措施。

做好我国兽药残留监控工作，一是要强化兽药使用监管，严格执行处方药制度，执业兽医师要正确使用兽药。二是要加强兽药残留检测实验室的能力建设，完善实验室质量保证体系。三是要以风险分析结果为依据，准确掌握兽药使用动态和残留趋势，确定合理的抽检范围和数量，科学制定残留监控年度计划。四是要系统开展残留标准制定和修订工作，为残留监控提供有力的技术支撑。

政府发布的动物性产品中允许的最高残留限量标准是一个法定的标准，其限量是不允许超过的。科学上来讲，这个最高残留限量标准是经过对兽药测定未观察到副作用的剂量（No Observed Effect Level，NOEL），依此评价推断出每日允许摄入量（Acceptable Daily Intake，ADI），再根据每人每日消费的食物系数，计算出动物性产品中最高残留限量（Maximum Residue Limits，MRL）。每日允许摄入量是指人一生每天都摄入后也不产生任何危害的量，是科学评判兽药残留是否危害健康的量。

# 第五章 合理用药与耐药性控制

自青霉素被发现以来，抗菌药物已经成为减少人和动物感染性疾病发病率和死亡率不可缺少的药物。抗菌药物引入兽医后，显著地提高了动物的健康和生产力。但是，随着细菌耐药性在许多病原菌的出现、传播和持久存在，使抗菌药物的疗效降低，这已成为一个普遍的医学难题，严重威胁到医学临床和兽医临床对感染性疾病的治疗。细菌对抗菌药物耐药性的出现并不意外，青霉素发明者 Alexander Fleming 在 1945 年获诺贝尔奖的演讲中就警告人们不要滥用青霉素。

目前，应用于医学和兽医临床的所有抗生素的耐药机制都有报道。由耐药菌导致的感染会比敏感菌导致的感染更加频繁地引起高发病率和高死亡率。耐药菌的存在导致治疗时间延长、治疗费用增加，特殊情况下会导致感染无法治愈。尽管在过去不断有新型或者老药的改进型药物被研发出来，但耐药机制的系统出现增加了新药的研发难度，增加了研发费用和时间。因此，做好对现有抗菌药物的可持续管理以及新抗菌药物的研发，对保护人类和动物抵御传染性病原微生物感染非常重要。

## 第一节　细菌耐药性产生原因及危害

### 一、耐药机制与耐药类型

已经发现和确定的耐药机制，主要分为四类：①通过减少药物渗透到细菌内而阻止抗菌药物到达作用靶点。②药物被特异或普通的外排泵驱出细胞外。③药物在细胞外或进入细胞后，被降解或者通过修饰作用改变药物结构，使其失去活性。④抗菌药物的作用位点被改变或者被其他小分子所保护，从而阻止抗菌药物与作用靶点的结合，抗菌药物因此不能发挥作用，或者抗菌药物的作用位点被微生物以其他方式捕获和激活。

细菌对抗生素的耐药性主要有三个基本类型：分别是敏感型、固有耐药型和获得性耐药型。

固有耐药型是与生俱来的对抗菌药物的耐药性，一个特定细菌组（如属、种、亚种）内的所有细菌都是天然耐药，主要是因为细菌固有的结构或者生化特征而产生的耐药作用。例如，革兰氏阴性菌对大环内酯类药物具有固有耐药性，因为大环内酯类药物太大，不能到达细胞质内的作用位点。厌氧菌对氨基糖苷类具有固有耐药性，因为在厌氧环境下氨基糖苷类不能渗透到细胞内。革兰氏阳性菌的细胞质膜中缺乏胆胺磷脂，从而对多黏菌素类药物具有固有耐药性。

获得性耐药型可以显示从只针对某一种药物、同一类药物中的几种、对同类药物的全部，到甚至对多种不同类别药物的耐药。通常一个耐药决定簇只编码一类药物（如氨基糖苷类、β-内酰胺类、氟喹诺酮类药物）中的一种或者几种药物的耐药性或者编码几类相关药物（如大环内酯类-林可胺类-链阳菌素类药物）的耐药性。但是也有一些耐药决定簇编码多类药物的耐药性。

## 二、耐药性的获得

细菌对抗生素产生耐药性主要有以下三种方式：与生理过程和细胞结构相关的基因发生突变、外源耐药基因的获得以及这两种方式的共同作用。通常情况下，细菌以低频率持续发生内在突变，由此导致偶然的耐药性突变。但是当微生物受到压力（如病原微生物受到宿主免疫防御和抗菌药物的胁迫）时，细菌群体突变的频率就会增大。

细菌可以通过三种不同方式获得外源 DNA。①转化作用：天然的感受态细胞摄取外界环境中的游离的 DNA 片段。②转导作用：通过噬菌体将遗传物质从一个细菌转移到另一个细菌中。③接合作用：像交配一样通过质粒实现细菌间遗传物质的转移。

能够在细胞内或细胞间的基因组内转移的遗传元件，可以分为四类：①质粒。②转座子。③噬菌体。④可自我剪接的小分子寄生虫。

## 三、耐药性的传播和稳定性

耐药性的流行和传播是自然选择的结果。在大量细菌中，只有具有抵抗有毒物质特性的少量细菌才能存活；而那些不含有这一优势特征的敏感菌株则会被淘汰，留下来的都是耐药性群体。在一个特定环境中，随着抗菌药物的长期使用，细菌的生态平衡会发生剧烈的变化，不太敏感的菌株会成为主体。当上述情况发生的时候，在多种宿主体内，耐药性共生菌和条件致病菌会快速替代原有敏感菌群定植成为优势菌群。当新的抗菌药物上市或对现有抗菌药物使用实施限制时，细菌的耐药性发生频率就会出现改变。

当细菌暴露于一种抗生素时，会共同选择产生对其他不相关的药物也产生耐药性。在细菌对抗生素产生耐药性的过程中可能还会存在非抗生素的选择压力。越来越多的证据表明，消毒剂和杀虫剂也可以促进细菌耐药性的产生。以上不仅可以导致细菌对多种抗生素的耐药决定簇的聚集，还可能形成对重金属及消毒剂等非抗生素物质的抗性基因丛，甚至还会产生毒力基因。

当细菌不需要携带的抗生素耐药基因时，对其而言就是一种负担。所以当细菌菌群不面对抗生素选择压力时，无耐药基因的敏感菌会成为优势菌群，那么整个菌群就会慢慢地逆转回到一个对抗生素敏感的状态。

## 四、耐药性对公共卫生的影响

20 世纪 60 年代英国发布的报告中就提出，在兽医临床和食用动物生产过程中使用抗生素是造成食源性致病菌耐药性的重要原因。在农业生产中，抗生素的使用可能会帮助筛选耐药菌株，这些耐药菌株可能通过直接接触或摄入被耐药菌污染的食物及水传播给人。关于耐药菌在动物和处于风险之中的人（农民、屠宰工人和兽医）之间传播的例子有许多。除了养殖场的动物，还有人与其密切接触的宠物，也会成为耐药菌及耐药基因传播的重要来源。因为人们认为动物性食品是具有耐药性的人肠道外致病性大肠杆菌的储库，导致人类发生疾病甚至难以治愈的风险。因此，动物性食品生产中使用抗菌药物，特别是作促生长使用受到极大关注。

随着抗菌药物在动物中使用及人畜共患病病原菌耐药性的增强，抗菌药物耐药性问题已经成为一个全球性公共卫生和动物卫生焦点。因为耐药性的发生、传播和持续存在，细菌中普遍存在的耐药性，让人觉得抗菌药物的益处将会消失，人们怀疑在未来几年里临床是否还有可以使用的抗菌药物。虽然耐药性的产生是一个不可避免的生物学现象，我们面对的挑战就是如何阻止耐药性的进一步发展和持续存在，并防止它成为现代医学发展的障碍。

在动物上使用抗生素会对人类病原菌耐药性产生负面影响是有确切数据的。因为动物性食品如沙门氏菌、弯曲杆菌的污染导致人们消费这些产品而发生腹泻的病例时有发生，甚至有这些细菌的耐药菌株感染病例发生。因此，需要加强在动物上使用抗生素对人类致病菌产生耐药性的风险管控，并制订相应的预防措施。

## 第二节　遏制抗菌药物耐药性

### 一、抗菌药物耐药性监测

为了遏制细菌耐药性的进一步发展与蔓延，世界卫生组织（WHO）、联合国粮农组织（FAO）和世界动物卫生组织（OIE）都要求成员开展耐药性监测，涉及三个领域：人医临床耐药性监测、食品动物细菌耐药性监测和食源性细菌耐药性监测。涵盖了从动物、动物产品到人的食品链过程。动物源细菌耐药性监测主要针对公共卫生菌包括大肠杆菌、肠球菌、金黄色葡萄球菌、沙门氏菌和弯曲杆菌开展，也可以针对动物病原菌开展。其中大肠杆菌和肠球菌为指示菌，分别代表 $G^-$ 菌指示菌和 $G^+$ 菌指示菌。金黄色葡萄球菌、沙门氏菌和弯曲杆菌则为食源性公共卫生菌。通常在养殖场（生产环节）动物肛拭子获得大肠杆菌、肠球菌以及在屠宰厂采集动物胴体、盲肠分离沙门氏菌和弯曲杆菌，经过加有标准菌株作为对照的药物敏感性测试系统，获得动物性食品生产、屠宰加工环节的动物源细菌的耐药性变化情况。

目前，耐药性判定标准有欧盟抗菌药物敏感性检测委员会（EUCAST）制订的流行病学折点（Ecoff）和美国临床化验所（CLSI）制订的临床折点。细菌获得耐药性，常使最小抑菌浓度（Minimum inhibitory concentratian，MIC）值发生改变，但它并不能导致临床相关的耐药性水平。作为耐药性监测，反映的是药物与细菌之间的关系，采用流行病学折点作为判定标准更加科学。而作为用药指导，则应采用临床折点。由于细菌获得性耐药机制的存在，导致对抗菌药物的敏感性和临床疗效降低。因此，应确定感染动物的每种细菌针对每一个抗菌药物的流行病学临界值、PK/PD 临界值和临床折点。

## 二、抗菌药物使用监测

当细菌暴露于抗菌药物时，因为面临抗菌药物的压力就会选择产生耐药性。那么，人们自然而然地就会认为如果不使用抗菌药物，也就自然地不会发生耐药性！道理是这样的。但是养殖实际中完全不使用抗菌药物是不现实的，也是不可能的，关键是合理使用抗菌药物。只在动物发生感染性疾病时才使用抗菌药物，尽可能地减少抗菌药物的使用量，或者以其他替代办法如加强生物安全、疫苗免疫、卫生消毒等基本措施。

近年来，许多国家都制定了抗菌药物谨慎使用的指导原则。总结起来，关于抗菌药物的谨慎负责任使用，也可以用以下 5R 原则予以概括。

负责任（Responsibility）：处方兽医要承担决定使用抗菌药物的责任，并且要充分认识到这种使用可能会产生超出预期的不良后果。处方兽医要知道这种使用所带来的利益，以及推荐的风险管理措施，以减少发生任何即时或长期不利影响的可能性。

减少（Reduction）：任何可能情况下都应实施减少抗菌药物使用的措施，包括加强感染控制，生物安全、免疫接种、动物个体的精准治疗或减少治疗持续时间。

优化（Refinement）：每次使用抗菌药物都应考虑给药方案的设计，利用所有关于病畜、病原菌、流行病学、抗菌药物（特别是动物特异性药代动力学和药效动力学特性）的信息，确保选用的抗菌药物产生耐药性的可能性最小化。负责任地使用就是正确选用药物、正确的给药时间、正确的给药剂量和正确的给药持续时间。

替代（Replacement）：任何时候有证据支持替代物安全有效，处方兽医经过评价权衡利弊后认为，替代物比抗菌药物有优势，就应该使用替代物。

评估（Review）：对抗菌药物管理的举措必须定期予以评估，并持续改进，以保证抗菌药物的使用规范适用并反映目前的最佳选择。

许多国家特别是欧盟国家，根据动物产品的产量，规定每生产1t肉使用抗菌药物50g，甚至北欧国家已经达到20g。我国关于抗菌药物的实际使用情况还不明了。根据对兽药企业的生产调查情况来看，抗菌药物使用总量和每吨肉使用量均居世界首位。需要尽快建立抗菌药物使用的监测网络和体系。

使用监测数据一般包括两个方面：抗菌药物使用总量和各种类药物的使用量。抗菌药物使用总量可以了解每生产1t肉使用的抗菌药物量。按抗菌药物类别进行划分归属，统计每个药物的使用量，可以帮助了解与耐药性发生之间的关系。通常统计养殖场年度采购后库房中抗菌药物制剂的进货（或出货）总量，根据制剂的含量（抗生素以效价单位标示时需要转换成重量含量）和规格计算出药物成分的总量，从而可以获得抗菌药物使用总量。再以年度动物生产量为基数，统计出每吨肉使用抗菌药物的量。

## 三、抗菌药物耐药性风险评估

兽药风险评估是一个现代意义上对上市前后兽药进行的评价、再评价工作。它是系统地采用科学技术及信息，在特定条件下，对动植物和人或环境暴露于新兽药后产生或将产生不良效应的可能性和严重性的科学评价。风险评估一般有定性评估和定量评估之分。包括四个步骤：危害识别、危害特征描述、暴露评估、风险特征描述。抗菌药物耐药性风险评估属于上市之后兽药的再评价工作。

过去几十年里，使用低浓度的抗菌药物可以有效地提高饲料转化率、促进动物增重，而且还减少了食品动物在运输过程中的应激反应。大多数用于动物的抗菌药物在人类医学上都有相应的类似物，并能为人医抗生素选择耐药性。欧盟于20世纪90年代取消了抗菌药物作动物促生长使用，但并未开展风险评估。欧盟于1999年开展了氟喹诺酮类药物对伤寒沙门氏菌的定性风险评估。美国首先于2004年开展了动物使用链阳菌素类药物（维吉尼亚霉素）在屎肠球菌耐药性的定量风险评估。依据风险评估于2007年撤销了在家禽使用恩诺沙星。

为防止动物源细菌耐药性进一步恶化，全球性禁止抗菌促长剂的使用已经势在必行。然而，截至目前我国仍然允许土霉素钙、金霉素、吉他霉素、杆菌肽、那西肽、阿维拉霉素、恩拉霉素、维吉尼亚霉素、黄霉素9种抗生素作为动物促生长使用。其中，前3种属于人兽共用抗生素，后6种为动物专用抗生素。兽药主管部门认识到抗菌药物作动物促生长使用带来的耐药性恶化的风险，已经安排进行耐药性监测，并根据耐药性变化趋势经过风险评估后做出是否退出的决定。

## 四、抗菌药物耐药性风险管理

为了延缓动物源细菌的耐药性恶化，促进养殖业健康发展，避免出现无抗菌药物可选择的窘境，需要有区别地针对促生长使用的抗菌药物做出不同的限制措施。作为控制抗生素耐药性措施的一部分，2012年美国FDA颁布了209号制药工业指南，即“医疗重要的抗生素在食品动物的谨慎使用”；主要集中于两个方面：①限制医学上重要的抗生素在食品动物使用，除非保证食品动物健康有必要。②抗生素在食品动物中的限制使用需要兽医的监督和指导。过去10多年来，我国兽药主管部门采取了一系列控制措施，早在2001年就以168号公告发布《饲料药物添加剂使用规范》。将通过饲料添加的药物分为不需要兽医处方可自行添加的（附录一）和需要兽医处方才可添加的(附录二)。2013 年，以 1997 号公告发布了第一批兽用处方药品种目录，目前，兽医临床允许使用的各种抗菌药物都收录其中。2015 年，以 2292 号公告发布规定，禁止在食品动物中使用洛美沙星、培氟沙星、氧氟沙星、诺氟沙星 4 种抗菌药。2015 年 7 月发布了《全国兽药（抗菌药）综合治理五年行动方案》，计划用五年时间开展系统、全面的兽用抗菌药滥用及非法兽药综合治理活动，以进一步加强兽用抗菌药（包括水产用抗菌药）的监管，提高兽用抗菌药科学规范使用水平。2016 年 7 月，以 2428 号公告发布规定，停止硫酸黏菌素用于动物促生长，只允许治疗使用。2016 年 7 月起，农业部实施兽药产品电子追溯码（二维码）标识，我国生产、进口的所有兽药产品需赋“二维码”上市销售，实现全程追溯。2017 年 5 月成立了“全国兽药残留与耐药性控制专家委员会”，为推进兽药残留控制、动物源细菌耐药性防控工作提供技术支撑。

对抗菌药物作动物促生长使用，通过风险评估后要分别采取不同的风险管理措施。如果属于人类医疗极为重要的抗菌药物，则需要停止作动物的促生长使用；属于动物专用的抗菌药物促生长剂，如果极易产生耐药性甚至与其他抗菌药物交叉耐药，也需停止作动物的促生长使用；属于动物专用的抗球虫抗生素，由于与人类健康没有太大关系，可以继续作动物的促生长使用。

总体来讲，遏制细菌耐药性的进一步恶化，需要采取多种综合措施。包括生物安全、环境卫生消毒、厩舍通风、动物福利、加强营养、防止饲料霉变与酸化处理等，保障养殖的动物舒适健康。从动物使用抗菌药物方面来讲，动物诊疗机构、养殖场需要严格执行处方药管理制度，加强对抗菌药物遴选、采购、处方、兽医临床应用和效果评价的管理，并根据细菌培养及药物敏感试验结果选择使用抗菌药物。

# 鸡的生理参数

| | 参数（单位） | | 数值 |
|---|---|---|---|
| 生理指标 | 体温（℃） | | 平均体温 41.7（范围 40.6～43.0） |
| | 呼吸频率（次/min） | | 28（站立状态）（范围 15～40） |
| | 心率（次/min） | | 150～500 |
| | 血压（mmHg） | 收缩压 | 175（不麻醉） |
| | | 舒张压 | 145（不麻醉） |
| 血常规 | 红细胞数量（$\times10^{12}$/L） | | 2.8（范围 2.0～3.2） |
| | 白细胞总数（$\times10^{9}$/L） | | 9～56 |
| | 嗜碱性粒细胞（%） | | 2.4 |
| | 嗜酸性粒细胞（%） | | 1～3 |
| | 中性粒细胞（%） | | 13～26 |
| | 淋巴细胞（%） | | 64～76 |
| | 单核细胞（%） | | 5.7 |
| | 血小板总数（$\times10^{9}$/L） | | 130～230 |
| | 血红蛋白含量（g/dL） | | 8.6～12.5 |
| | 红细胞沉降速度（mm） | | 3.86～17.2（1h） |
| | 凝血时间（s） | | 11～16 |
| | 红细胞压积（%） | | 29～48 |
| | 血液温度（℃） | | 41.7 |
| | 血液 pH | | 7.54（7.45～7.63） |
| | 血液黏稠度 | | 5.0（4.5～5.5） |

（续）

| | 参数（单位） | | 数值 |
|---|---|---|---|
| 血常规 | 血液相对密度 | 全血 | 1.064 |
| | | 血浆 | 1.029～1.034 |
| | | 血细胞 | 1.090 |
| | 全血容量（mL） | | 56.0 |
| | 血浆容量（mL） | | 31.0 |
| 血液生化参数 | 血浆总蛋白（g/dL） | | 3.4～4.4 |
| | 白蛋白（g/dL） | | 2.1～3.5 |
| | 白蛋白/球蛋白 | | 0.58～1.3 |
| | 白蛋白重量百分率（%） | | 52.6±5.1（3 月龄） |
| | | | 34.4±5.9（产卵期） |
| | 血含氧量（mL/dL） | | 10.5 |
| | $CO_2$ 含量（mL/L） | | 23.0（21～26） |
| | $CO_2$压力（mmHg） | | 26 |
| | $Na^+$含量（mol/L） | | 154（148～161） |
| | $Cl^-$含量（mol/L） | | 117（109～120） |
| | $H_2O$ 含量（g/L） | | 960 |
| | 蛋白质含量（g/L） | | 36 |
| | 尿酸含量（mg/dL） | | 2.47～8.08 |
| | 胡萝卜素（μg/dL） | | 131.9～152.1（血清） |
| | 维生素 C（μg/dL） | | 2.13～2.79（血清） |
| | 维生素 D（IU/dL） | | 85～135（血清） |
| | 碘（μg/dL） | 蛋白结合碘 | 0.56～1.50（血清） |
| | | 总量 | 4.9～9.5（血浆） |
| | 铜（μg/dL） | | 22.2～23.8（血液） |
| | 血清胆红素（mg%） | | 0.00～0.20 |
| | 血清胆固醇（mg%） | | 0.90～1.85 |
| | 血清肌酐（mg%） | | 0.90～1.85 |
| | 血清葡萄糖（mg%） | | 152～182 |
| | 血清尿素氮（mg%） | | 1.50～6.30 |

（续）

| | 参数（单位） | | 数值 |
|---|---|---|---|
| 血液生化参数 | 脂肪总量（mg/dL） | | 383～473 |
| | 高级脂肪酸总量（mg/dL） | | 277～351 |
| | 甘油酯（mg/dL） | | 148～302（血浆） |
| | 胆固醇（mg/dL） | | 101（血浆） |
| | 血清酶活性（IU/L） | 碱性磷酸酶 | 490～596 |
| | | 丙氨酸转氨酶 | 14～32 |
| | | 天冬氨酸转氨酶 | 131～181 |
| | | 乳酸脱氢酶 | 342～536 |
| 粪便参数 | 排便量（成年）（g/d） | | 113～227 |
| 饲料量和产热量 | 饲料量（成年）（g/d） | | 96.4 |
| | 产热量（成年）（J/d） | | 489.5 |
| 脏器重量占活体体重比例 | 心脏（%） | | 0.56 |
| | 肝脏（%） | | 2.38 |
| | 脾脏（%） | | 0.09 |
| | 肾脏（%） | | 0.74 |
| | 脑（%） | | 0.65 |
| 肠道长度 | 全长（cm） | | 204～216 |
| | 小肠（cm） | | 180 |
| | 盲肠（cm） | | 12～25 |
| | 大肠（cm） | | 12 |
| 繁殖生理数据 | 性成熟年龄（生后）（月） | | 4～6 |
| | 繁殖适龄期（生后）（月） | | 4～6 |
| | 成熟时体重（kg） | | 1.5～3 |

注：1mmHg=133.322Pa，mg%指每100mg血清中所含的毫克数。

# 我国禁止使用兽药及化合物清单

## 一、禁止在饲料和动物饮用水中使用的药物品种目录（农业部公告第 176 号，2002 年）

### （一）肾上腺素受体激动剂

1. 盐酸克仑特罗（Clenbuterol Hydrochloride）：中华人民共和国药典（以下简称“药典”）2000 年二部 P605。β2 肾上腺素受体激动药。

2. 沙丁胺醇（Salbutamol）：药典 2000 年二部 P316。β2 肾上腺素受体激动药。

3. 硫酸沙丁胺醇（Salbutamol Sulfate）：药典 2000 年二部 P870。β2 肾上腺素受体激动药。

4. 莱克多巴胺（Ractopamine）：一种 β 兴奋剂，美国食品和药物管理局（FDA）已批准，中国未批准。

5. 盐酸多巴胺（Dopamine Hydrochloride）：药典 2000 年二部 P591。多巴胺受体激动药。

6. 西巴特罗（Cimaterol）：美国氰胺公司开发的产品，一种 β 兴奋剂，FDA 未批准。

7. 硫酸特布他林（Terbutaline Sulfate）：药典 2000 年二部

P890。β2 肾上腺受体激动药。

### （二）性激素

8. 己烯雌酚（Diethylstibestrol）：药典 2000 年二部 P42。雌激素类药。

9. 雌二醇（Estradiol）：药典 2000 年二部 P1005。雌激素类药。

10. 戊酸雌二醇（Estradiol Valcrate）：药典 2000 年二部 P124。雌激素类药。

11. 苯甲酸雌二醇（Estradiol Benzoate）：药典 2000 年二部 P369。雌激素类药。中华人民共和国兽药典（以下简称“兽药典”）2000 年版一部 P109。雌激素类药。用于发情不明显动物的催情及胎衣滞留、死胎的排出。

12. 氯烯雌醚（Chlorotrianisene）：药典 2000 年二部 P919。

13. 炔诺醇（Ethinylestradiol）：药典 2000 年二部 P422。

14. 炔诺醚（Quinestml）：药典 2000 年二部 P424。

15. 醋酸氯地孕酮（Chlormadinone acetate）：药典 2000 年二部 P1037。

16. 左炔诺孕酮（Levonorgestrel）：药典 2000 年二部 P107。

17. 炔诺酮（Norethisterone）：药典 2000 年二部 P420。

18. 绒毛膜促性腺激素（绒促性素）（Chorionic Conadotrophin）：药典 2000 年二部 P534。促性腺激素药。兽药典 2000 年版一部 P146。激素类药。用于性功能障碍、习惯性流产及卵巢囊肿等。

19. 促卵泡生长激素（尿促性素主要含卵泡刺激 FSHT 和黄体生成素 LH）（Menotropins）：药典 2000 年二部 P321。促性腺激素类药。

### （三）蛋白同化激素

20. 碘化酪蛋白（Iodinated Casein）：蛋白同化激素类，为甲状腺素的前驱物质，具有类似甲状腺素的生理作用。

21. 苯丙酸诺龙及苯丙酸诺龙注射液（Nandrolone phenylpro pi-onate）：药典 2000 年二部 P365。

**（四）精神药品**

22. （盐酸）氯丙嗪（Chlorpromazine Hydrochloride）：药典 2000 年二部 P676。抗精神病药。兽药典 2000 年版一部 P177。镇静药。用于强化麻醉以及使动物安静等。

23. 盐酸异丙嗪（Promethazine Hydrochloride）：药典 2000 年二部 P602。抗组胺药。兽药典 2000 年版一部 P164。抗组胺药。用于变态反应性疾病，如荨麻疹、血清病等。

24. 安定（地西泮）（Diazepam）：药典 2000 年二部 P214。抗焦虑药、抗惊厥药。兽药典 2000 年版一部 P61。镇静药、抗惊厥药。

25. 苯巴比妥（Phenobarbital）：药典 2000 年二部 P362。镇静催眠药、抗惊厥药。兽药典 2000 年版一部 P103。巴比妥类药。缓解脑炎、破伤风、士的宁中毒所致的惊厥。

26. 苯巴比妥钠（Phenobarbital Sodium）：兽药典 2000 年版一部 P105。巴比妥类药。缓解脑炎、破伤风、士的宁中毒所致的惊厥。

27. 巴比妥（Barbital）：兽药典 2000 年版二部 P27。中枢抑制和增强解热镇痛。

28. 异戊巴比妥（Amobarbital）：药典 2000 年二部 P252。催眠药、抗惊厥药。

29. 异戊巴比妥钠（Amobarbital Sodium）：兽药典 2000 年版一部 P82。巴比妥类药。用于小动物的镇静、抗惊厥和麻醉。

30. 利血平（Reserpine）：药典 2000 年二部 P304。抗高血压药。

31. 艾司唑仑（Estazolam）。

32. 甲丙氨脂（Mcprobamate）。

33. 咪达唑仑（Midazolam）。

34. 硝西泮（Nitrazepam）。

35. 奥沙西泮（Oxazcpam）。

36. 匹莫林（Pemoline）。

37. 三唑仑（Triazolam）。

38. 唑吡旦（Zolpidem）。

39. 其他国家管制的精神药品。

### （五）各种抗生素滤渣

40. 抗生素滤渣：该类物质是抗生素类产品生产过程中产生的工业三废，因含有微量抗生素成分，在饲料和饲养过程中使用后对动物有一定的促生长作用。但对养殖业的危害很大，一是容易引起耐药性，二是由于未做安全性试验，存在各种安全隐患。

## 二、食品动物禁用的兽药及其他化合物清单（农业部公告第193号，2002年）

| 序号 | 兽药及其他化合物名称 | 禁止用途 | 禁用动物 |
|---|---|---|---|
| 1 | $\beta$-兴奋剂类：克仑特罗 Clenbuterol、沙丁胺醇 Salbutamol、西马特罗 Cimaterol 及其盐、酯及制剂 | 所有用途 | 所有食品动物 |
| 2 | 性激素类：己烯雌酚 Diethylstilbestrol 及其盐、酯及制剂 | 所有用途 | 所有食品动物 |
| 3 | 具有雌激素样作用的物质：玉米赤霉醇 Zeranol、去甲雄三烯醇酮 Trenbolone、醋酸甲孕酮 Mengestrol Acetate 及制剂 | 所有用途 | 所有食品动物 |
| 4 | 氯霉素 Chloramphenicol 及其盐、酯（包括：琥珀氯霉素 Chloramphenicol Succinate）及制剂 | 所有用途 | 所有食品动物 |
| 5 | 氨苯砜 Dapsone 及制剂 | 所有用途 | 所有食品动物 |

（续）

| 序号 | 兽药及其他化合物名称 | 禁止用途 | 禁用动物 |
| --- | --- | --- | --- |
| 6 | 硝基呋喃类：呋喃唑酮 Furazolidone、呋喃它酮 Furaltadone、呋喃苯烯酸钠 Nifurstyrenate sodium 及制剂 | 所有用途 | 所有食品动物 |
| 7 | 硝基化合物：硝基酚钠 Sodium nitrophenolate、硝呋烯腙 Nitrovin 及制剂 | 所有用途 | 所有食品动物 |
| 8 | 催眠、镇静类：安眠酮 Methaqualone 及制剂 | 所有用途 | 所有食品动物 |
| 9 | 林丹（丙体六六六）Lindane | 杀虫剂 | 所有食品动物 |
| 10 | 毒杀芬（氯化烯）Camahechlor | 杀虫剂、清塘剂 | 所有食品动物 |
| 11 | 呋喃丹（克百威）Carbofuran | 杀虫剂 | 所有食品动物 |
| 12 | 杀虫脒（克死螨）Chlordimeform | 杀虫剂 | 所有食品动物 |
| 13 | 双甲脒 Amitraz | 杀虫剂 | 水生食品动物 |
| 14 | 酒石酸锑钾 Antimonypotassiumtartrate | 杀虫剂 | 所有食品动物 |
| 15 | 锥虫胂胺 Tryparsamide | 杀虫剂 | 所有食品动物 |
| 16 | 孔雀石绿 Malachitegreen | 抗菌、杀虫剂 | 所有食品动物 |
| 17 | 五氯酚酸钠 Pentachlorophenolsodium | 杀螺剂 | 所有食品动物 |
| 18 | 各种汞制剂。包括氯化亚汞（甘汞）Calomel，硝酸亚汞 Mercurous nitrate、醋酸汞 Mercurous acetate、吡啶基醋酸汞 Pyridyl mercurous acetate | 杀虫剂 | 所有食品动物 |
| 19 | 性激素类：甲基睾丸酮 Methyltestosterone、丙酸睾酮 Testosterone Propionate、苯丙酸诺龙 Nandrolone Phenylpropionate、苯甲酸雌二醇 Estradiol Benzoate 及其盐、酯及制剂 | 促生长 | 所有食品动物 |
| 20 | 催眠、镇静类：氯丙嗪 Chlorpromazine、地西泮（安定）Diazepam 及其盐、酯及制剂 | 促生长 | 所有食品动物 |
| 21 | 硝基咪唑类：甲硝唑 Metronidazole、地美硝唑 Dimetronidazole 及其盐、酯及制剂 | 促生长 | 所有食品动物 |

## 三、兽药地方标准废止目录公布的食品动物禁用兽药（农业部公告第560号，2005年）

| 类别 | 名称/组方 |
| --- | --- |
| 禁用兽药 | β-兴奋剂类：沙丁胺醇及其盐、酯及制剂<br>硝基呋喃类：呋喃西林、呋喃妥因及其盐、酯及制剂<br>硝基咪唑类：替硝唑及其盐、酯及制剂<br>喹噁啉类：卡巴氧及其盐、酯及制剂<br>抗生素类：万古霉素及其盐、酯及制剂 |

## 四、禁止在饲料和动物饮水中使用的物质（农业部公告第1519号，2010年）

1. 苯乙醇胺 A（Phenylethanolamine A）：β-肾上腺素受体激动剂。

2. 班布特罗（Bambuterol）：β-肾上腺素受体激动剂。

3. 盐酸齐帕特罗（Zilpaterol Hydrochloride）：β-肾上腺素受体激动剂。

4. 盐酸氯丙那林（Clorprenaline Hydrochloride）：药典2010年二部P783。β-肾上腺素受体激动剂。

5. 马布特罗（Mabuterol）：β-肾上腺素受体激动剂。

6. 西布特罗（Cimbuterol）：β-肾上腺素受体激动剂。

7. 溴布特罗（Brombuterol）：β-肾上腺素受体激动剂。

8. 酒石酸阿福特罗（Arformoterol Tartrate）：长效型β-肾上腺素受体激动剂。

9. 富马酸福莫特罗（Formoterol Fumatrate）：长效型β-肾上腺素受体激动剂。

10. 盐酸可乐定（Clonidine Hydrochloride）：药典 2010 年二部 P645。抗高血压药。

11. 盐酸赛庚啶（Cyproheptadine Hydrochloride）：药典 2010 年二部 P803。抗组胺药。

## 五、禁止用于食品动物的其他兽药

| 兽用药物及其他化合物名称 | 禁用动物 | 公告号 |
|---|---|---|
| 非泼罗尼及相关制剂 | 所有食品动物 | 农业部公告第 2583 号（2017 年 9 月 15 日颁布） |
| 洛美沙星、培氟沙星、氧氟沙星、诺氟沙星 4 种原料药的各种盐、酯及其各种制剂 | 所有食品动物 | 农业部公告第 2292 号（2015 年 9 月 1 日颁布） |
| 喹乙醇、氨苯胂酸、洛克沙胂 3 种兽药的原料药及各种制剂 | 所有食品动物 | 农业部公告第 2638 号（2018 年 1 月 12 日颁布） |

# 附录3 动物性食品中兽药最高残留限量

## 一、动物性食品允许使用，但不需要制定残留限量的药物

| 药物名称 | 动物种类 | 其他规定 |
|---|---|---|
| Acetylsalicylic acid 乙酰水杨酸 | 牛、猪、鸡 | 产奶牛禁用产蛋鸡禁用 |
| Aluminium hydroxide 氢氧化铝 | 所有食品动物 | |
| Amitraz 双甲脒 | 牛/羊/猪 | 仅指肌肉中不需要限量 |
| Amprolium 氨丙啉 | 家禽 | 仅作口服用 |
| Apramycin 安普霉素 | 猪、兔山羊鸡 | 仅作口服用产奶羊禁用产蛋鸡禁用 |
| Atropine 阿托品 | 所有食品动物 | |
| Azamethiphos 甲基吡啶磷 | 鱼 | |
| Betaine 甜菜碱 | 所有食品动物 | |
| Bismuth subcarbonate 碱式碳酸铋 | 所有食品动物 | 仅作口服用 |
| Bismuth subnitrate 碱式硝酸铋 | 所有食品动物 | 仅作口服用 |
| Bismuth subnitrate 碱式硝酸铋 | 牛 | 仅乳房内注射用 |
| Boric acid and borates 硼酸及其盐 | 所有食品动物 | |
| Caffeine 咖啡因 | 所有食品动物 | |
| Calcium borogluconate 硼葡萄糖酸钙 | 所有食品动物 | |
| Calcium carbonate 碳酸钙 | 所有食品动物 | |

（续）

| 药物名称 | 动物种类 | 其他规定 |
| --- | --- | --- |
| Calcium chloride 氯化钙 | 所有食品动物 | |
| Calcium gluconate 葡萄糖酸钙 | 所有食品动物 | |
| Calcium phosphate 磷酸钙 | 所有食品动物 | |
| Calcium sulphate 硫酸钙 | 所有食品动物 | |
| Calcium pantothenate 泛酸钙 | 所有食品动物 | |
| Camphor 樟脑 | 所有食品动物 | 仅作外用 |
| Chlorhexidine 氯己定 | 所有食品动物 | 仅作外用 |
| Choline 胆碱 | 所有食品动物 | |
| Cloprostenol 氯前列醇 | 牛、猪、马 | |
| Decoquinate 癸氧喹酯 | 牛、山羊 | 仅口服用，产奶动物禁用 |
| Diclazuril 地克珠利 | 山羊 | 羔羊口服用 |
| Epinephrine 肾上腺素 | 所有食品动物 | |
| Ergometrine maleata 马来酸麦角新碱 | 所有哺乳类食品动物 | 仅用于临产动物 |
| Ethanol 乙醇 | 所有食品动物 | 仅作赋型剂用 |
| Ferrous sulphate 硫酸亚铁 | 所有食品动物 | |
| Flumethrin 氟氯苯氰菊酯 | 蜜蜂 | 蜂蜜 |
| Folic acid 叶酸 | 所有食品动物 | |
| Follicle stimulating hormone（natural FSH from all species and their synthetic analogues）促卵泡激素（各种动物天然 FSH 及其化学合成类似物） | 所有食品动物 | |
| Formaldehyde 甲醛 | 所有食品动物 | |
| Glutaraldehyde 戊二醛 | 所有食品动物 | |
| Gonadotrophin releasing hormone 垂体促性腺激素释放激素 | 所有食品动物 | |
| Human chorion gonadotrophin 绒促性素 | 所有食品动物 | |
| Hydrochloric acid 盐酸 | 所有食品动物 | 仅作赋型剂用 |

（续）

| 药物名称 | 动物种类 | 其他规定 |
| --- | --- | --- |
| Hydrocortisone 氢化可的松 | 所有食品动物 | 仅作外用 |
| Hydrogen peroxide 过氧化氢 | 所有食品动物 | |
| Iodine and iodine inorganiccompounds including：<br>碘和碘无机化合物包括：<br>——Sodium and potassium-iodide 碘化钠和钾<br>——Sodium and potassium-iodate 碘酸钠和钾 | 所有食品动物 | |
| Iodophors including：碘附包括：<br>——Polyvinylpyrrolidone-iodine<br>聚乙烯吡咯烷酮碘 | 所有食品动物 | |
| Iodine organic compounds：碘有机化合物：<br>——Iodoform 碘仿 | 所有食品动物 | |
| Iron dextran 右旋糖酐铁 | 所有食品动物 | |
| Ketamine 氯胺酮 | 所有食品动物 | |
| Lactic acid 乳酸 | 所有食品动物 | |
| Lidocaine 利多卡因 | 马 | 仅作局部麻醉用 |
| Luteinising hormone（natural LH from all species and their synthetic analogues）<br>促黄体激素（各种动物天然 FSH 及其化学合成类似物） | 所有食品动物 | |
| Magnesium chloride 氯化镁 | 所有食品动物 | |
| Mannitol 甘露醇 | 所有食品动物 | |
| Menadione 甲萘醌 | 所有食品动物 | |
| Neostigmine 新斯的明 | 所有食品动物 | |
| Oxytocin 缩宫素 | 所有食品动物 | |
| Paracetamol 对乙酰氨基酚 | 猪 | 仅作口服用 |
| Pepsin 胃蛋白酶 | 所有食品动物 | |
| Phenol 苯酚 | 所有食品动物 | |
| Piperazine 哌嗪 | 鸡 | 除蛋外所有组织 |

（续）

| 药物名称 | 动物种类 | 其他规定 |
| --- | --- | --- |
| Polyethylene glycols (molecular weight ranging from 200 to 10 000) 聚乙二醇（分子量范围 200～10 000） | 所有食品动物 | |
| Polysorbate 80 吐温-80 | 所有食品动物 | |
| Praziquantel 吡喹酮 | 绵羊、马、山羊 | 仅用于非泌乳绵羊 |
| Procaine 普鲁卡因 | 所有食品动物 | |
| Pyrantel embonate 双羟萘酸噻嘧啶 | 马 | |
| Salicylic acid 水杨酸 | 除鱼外所有食品动物 | 仅作外用 |
| Sodium Bromide 溴化钠 | 所有哺乳类食品动物 | 仅作外用 |
| Sodium chloride 氯化钠 | 所有食品动物 | |
| Sodium pyrosulphite 焦亚硫酸钠 | 所有食品动物 | |
| Sodium salicylate 水杨酸钠 | 除鱼外所有食品动物 | 仅作外用 |
| Sodium selenite 亚硒酸钠 | 所有食品动物 | |
| Sodium stearate 硬脂酸钠 | 所有食品动物 | |
| Sodium thiosulphate 硫代硫酸钠 | 所有食品动物 | |
| Sorbitan trioleate 脱水山梨醇三油酸酯（司盘-85） | 所有食品动物 | |
| Strychnine 士的宁 | 牛 | 仅作口服用，剂量最大 0.1mg/kg 体重 |
| Sulfogaiacol 愈创木酚磺酸钾 | 所有食品动物 | |
| Sulphur 硫黄 | 牛、猪、山羊、绵羊、马 | |
| Tetracaine 丁卡因 | 所有食品动物 | 仅作麻醉剂用 |
| Thiomersal 硫柳汞 | 所有食品动物 | 多剂量疫苗中作防腐剂使用，浓度最大不得超过 0.02% |

（续）

| 药物名称 | 动物种类 | 其他规定 |
|---|---|---|
| Thiopental sodium 硫喷妥钠 | 所有食品动物 | 仅作静脉注射用 |
| Vitamin A 维生素 A | 所有食品动物 | |
| Vitamin $B_1$ 维生素 $B_1$ | 所有食品动物 | |
| Vitamin $B_{12}$ 维生素 $B_{12}$ | 所有食品动物 | |
| Vitamin $B_2$ 维生素 $B_2$ | 所有食品动物 | |
| Vitamin $B_6$ 维生素 $B_6$ | 所有食品动物 | |
| Vitamin D 维生素 D | 所有食品动物 | |
| Vitamin E 维生素 E | 所有食品动物 | |
| Xylazine hydrochloride 盐酸塞拉嗪 | 牛、马 | 产奶动物禁用 |
| Zinc oxide 氧化锌 | 所有食品动物 | |
| Zinc sulphate 硫酸锌 | 所有食品动物 | |

## 二、已批准的动物性食品中最高残留限量规定

| 药物名 | 标志残留物 | 动物种类 | 靶组织 | 残留限量 |
|---|---|---|---|---|
| 阿灭丁（阿维菌素）Abamectin | Avermectin $B_{1a}$ | 牛（泌乳期禁用） | 脂肪 | 100 |
| | | | 肝 | 100 |
| | | | 肾 | 50 |
| ADI：0～2 | | 羊（泌乳期禁用） | 肌肉 | 25 |
| | | | 脂肪 | 50 |
| | | | 肝 | 25 |
| | | | 肾 | 20 |
| 乙酰异戊酰泰乐菌素 Acetylisovaleryltylosin ADI：0～1.02 | 总 Acetylisovaleryltylosin 和 3-O-乙酰泰乐菌素 | 猪 | 肌肉 | 50 |
| | | | 皮+脂肪 | 50 |
| | | | 肝 | 50 |
| | | | 肾 | 50 |

（续）

| 药物名 | 标志残留物 | 动物种类 | 靶组织 | 残留限量 |
|---|---|---|---|---|
| 阿苯达唑 Albendazole<br>ADI：0～50 | Albendazole＋ABZSO2＋ABZSO＋ABZNH2 | 牛/羊 | 肌肉 | 100 |
| | | | 脂肪 | 100 |
| | | | 肝 | 5 000 |
| | | | 肾 | 5 000 |
| | | | 奶 | 100 |
| 双甲脒 Amitraz<br>ADI：0～3 | Amitraz ＋2，4－DMA 的总量 | 牛 | 脂肪 | 200 |
| | | | 肝 | 200 |
| | | | 肾 | 200 |
| | | | 奶 | 10 |
| | | 羊 | 脂肪 | 400 |
| | | | 肝 | 100 |
| | | | 肾 | 200 |
| | | | 奶 | 10 |
| | | 猪 | 皮＋脂 | 400 |
| | | | 肝 | 200 |
| | | | 肾 | 200 |
| | | 禽 | 肌肉 | 10 |
| | | | 脂肪 | 10 |
| | | | 副产品 | 50 |
| | | 蜜蜂 | 蜂蜜 | 200 |
| 阿莫西林 Amoxicillin | Amoxicillin | 所有食品动物 | 肌肉 | 50 |
| | | | 脂肪 | 50 |
| | | | 肝 | 50 |
| | | | 肾 | 50 |
| | | | 奶 | 10 |
| 氨苄西林 Ampicillin | Ampicillin | 所有食品动物 | 肌肉 | 50 |
| | | | 脂肪 | 50 |
| | | | 肝 | 50 |
| | | | 肾 | 50 |
| | | | 奶 | 10 |

（续）

| 药物名 | 标志残留物 | 动物种类 | 靶组织 | 残留限量 |
| --- | --- | --- | --- | --- |
| 氨丙啉 Amprolium ADI：0～100 | Amprolium | 牛 | 肌肉 | 500 |
| | | | 脂肪 | 2 000 |
| | | | 肝 | 500 |
| | | | 肾 | 500 |
| 安普霉素 Apramycin ADI：0～40 | Apramycin | 猪 | 肾 | 100 |
| 阿散酸/洛克沙胂 Arsanilic acid/Roxarsone | 总砷计 Arsenic | 猪 | 肌肉 | 500 |
| | | | 肝 | 2 000 |
| | | | 肾 | 2 000 |
| | | | 副产品 | 500 |
| | | 鸡/火鸡 | 肌肉 | 500 |
| | | | 副产品 | 500 |
| | | | 蛋 | 500 |
| 氮哌酮 Azaperone ADI：0～0.8 | Azaperone＋Azaperol | 猪 | 肌肉 | 60 |
| | | | 皮＋脂肪 | 60 |
| | | | 肝 | 100 |
| | | | 肾 | 100 |
| 杆菌肽 Bacitracin ADI：0～3.9 | Bacitracin | 牛/猪/禽 | 可食组织 | 500 |
| | | 牛（乳房注射） | 奶 | 500 |
| | | 禽 | 蛋 | 500 |
| 苄星青霉素/普鲁卡因青霉素 Benzylpenicillin/Procaine benzylpenicillin ADI：0～30μg/(人·d) | Benzylpenicillin | 所有食品动物 | 肌肉 | 50 |
| | | | 脂肪 | 50 |
| | | | 肝 | 50 |
| | | | 肾 | 50 |
| | | | 奶 | 4 |
| 倍他米松 Betamethasone ADI：0～0.015 | Betamethasone | 牛/猪 | 肌肉 | 0.75 |
| | | | 肝 | 2.0 |
| | | | 肾 | 0.75 |
| | | 牛 | 奶 | 0.3 |

（续）

| 药物名 | 标志残留物 | 动物种类 | 靶组织 | 残留限量 |
|---|---|---|---|---|
| 头孢氨苄 Cefalexin<br>ADI：0～54.4 | Cefalexin | 牛 | 肌肉 | 200 |
| | | | 脂肪 | 200 |
| | | | 肝 | 200 |
| | | | 肾 | 1 000 |
| | | | 奶 | 100 |
| 头孢喹肟 Cefquinome<br>ADI：0～3.8 | Cefquinome | 牛 | 肌肉 | 50 |
| | | | 脂肪 | 50 |
| | | | 肝 | 100 |
| | | | 肾 | 200 |
| | | | 奶 | 20 |
| | | 猪 | 肌肉 | 50 |
| | | | 皮+脂 | 50 |
| | | | 肝 | 100 |
| | | | 肾 | 200 |
| 头孢噻呋 Ceftiofur<br>ADI：0～50 | Desfuroylceftiofur | 牛/猪 | 肌肉 | 1 000 |
| | | | 脂肪 | 2 000 |
| | | | 肝 | 2 000 |
| | | | 肾 | 6 000 |
| | | 牛 | 奶 | 100 |
| 克拉维酸<br>Clavulanic acid<br>ADI：0～16 | Clavulanic acid | 牛/羊 | 奶 | 200 |
| | | 牛/羊/猪 | 肌肉 | 100 |
| | | | 脂肪 | 100 |
| | | | 肝 | 200 |
| | | | 肾 | 400 |
| 氯羟吡啶 Clopidol | Clopidol | 牛/羊 | 肌肉 | 200 |
| | | | 肝 | 1 500 |
| | | | 肾 | 3 000 |
| | | | 奶 | 20 |
| | | 猪 | 可食组织 | 200 |

（续）

| 药物名 | 标志残留物 | 动物种类 | 靶组织 | 残留限量 |
|---|---|---|---|---|
| 氯羟吡啶 Clopidol | Clopidol | 鸡/火鸡 | 肌肉 | 5 000 |
| | | | 肝 | 15 000 |
| | | | 肾 | 15 000 |
| 氯氰碘柳胺 Closantel<br>ADI：0～30 | Closantel | 牛 | 肌肉 | 1 000 |
| | | | 脂肪 | 3 000 |
| | | | 肝 | 1 000 |
| | | | 肾 | 3 000 |
| | | 羊 | 肌肉 | 1 500 |
| | | | 脂肪 | 2 000 |
| | | | 肝 | 1 500 |
| | | | 肾 | 5 000 |
| 氯唑西林 Cloxacillin | Cloxacillin | 所有食品动物 | 肌肉 | 300 |
| | | | 脂肪 | 300 |
| | | | 肝 | 300 |
| | | | 肾 | 300 |
| | | | 奶 | 30 |
| 黏菌素 Colistin<br>ADI：0～5 | Colistin | 牛/羊 | 奶 | 50 |
| | | 牛/羊/猪/鸡/兔 | 肌肉 | 150 |
| | | | 脂肪 | 150 |
| | | | 肝 | 150 |
| | | | 肾 | 200 |
| | | 鸡 | 蛋 | 300 |
| 蝇毒磷 Coumaphos<br>ADI：0～0.25 | Coumaphos 和氧化物 | 蜜蜂 | 蜂蜜 | 100 |
| 环丙氨嗪 Cyromazine<br>ADI：0～20 | Cyromazine | 羊 | 肌肉 | 300 |
| | | | 脂肪 | 300 |
| | | | 肝 | 300 |
| | | | 肾 | 300 |

（续）

| 药物名 | 标志残留物 | 动物种类 | 靶组织 | 残留限量 |
|---|---|---|---|---|
| 环丙氨嗪 Cyromazine<br>ADI：0～20 | Cyromazine | 禽 | 肌肉 | 50 |
| | | | 脂肪 | 50 |
| | | | 副产品 | 50 |
| 达氟沙星 Danofloxacin<br>ADI：0～20 | Danofloxacin | 牛/绵羊/山羊 | 肌肉 | 200 |
| | | | 脂肪 | 100 |
| | | | 肝 | 400 |
| | | | 肾 | 400 |
| | | | 奶 | 30 |
| | | 家禽 | 肌肉 | 200 |
| | | | 皮+脂 | 100 |
| | | | 肝 | 400 |
| | | | 肾 | 400 |
| | | 其他动物 | 肌肉 | 100 |
| | | | 脂肪 | 50 |
| | | | 肝 | 200 |
| | | | 肾 | 200 |
| 癸氧喹酯 Decoquinate<br>ADI：0～75 | Decoquinate | 鸡 | 皮+肉 | 1 000 |
| | | | 可食组织 | 2 000 |
| 溴氰菊酯 Deltamethrin<br>ADI：0～10 | Deltamethrin | 牛/羊 | 肌肉 | 30 |
| | | | 脂肪 | 500 |
| | | | 肝 | 50 |
| | | | 肾 | 50 |
| | | 牛 | 奶 | 30 |
| | | 鸡 | 肌肉 | 30 |
| | | | 皮+脂 | 500 |
| | | | 肝 | 50 |
| | | | 肾 | 50 |
| | | | 蛋 | 30 |
| | | 鱼 | 肌肉 | 30 |

（续）

| 药物名 | 标志残留物 | 动物种类 | 靶组织 | 残留限量 |
|---|---|---|---|---|
| 越霉素 A Destomycin A | Destomycin A | 猪/鸡 | 可食组织 | 2 000 |
| 地塞米松 Dexamethasone ADI：0～0.015 | Dexamethasone | 牛/猪/马 | 肌肉 | 0.75 |
| | | | 肝 | 2 |
| | | | 肾 | 0.75 |
| | | 牛 | 奶 | 0.3 |
| 二嗪农 Diazinon ADI：0～2 | Diazinon | 牛/羊 | 奶 | 20 |
| | | 牛/猪/羊 | 肌肉 | 20 |
| | | | 脂肪 | 700 |
| | | | 肝 | 20 |
| | | | 肾 | 20 |
| 敌敌畏 Dichlorvos ADI：0～4 | Dichlorvos | 牛/羊/马 | 肌肉 | 20 |
| | | | 脂肪 | 20 |
| | | | 副产品 | 20 |
| | | 猪 | 肌肉 | 100 |
| | | | 脂肪 | 100 |
| | | | 副产品 | 200 |
| | | 鸡 | 肌肉 | 50 |
| | | | 脂肪 | 50 |
| | | | 副产品 | 50 |
| 地克珠利 Diclazuril ADI：0～30 | Diclazuril | 绵羊/禽/兔 | 肌肉 | 500 |
| | | | 脂肪 | 1 000 |
| | | | 肝 | 3 000 |
| | | | 肾 | 2 000 |
| 二氟沙星 Difloxacin ADI：0～10 | Difloxacin | 牛/羊 | 肌肉 | 400 |
| | | | 脂 | 100 |
| | | | 肝 | 1 400 |
| | | | 肾 | 800 |

（续）

| 药物名 | 标志残留物 | 动物种类 | 靶组织 | 残留限量 |
|---|---|---|---|---|
| 二氟沙星 Difloxacin<br>ADI：0～10 | Difloxacin | 猪 | 肌肉 | 400 |
| | | | 皮＋脂 | 100 |
| | | | 肝 | 800 |
| | | | 肾 | 800 |
| | | 家禽 | 肌肉 | 300 |
| | | | 皮＋脂 | 400 |
| | | | 肝 | 1 900 |
| | | | 肾 | 600 |
| | | 其他 | 肌肉 | 300 |
| | | | 脂肪 | 100 |
| | | | 肝 | 800 |
| | | | 肾 | 600 |
| 三氮脒 Diminazine<br>ADI：0～100 | Diminazine | 牛 | 肌肉 | 500 |
| | | | 肝 | 12 000 |
| | | | 肾 | 6 000 |
| | | | 奶 | 150 |
| 多拉菌素 Doramectin<br>ADI：0～0.5 | Doramectin | 牛（泌乳牛禁用） | 肌肉 | 10 |
| | | | 脂肪 | 150 |
| | | | 肝 | 100 |
| | | | 肾 | 30 |
| | | 猪/羊/鹿 | 肌肉 | 20 |
| | | | 脂肪 | 100 |
| | | | 肝 | 50 |
| | | | 肾 | 30 |
| 多西环素 Doxycycline<br>ADI：0～3 | Doxycycline | 牛（泌乳牛禁用） | 肌肉 | 100 |
| | | | 肝 | 300 |
| | | | 肾 | 600 |
| | | 猪 | 肌肉 | 100 |
| | | | 皮＋脂 | 300 |
| | | | 肝 | 300 |
| | | | 肾 | 600 |

（续）

| 药物名 | 标志残留物 | 动物种类 | 靶组织 | 残留限量 |
| --- | --- | --- | --- | --- |
| 多西环素 Doxycycline<br>ADI：0～3 | Doxycycline | 禽（产蛋鸡禁用） | 肌肉 | 100 |
| | | | 皮＋脂 | 300 |
| | | | 肝 | 300 |
| | | | 肾 | 600 |
| 恩诺沙星 Enrofloxacin<br>ADI：0～2 | Enrofloxacin＋<br>Ciprofloxacin | 牛/羊 | 肌肉 | 100 |
| | | | 脂肪 | 100 |
| | | | 肝 | 300 |
| | | | 肾 | 200 |
| | | 牛/羊 | 奶 | 100 |
| | | 猪/兔 | 肌肉 | 100 |
| | | | 脂肪 | 100 |
| | | | 肝 | 200 |
| | | | 肾 | 300 |
| | | 禽（产蛋鸡禁用） | 肌肉 | 100 |
| | | | 皮＋脂 | 100 |
| | | | 肝 | 200 |
| | | | 肾 | 300 |
| | | 其他动物 | 肌肉 | 100 |
| | | | 脂肪 | 100 |
| | | | 肝 | 200 |
| | | | 肾 | 200 |
| 红霉素 Erythromycin<br>ADI：0～5 | Erythromycin | 所有食品动物 | 肌肉 | 200 |
| | | | 脂肪 | 200 |
| | | | 肝 | 200 |
| | | | 肾 | 200 |
| | | | 奶 | 40 |
| | | | 蛋 | 150 |
| 乙氧酰胺苯甲酯<br>Ethopabate | Ethopabate | 禽 | 肌肉 | 500 |
| | | | 肝 | 1 500 |
| | | | 肾 | 1 500 |

（续）

| 药物名 | 标志残留物 | 动物种类 | 靶组织 | 残留限量 |
|---|---|---|---|---|
| 苯硫氨酯 Fenbantel<br>芬苯达唑 Fenbendazole<br>奥芬达唑 Oxfendazole<br>ADI：0～7 | 可提取的<br>Oxfendazole sulphone | 牛/马/猪/羊 | 肌肉 | 100 |
| | | | 脂肪 | 100 |
| | | | 肝 | 500 |
| | | | 肾 | 100 |
| | | 牛/羊 | 奶 | 100 |
| 倍硫磷 Fenthion | Fenthion &<br>metabolites | 牛/猪/禽 | 肌肉 | 100 |
| | | | 脂肪 | 100 |
| | | | 副产品 | 100 |
| 氰戊菊酯 Fenvalerate<br>ADI：0～20 | Fenvalerate | 牛/羊/猪 | 肌肉 | 1 000 |
| | | | 脂肪 | 1 000 |
| | | | 副产品 | 20 |
| | | 牛 | 奶 | 100 |
| 氟苯尼考 Florfenicol<br>ADI：0～3 | Florfenicol-amine | 牛/羊<br>（泌乳期禁用） | 肌肉 | 200 |
| | | | 肝 | 3 000 |
| | | | 肾 | 300 |
| | | 猪 | 肌肉 | 300 |
| | | | 皮+脂 | 500 |
| | | | 肝 | 2 000 |
| | | | 肾 | 500 |
| | | 家禽（产蛋禁用） | 肌肉 | 100 |
| | | | 皮+脂 | 200 |
| | | | 肝 | 2 500 |
| | | | 肾 | 750 |
| | | 鱼 | 肌肉+皮 | 1 000 |
| | | 其他动物 | 肌肉 | 100 |
| | | | 脂肪 | 200 |
| | | | 肝 | 2 000 |
| | | | 肾 | 300 |

（续）

| 药物名 | 标志残留物 | 动物种类 | 靶组织 | 残留限量 |
|---|---|---|---|---|
| 氟苯咪唑 Flubendazole<br>ADI：0～12 | Flubendazole＋2－amino 1H－benzimidazol－5－yl－（4－fluorophenyl）methanone | 猪 | 肌肉 | 10 |
| | | | 肝 | 10 |
| | | 禽 | 肌肉 | 200 |
| | | | 肝 | 500 |
| | | | 蛋 | 400 |
| 醋酸氟孕酮<br>Flugestone Acetate<br>ADI：0～0.03 | Flugestone Acetate | 羊 | 奶 | 1 |
| 氟甲喹 Flumequine<br>ADI：0～30 | Flumequine | 牛/羊/猪 | 肌肉 | 500 |
| | | | 脂肪 | 1 000 |
| | | | 肝 | 500 |
| | | | 肾 | 3 000 |
| | | | 奶 | 50 |
| | | 鱼 | 肌肉＋皮 | 500 |
| | | 鸡 | 肌肉 | 500 |
| | | | 皮＋脂 | 1 000 |
| | | | 肝 | 500 |
| | | | 肾 | 3 000 |
| 氟氯苯氰菊酯<br>Flumethrin<br>ADI：0～1.8 | Flumethrin<br>（sum of trans-Z-isomers） | 牛 | 肌肉 | 10 |
| | | | 脂肪 | 150 |
| | | | 肝 | 20 |
| | | | 肾 | 10 |
| | | | 奶 | 30 |
| | | 羊（产奶期禁用） | 肌肉 | 10 |
| | | | 脂肪 | 150 |
| | | | 肝 | 20 |
| | | | 肾 | 10 |
| 氟胺氰菊酯<br>Fluvalinate | Fluvalinate | 所有动物 | 肌肉 | 10 |
| | | | 脂肪 | 10 |
| | | | 副产品 | 10 |

（续）

| 药物名 | 标志残留物 | 动物种类 | 靶组织 | 残留限量 |
|---|---|---|---|---|
| 氟胺氰菊酯 Fluvalinate | Fluvalinate | 蜜蜂 | 蜂蜜 | 50 |
| 庆大霉素 Gentamycin ADI：0～20 | Gentamycin | 牛/猪 | 肌肉 | 100 |
| | | | 脂肪 | 100 |
| | | | 肝 | 2 000 |
| | | | 肾 | 5 000 |
| | | 牛 | 奶 | 200 |
| | | 鸡/火鸡 | 可食组织 | 100 |
| 氢溴酸常山酮 Halofuginone hydrobromide ADI：0～0.3 | Halofuginone | 牛 | 肌肉 | 10 |
| | | | 脂肪 | 25 |
| | | | 肝 | 30 |
| | | | 肾 | 30 |
| | | 鸡/火鸡 | 肌肉 | 100 |
| | | | 皮+脂 | 200 |
| | | | 肝 | 130 |
| 氮氨菲啶 Isometamidium ADI：0～100 | Isometamidium | 牛 | 肌肉 | 100 |
| | | | 脂肪 | 100 |
| | | | 肝 | 500 |
| | | | 肾 | 1 000 |
| | | | 奶 | 100 |
| 伊维菌素 Ivermectin ADI：0～1 | 22，23 - Dihydro-avermectin B1a | 牛 | 肌肉 | 10 |
| | | | 脂肪 | 40 |
| | | | 肝 | 100 |
| | | | 奶 | 10 |
| | | 猪/羊 | 肌肉 | 20 |
| | | | 脂肪 | 20 |
| | | | 肝 | 15 |
| 吉他霉素 Kitasamycin | Kitasamycin | 猪/禽 | 肌肉 | 200 |
| | | | 肝 | 200 |
| | | | 肾 | 200 |

（续）

<table>
<tr><th>药物名</th><th>标志残留物</th><th>动物种类</th><th>靶组织</th><th>残留限量</th></tr>
<tr><td rowspan="7">拉沙洛菌素 Lasalocid</td><td rowspan="7">Lasalocid</td><td>牛</td><td>肝</td><td>700</td></tr>
<tr><td rowspan="2">鸡</td><td>皮+脂</td><td>1 200</td></tr>
<tr><td>肝</td><td>400</td></tr>
<tr><td rowspan="2">火鸡</td><td>皮+脂</td><td>400</td></tr>
<tr><td>肝</td><td>400</td></tr>
<tr><td>羊</td><td>肝</td><td>1 000</td></tr>
<tr><td>兔</td><td>肝</td><td>700</td></tr>
<tr><td rowspan="4">左旋咪唑 Levamisole<br>ADI：0～6</td><td rowspan="4">Levamisole</td><td rowspan="4">牛/羊/猪/禽</td><td>肌肉</td><td>10</td></tr>
<tr><td>脂肪</td><td>10</td></tr>
<tr><td>肝</td><td>100</td></tr>
<tr><td>肾</td><td>10</td></tr>
<tr><td rowspan="6">林可霉素 Lincomycin<br>ADI：0～30</td><td rowspan="6">Lincomycin</td><td rowspan="4">牛/羊/猪/禽</td><td>肌肉</td><td>100</td></tr>
<tr><td>脂肪</td><td>100</td></tr>
<tr><td>肝</td><td>500</td></tr>
<tr><td>肾</td><td>1 500</td></tr>
<tr><td>牛/羊</td><td>奶</td><td>150</td></tr>
<tr><td>鸡</td><td>蛋</td><td>50</td></tr>
<tr><td rowspan="4">马杜霉素 Maduramicin</td><td rowspan="4">Maduramicin</td><td rowspan="4">鸡</td><td>肌肉</td><td>240</td></tr>
<tr><td>脂肪</td><td>480</td></tr>
<tr><td>皮</td><td>480</td></tr>
<tr><td>肝</td><td>720</td></tr>
<tr><td rowspan="3">马拉硫磷 Malathion</td><td rowspan="3">Malathion</td><td rowspan="3">牛/羊/猪/禽/马</td><td>肌肉</td><td>4 000</td></tr>
<tr><td>脂肪</td><td>4 000</td></tr>
<tr><td>副产品</td><td>4 000</td></tr>
<tr><td rowspan="4">甲苯咪唑 Mebendazole<br>ADI：0～12.5</td><td rowspan="4">Mebendazole 等效物</td><td rowspan="4">羊/马<br>（产奶期禁用）</td><td>肌肉</td><td>60</td></tr>
<tr><td>脂肪</td><td>60</td></tr>
<tr><td>肝</td><td>400</td></tr>
<tr><td>肾</td><td>60</td></tr>
</table>

(续)

| 药物名 | 标志残留物 | 动物种类 | 靶组织 | 残留限量 |
|---|---|---|---|---|
| 安乃近 Metamizole<br>ADI：0～10 | 4-氨甲基-安替比林 | 牛/猪/马 | 肌肉 | 200 |
| | | | 脂肪 | 200 |
| | | | 肝 | 200 |
| | | | 肾 | 200 |
| 莫能菌素 Monensin | Monensin | 牛/羊 | 可食组织 | 50 |
| | | 鸡/火鸡 | 肌肉 | 1 500 |
| | | | 皮+脂 | 3 000 |
| | | | 肝 | 4 500 |
| 甲基盐霉素 Narasin | Narasin | 鸡 | 肌肉 | 600 |
| | | | 皮+脂 | 1 200 |
| | | | 肝 | 1 800 |
| 新霉素 Neomycin<br>ADI：0～60 | Neomycin B | 牛/羊/猪/鸡/火鸡/鸭 | 肌肉 | 500 |
| | | | 脂肪 | 500 |
| | | | 肝 | 500 |
| | | | 肾 | 10 000 |
| | | 牛/羊 | 奶 | 500 |
| | | 鸡 | 蛋 | 500 |
| 尼卡巴嗪 Nicarbazin<br>ADI：0～400 | N，N' - bis - (4 - nitrophenyl) urea | 鸡 | 肌肉 | 200 |
| | | | 皮/脂 | 200 |
| | | | 肝 | 200 |
| | | | 肾 | 200 |
| 硝碘酚腈 Nitroxinil<br>ADI：0～5 | Nitroxinil | 牛/羊 | 肌肉 | 400 |
| | | | 脂肪 | 200 |
| | | | 肝 | 20 |
| | | | 肾 | 400 |
| 喹乙醇 Olaquindox | [3-甲基喹啉-2-羧酸] (MQCA) | 猪 | 肌肉 | 4 |
| | | | 肝 | 50 |

（续）

| 药物名 | 标志残留物 | 动物种类 | 靶组织 | 残留限量 |
| --- | --- | --- | --- | --- |
| 苯唑西林 Oxacillin | Oxacillin | 所有食品动物 | 肌肉 | 300 |
| | | | 脂肪 | 300 |
| | | | 肝 | 300 |
| | | | 肾 | 300 |
| | | | 奶 | 30 |
| 丙氧苯咪唑 Oxibendazole ADI：0～60 | Oxibendazole | 猪 | 肌肉 | 100 |
| | | | 皮+脂 | 500 |
| | | | 肝 | 200 |
| | | | 肾 | 100 |
| 噁喹酸 Oxolinic acid ADI：0～2.5 | Oxolinic acid | 牛/猪/鸡 | 肌肉 | 100 |
| | | | 脂肪 | 50 |
| | | | 肝 | 150 |
| | | | 肾 | 150 |
| | | 鸡 | 蛋 | 50 |
| | | 鱼 | 肌肉+皮 | 300 |
| 土霉素/金霉素/四环素 Oxytetracycline/Chlortetracycline/Tetracycline ADI：0～30 | Parent drug，单个或复合物 | 所有食品动物 | 肌肉 | 100 |
| | | | 肝 | 300 |
| | | | 肾 | 600 |
| | | 牛/羊 | 奶 | 100 |
| | | 禽 | 蛋 | 200 |
| | | 鱼/虾 | 肉 | 100 |
| 辛硫磷 Phoxim ADI：0～4 | Phoxim | 牛/猪/羊 | 肌肉 | 50 |
| | | | 脂肪 | 400 |
| | | | 肝 | 50 |
| | | | 肾 | 50 |
| | | 牛 | 奶 | 10 |
| 哌嗪 Piperazine ADI：0～250 | Piperazine | 猪 | 肌肉 | 400 |
| | | | 皮+脂 | 800 |
| | | | 肝 | 2 000 |
| | | | 肾 | 1 000 |

（续）

| 药物名 | 标志残留物 | 动物种类 | 靶组织 | 残留限量 |
|---|---|---|---|---|
| 哌嗪 Piperazine<br>ADI：0～250 | Piperazine | 鸡 | 蛋 | 2 000 |
| 巴胺磷 Propetamphos<br>ADI：0～0.5 | Propetamphos | 羊 | 脂肪 | 90 |
| | | | 肾 | 90 |
| 碘醚柳胺 Rafoxanide<br>ADI：0～2 | Rafoxanide | 牛 | 肌肉 | 30 |
| | | | 脂肪 | 30 |
| | | | 肝 | 10 |
| | | | 肾 | 40 |
| | | 羊 | 肌肉 | 100 |
| | | | 脂肪 | 250 |
| | | | 肝 | 150 |
| | | | 肾 | 150 |
| 氯苯胍 Robenidine | Robenidine | 鸡 | 脂肪 | 200 |
| | | | 皮 | 200 |
| | | | 可食组织 | 100 |
| 盐霉素 Salinomycin | Salinomycin | 鸡 | 肌肉 | 600 |
| | | | 皮/脂 | 1 200 |
| | | | 肝 | 1 800 |
| 沙拉沙星 Sarafloxacin<br>ADI：0～0.3 | Sarafloxacin | 鸡/火鸡 | 肌肉 | 10 |
| | | | 脂肪 | 20 |
| | | | 肝 | 80 |
| | | | 肾 | 80 |
| | | 鱼 | 肌肉+皮 | 30 |
| 赛杜霉素 Semduramicin<br>ADI：0～180 | Semduramicin | 鸡 | 肌肉 | 130 |
| | | | 肝 | 400 |
| 大观霉素 Spectinomycin<br>ADI：0～40 | Spectinomycin | 牛/羊/猪/鸡 | 肌肉 | 500 |
| | | | 脂肪 | 2 000 |
| | | | 肝 | 2 000 |
| | | | 肾 | 5 000 |

（续）

| 药物名 | 标志残留物 | 动物种类 | 靶组织 | 残留限量 |
| --- | --- | --- | --- | --- |
| 大观霉素 Spectinomycin<br>ADI：0～40 | Spectinomycin | 牛 | 奶 | 200 |
| | | 鸡 | 蛋 | 2 000 |
| 链霉素/双氢链霉素<br>Streptomycin/<br>Dihydrostreptomycin<br>ADI：0～50 | Sum of Streptomycin＋<br>Dihydrostreptomycin | 牛 | 奶 | 200 |
| | | 牛/绵羊/猪/鸡 | 肌肉 | 600 |
| | | | 脂肪 | 600 |
| | | | 肝 | 600 |
| | | | 肾 | 1 000 |
| 磺胺类 Sulfonamides | Parent drug（总量） | 所有食品动物 | 肌肉 | 100 |
| | | | 脂肪 | 100 |
| | | | 肝 | 100 |
| | | | 肾 | 100 |
| | | 牛/羊 | 奶 | 100 |
| 磺胺二甲嘧啶<br>Sulfadimidine<br>ADI：0～50 | Sulfadimidine | 牛 | 奶 | 25 |
| 噻苯咪唑 Thiabendazole<br>ADI：0～100 | ［噻苯咪唑和 5-<br>羟基噻苯咪唑］ | 牛/猪/绵羊/山羊 | 肌肉 | 100 |
| | | | 脂肪 | 100 |
| | | | 肝 | 100 |
| | | | 肾 | 100 |
| | | 牛/山羊 | 奶 | 100 |
| 甲砜霉素<br>Thiamphenicol<br>ADI：0～5 | Thiamphenicol | 牛/羊 | 肌肉 | 50 |
| | | | 脂肪 | 50 |
| | | | 肝 | 50 |
| | | | 肾 | 50 |
| | | 牛 | 奶 | 50 |
| | | 猪 | 肌肉 | 50 |
| | | | 脂肪 | 50 |
| | | | 肝 | 50 |
| | | | 肾 | 50 |

（续）

| 药物名 | 标志残留物 | 动物种类 | 靶组织 | 残留限量 |
|---|---|---|---|---|
| 甲砜霉素 Thiamphenicol ADI：0～5 | Thiamphenicol | 鸡 | 肌肉 | 50 |
| | | | 皮＋脂 | 50 |
| | | | 肝 | 50 |
| | | | 肾 | 50 |
| | | 鱼 | 肌肉＋皮 | 50 |
| 泰妙菌素 Tiamulin ADI：0～30 | Tiamulin＋8－α－Hydroxymutilin 总量 | 猪/兔 | 肌肉 | 100 |
| | | | 肝 | 500 |
| | | 鸡 | 肌肉 | 100 |
| | | | 皮＋脂 | 100 |
| | | | 肝 | 1 000 |
| | | | 蛋 | 1 000 |
| | | 火鸡 | 肌肉 | 100 |
| | | | 皮＋脂 | 100 |
| | | | 肝 | 300 |
| 替米考星 Tilmicosin ADI：0～40 | Tilmicosin | 牛/绵羊 | 肌肉 | 100 |
| | | | 脂肪 | 100 |
| | | | 肝 | 1 000 |
| | | | 肾 | 300 |
| | | 绵羊 | 奶 | 50 |
| | | 猪 | 肌肉 | 100 |
| | | | 脂肪 | 100 |
| | | | 肝 | 1 500 |
| | | | 肾 | 1 000 |
| | | 鸡 | 肌肉 | 75 |
| | | | 皮＋脂 | 75 |
| | | | 肝 | 1 000 |
| | | | 肾 | 250 |
| 甲基三嗪酮（托曲珠利）Toltrazuril ADI：0～2 | Toltrazuril Sulfone | 鸡/火鸡 | 肌肉 | 100 |
| | | | 皮＋脂 | 200 |
| | | | 肝 | 600 |
| | | | 肾 | 400 |

（续）

| 药物名 | 标志残留物 | 动物种类 | 靶组织 | 残留限量 |
|---|---|---|---|---|
| 甲基三嗪酮（托曲珠利）Toltrazuril<br>ADI：0～2 | Toltrazuril Sulfone | 猪 | 肌肉 | 100 |
| | | | 皮+脂 | 150 |
| | | | 肝 | 500 |
| | | | 肾 | 250 |
| 敌百虫 Trichlorfon<br>ADI：0～20 | Trichlorfon | 牛 | 肌肉 | 50 |
| | | | 脂肪 | 50 |
| | | | 肝 | 50 |
| | | | 肾 | 50 |
| | | | 奶 | 50 |
| 三氯苯唑 Triclabendazole<br>ADI：0～3 | Ketotriclabendazole | 牛 | 肌肉 | 200 |
| | | | 脂肪 | 100 |
| | | | 肝 | 300 |
| | | | 肾 | 300 |
| | | 羊 | 肌肉 | 100 |
| | | | 脂肪 | 100 |
| | | | 肝 | 100 |
| | | | 肾 | 100 |
| 甲氧苄啶 Trimethoprim<br>ADI：0～4.2 | Trimethoprim | 牛 | 肌肉 | 50 |
| | | | 脂肪 | 50 |
| | | | 肝 | 50 |
| | | | 肾 | 50 |
| | | | 奶 | 50 |
| | | 猪/禽 | 肌肉 | 50 |
| | | | 皮+脂 | 50 |
| | | | 肝 | 50 |
| | | | 肾 | 50 |
| | | 马 | 肌肉 | 100 |
| | | | 脂肪 | 100 |
| | | | 肝 | 100 |
| | | | 肾 | 100 |
| | | 鱼 | 肌肉+皮 | 50 |

（续）

| 药物名 | 标志残留物 | 动物种类 | 靶组织 | 残留限量 |
| --- | --- | --- | --- | --- |
| 泰乐菌素 Tylosin<br>ADI：0～6 | Tylosin A | 鸡/火鸡/猪/牛 | 肌肉 | 200 |
| | | | 脂肪 | 200 |
| | | | 肝 | 200 |
| | | | 肾 | 200 |
| | | 牛 | 奶 | 50 |
| | | 鸡 | 蛋 | 200 |
| 维吉尼霉素<br>Virginiamycin<br>ADI：0～250 | Virginiamycin | 猪 | 肌肉 | 100 |
| | | | 脂肪 | 400 |
| | | | 肝 | 300 |
| | | | 肾 | 400 |
| | | | 皮 | 400 |
| | | 禽 | 肌肉 | 100 |
| | | | 脂肪 | 200 |
| | | | 肝 | 300 |
| | | | 肾 | 500 |
| | | | 皮 | 200 |
| 二硝托胺 Zoalene | Zoalene＋Metabolite 总量 | 鸡 | 肌肉 | 3 000 |
| | | | 脂肪 | 2 000 |
| | | | 肝 | 6 000 |
| | | | 肾 | 6 000 |
| | | 火鸡 | 肌肉 | 3 000 |
| | | | 肝 | 3 000 |

## 三、允许作治疗用，但不得在动物性食品中检出的药物

| 药物名称 | 标志残留物 | 动物种类 | 靶组织 |
| --- | --- | --- | --- |
| 氯丙嗪 Chlorpromazine | Chlorpromazine | 所有食品动物 | 所有可食组织 |
| 地西泮（安定）Diazepam | Diazepam | 所有食品动物 | 所有可食组织 |
| 地美硝唑 Dimetridazole | Dimetridazole | 所有食品动物 | 所有可食组织 |

（续）

| 药物名称 | 标志残留物 | 动物种类 | 靶组织 |
|---|---|---|---|
| 苯甲酸雌二醇 Estradiol benzoate | Estradiol | 所有食品动物 | 所有可食组织 |
| 潮霉素 B Hygromycin B | Hygromycin B | 猪/鸡<br>鸡 | 可食组织<br>蛋 |
| 甲硝唑 Metronidazole | Metronidazole | 所有食品动物 | 所有可食组织 |
| 苯丙酸诺龙 Nadrolone phenylpropionate | Nadrolone | 所有食品动物 | 所有可食组织 |
| 丙酸睾酮 Testosterone propinate | Testosterone | 所有食品动物 | 所有可食组织 |
| 塞拉嗪 Xylzaine | Xylazine | 产奶动物 | 奶 |

## 四、禁止使用的药物，在动物性食品中不得检出

| 药物名称 | 禁用动物种类 | 靶组织 |
|---|---|---|
| 氯霉素 Chloramphenicol 及其盐、酯（包括琥珀氯霉素 Chloramphenico succinate） | 所有食品动物 | 所有可食组织 |
| 克仑特罗 Clenbuterol 及其盐、酯 | 所有食品动物 | 所有可食组织 |
| 沙丁胺醇 Salbutamol 及其盐、酯 | 所有食品动物 | 所有可食组织 |
| 西马特罗 Cimaterol 及其盐、酯 | 所有食品动物 | 所有可食组织 |
| 氨苯砜 Dapsone | 所有食品动物 | 所有可食组织 |
| 己烯雌酚 Diethylstilbestrol 及其盐、酯 | 所有食品动物 | 所有可食组织 |
| 呋喃它酮 Furaltadone | 所有食品动物 | 所有可食组织 |
| 呋喃唑酮 Furazolidone | 所有食品动物 | 所有可食组织 |
| 林丹 Lindane | 所有食品动物 | 所有可食组织 |
| 呋喃苯烯酸钠 Nifurstyrenate sodium | 所有食品动物 | 所有可食组织 |
| 安眠酮 Methaqualone | 所有食品动物 | 所有可食组织 |
| 洛硝达唑 Ronidazole | 所有食品动物 | 所有可食组织 |
| 玉米赤霉醇 Zeranol | 所有食品动物 | 所有可食组织 |
| 去甲雄三烯醇酮 Trenbolone | 所有食品动物 | 所有可食组织 |
| 醋酸甲孕酮 Mengestrol acetate | 所有食品动物 | 所有可食组织 |
| 硝基酚钠 Sodium nitrophenolate | 所有食品动物 | 所有可食组织 |
| 硝呋烯腙 Nitrovin | 所有食品动物 | 所有可食组织 |

（续）

| 药物名称 | 禁用动物种类 | 靶组织 |
| --- | --- | --- |
| 毒杀芬（氯化烯）Camahechlor | 所有食品动物 | 所有可食组织 |
| 呋喃丹（克百威）Carbofuran | 所有食品动物 | 所有可食组织 |
| 杀虫脒（克死螨）Chlordimeform | 所有食品动物 | 所有可食组织 |
| 双甲脒 Amitraz | 水生食品动物 | 所有可食组织 |
| 酒石酸锑钾 Antimony potassium tartrate | 所有食品动物 | 所有可食组织 |
| 锥虫砷胺 Tryparsamile | 所有食品动物 | 所有可食组织 |
| 孔雀石绿 Malachite green | 所有食品动物 | 所有可食组织 |
| 五氯酚酸钠 Pentachlorophenol sodium | 所有食品动物 | 所有可食组织 |
| 氯化亚汞（甘汞）Calomel | 所有食品动物 | 所有可食组织 |
| 硝酸亚汞 Mercurous nitrate | 所有食品动物 | 所有可食组织 |
| 醋酸汞 Mercurous acetate | 所有食品动物 | 所有可食组织 |
| 吡啶基醋酸汞 Pyridyl mercurous acetate | 所有食品动物 | 所有可食组织 |
| 甲基睾丸酮 Methyltestosterone | 所有食品动物 | 所有可食组织 |
| 群勃龙 Trenbolone | 所有食品动物 | 所有可食组织 |

名词定义：

1. 兽药残留（Residues of Veterinary Drugs）：指食品动物用药后，动物产品的任何食用部分中与所用药物有关的物质的残留，包括原型药物或/和其代谢产物。

2. 总残留（Total Residue）：指对食品动物用药后，动物产品的任何食用部分中药物原型或/和其所有代谢产物的总和。

3. 日允许摄入量（ADI：Acceptable Daily Intake）：是指人一生中每日从食物或饮水中摄取某种物质而对健康没有明显危害的量，以人体重为基础计算，单位：微克每千克体重每天［μg/（kg·d)］。

4. 最高残留限量（MRL：Maximum Residue Limit）：对食品动物用药后产生的允许存在于食物表面或内部的该兽药残留的最高量/浓度（以鲜重计，表示为 μg/kg）。

5. 食品动物（Food-Producing Animal）：指各种供人食用或其产品供人食用的动物。

6. 鱼（Fish）：指众所周知的任一种水生冷血动物。包括鱼纲（Pisces），软骨鱼（Elasmobranchs）和圆口鱼（Cyclostomes），不包括水生哺乳动物、无脊椎动物和两栖动物。但应注意，此定义可适用于某些无脊椎动物，特别是头足动物（Cephalopods）。

7. 家禽（Poultry）：包括鸡、火鸡、鸭、鹅、珍珠鸡和鸽在内的家养的禽。

8. 动物性食品（Animal Derived Food）：全部可食用的动物组织以及蛋和奶。

9. 可食组织（Edible Tissues）：全部可食用的动物组织，包括肌肉和脏器。

10. 皮＋脂（Skin with fat）：指带脂肪的可食皮肤。

11. 皮＋肉（Muscle with skin）：一般特指鱼的带皮肌肉组织。

12. 副产品（Byproducts）：除肌肉、脂肪以外的所有可食组织，包括肝、肾等。

13. 肌肉（Muscle）：仅指肌肉组织。

14. 蛋（Egg）：指家养母鸡的带壳蛋。

15. 奶（Milk）：指由正常乳房分泌而得，经一次或多次挤奶，既无加入也未经提取的奶。此术语也可用于处理过但未改变其组分的奶，或根据国家立法已将脂肪含量标准化处理过的奶。

# 一、二、三类疫病中涉及蛋鸡的疫病*

**一类疫病**

高致病性禽流感、新城疫。

**二类疫病**

多种动物共患病：狂犬病、布鲁氏菌病、炭疽、伪狂犬病、魏氏梭菌病、副结核病、弓形虫病、棘球蚴病、钩端螺旋体病。

鸡病：鸡传染性喉气管炎、鸡传染性支气管炎、传染性法氏囊病、马立克氏病、产蛋下降综合征、禽白血病、禽痘、鸭瘟、鸭病毒性肝炎、鸭浆膜炎、小鹅瘟、禽霍乱、鸡白痢、禽伤寒、鸡败血支原体感染、鸡球虫病、低致病性禽流感、禽网状内皮组织增殖症。

**三类疫病**

多种动物共患病：大肠杆菌病、李氏杆菌病、类鼻疽、放线菌病、肝片吸虫病、丝虫病、附红细胞体病、Q 热。

鸡病：鸡病毒性关节炎、禽传染性脑脊髓炎、传染性鼻炎、禽结核病。

---

* 引自中华人民共和国农业部公告第 1125 号。

# 兽药使用相关政策法规目录

1. 中华人民共和国动物防疫法（1997 年 7 月 3 日第八届全国人民代表大会常务委员会第二十六次会议通过，1997 年 7 月 3 日中华人民共和国主席令第八十七号公布；2007 年 8 月 30 日第十届全国人民代表大会常务委员会第二十九次会议修订，2007 年 8 月 30 日中华人民共和国主席令第七十一号公布）

2. 兽药管理条例（2004 年 4 月 9 日国务院令第 404 号公布，2014 年 7 月 29 日国务院令第 653 号部分修订，2016 年 2 月 6 日国务院令第 666 号部分修订）

3. 动物性食品中兽药最高残留限量标准（中华人民共和国农业部公告第 235 号）

4. 农业部关于印发《饲料药物添加剂使用规范》的通知（农牧发［2001］20 号）

5. 禁止在饲料和动物饮水中使用的药物品种目录（农业部、卫生部、国家药品监督管理局公告 2002 年第 176 号）

6. 食品动物禁用的兽药及其他化合物清单（中华人民共和国农业部公告第 193 号）

7. 部分兽药品种的休药期规定（中华人民共和国农业部公告第 278 号）

8. 农业部关于清查金刚烷胺等抗病毒药物的紧急通知（农医发

[2005] 33 号）

9. 淘汰兽药品种目录（中华人民共和国农业部公告第 839 号）

10. 禁止在饲料和动物饮水中使用的物质（中华人民共和国农业部公告第 1519 号）

11. 兽用处方药品种目录（第一批）（中华人民共和国农业部公告第 1997 号）

12. 兽用处方药品种目录（第二批）（中华人民共和国农业部公告第 2471 号）

13. 乡村兽医基本用药目录（中华人民共和国农业部公告第 2069 号）

14. 关于禁止在食品动物中使用洛美沙星等 4 种原料药的各种盐、酯及各种制剂的公告（中华人民共和国农业部公告第 2292 号）

15. 禁止非泼罗尼及相关制剂用于食品动物（中华人民共和国农业部公告第 2583 号）

16. 关于停止喹乙醇、氨苯胂酸、洛克沙胂用于食品动物的公告（中华人民共和国农业部公告第 2638 号）

17. 农业部关于印发《2018 年国家动物疫病强制免疫计划》的通知（2018 年 1 月 16 日）

# 参 考 文 献

陈立功，2015. 家庭农场蛋鸡兽医手册［M］. 北京：中国农业科学技术出版社.

陈溥言，2015. 兽医传染病学［M］. 6版. 北京：中国农业出版社.

陈杖榴，曾振灵，2017. 兽医药理学［M］. 北京：中国农业出版社.

傅先强，石满仓，2003. 蛋鸡饲养管理与疾病防治技术［M］. 北京：中国农业大学出版社.

顾进华，2017. 中兽药在动物养殖中的应用及发展趋势研究［J］. 中国兽药杂志，51（5）：57-62.

赫什 D C，麦克劳克伦 N J，沃克 R L，2007. 兽医微生物学［M］. 2版. 王凤阳，范泉水，译. 北京：科学出版社.

江馗语，郭首龙，2014. 中兽药在畜禽病毒性传染病中的应用及发展前景［J］. 现代畜牧兽医（2）：55-58.

卡恩 C M，莱恩 S，2015. 默克兽医手册［M］. 10版. 张仲秋，丁伯良，译. 北京：中国农业出版社.

陆承平，2013. 兽医微生物学［M］. 5版. 北京：中国农业出版社.

佟建明，2015. 现代高效蛋鸡养殖实战方案［M］. 北京：金盾出版社.

吴清民，2002. 兽医传染病学［M］. 北京：中国农业大学出版社.

姚文华，李杨，向极钎，等，2017. 中兽药饲料添加剂在动物生产中的应用与展望［J］. 家畜生态学报，38（4）：75-78.

中国兽药典委员会，2016. 中华人民共和国兽药典（2015年版）［M］. 北京：中国农业出版社.

中国兽医药品监察所，2015. 兽药产品说明书范本（化学药品卷）［M］. 北京：中国农业出版社.